建设工程常用图表手册系列

钢结构工程常用图表手册

第2版

王志云　主编

机 械 工 业 出 版 社

本书依据《钢结构设计标准》（GB 50017—2017）、《低合金高强度结构钢》（GB/T 1591—2018）、《热轧钢板和钢带的尺寸、外形、重量及允许偏差》（GB/T 709—2019）、《热轧型钢》（GB/T 706—2016）、《热轧 H 型钢和剖分 T 型钢》（GB/T 11263—2017）、《钢筋混凝土用钢 第 1 部分：热轧光圆钢筋》（GB/T 1499.1—2017）、《钢筋混凝土用钢 第 2 部分：热轧带肋钢筋》（GB/T 1499.2—2018）、《冷轧带肋钢筋》（GB/T 13788—2017）、《钢结构防火涂料》（GB 14907—2018）等国家现行标准修订。主要包括常用资料、钢结构设计与计算和钢结构施工等内容。

本书是钢结构工程专业技术人员必备的常用小型工具书。

图书在版编目（CIP）数据

钢结构工程常用图表手册/王志云主编. —2 版. —北京：机械工业出版社，2020.1
（建设工程常用图表手册系列）
ISBN 978-7-111-64450-7

Ⅰ.①钢… Ⅱ.①王… Ⅲ.①钢结构-结构工程-技术手册 Ⅳ.①TU391-62

中国版本图书馆 CIP 数据核字（2019）第 291547 号

机械工业出版社（北京市百万庄大街 22 号 邮政编码 100037）
策划编辑：闫云霞 责任编辑：闫云霞 朱彩锦
责任校对：王明欣 封面设计：张 静
责任印制：张 博
三河市宏达印刷有限公司印刷
2020 年 4 月第 2 版第 1 次印刷
184mm×260mm · 13.5 印张 · 332 千字
标准书号：ISBN 978-7-111-64450-7
定价：48.00 元

电话服务 网络服务
客服电话：010-88361066 机 工 官 网：www.cmpbook.com
010-88379833 机 工 官 博：weibo.com/cmp1952
010-68326294 金 书 网：www.golden-book.com
封底无防伪标均为盗版 机工教育服务网：www.cmpedu.com

编 写 人 员

主　编　王志云

参　编　王　园　白雪影　白雅君　孙　喆
吴铁强　张一帆　张建铎　邹　雯
官　兵　姚　鹏　高瑞馨　郭　晶
聂　琴　常志学

第2版前言

鉴于《钢结构设计标准》（GB 50017—2017）、《低合金高强度结构钢》（GB/T 1591—2018）、《热轧钢板和钢带的尺寸、外形、重量及允许偏差》（GB/T 709—2019）、《热轧型钢》（GB/T 706—2016）、《热轧 H 型钢和剖分 T 型钢》（GB/T 11263—2017）、《钢筋混凝土用钢　第1部分：热轧光圆钢筋》（GB/T 1499.1—2017）、《钢筋混凝土用钢　第2部分：热轧带肋钢筋》（GB/T 1499.2—2018）、《冷轧带肋钢筋》（GB/T 13788—2017）、《钢结构防火涂料》（GB 14907—2018）等国家标准进行了修订，第1版的相关内容已经不能适应钢结构发展的需要，故进行了本次修订。为了满足广大读者的需求，本书对“钢结构常用资料以及钢结构设计与计算”，“常用资料”中的“常用名词术语”和“符号”，“材料”中的“钢管”和“盘条”等内容进行了修改，供读者参阅。

本书数据表格翔实，全面准确，以满足钢结构工程专业技术人员的职业需求为准则，以提高钢结构工程专业技术人员的工作效率为前提，是广大钢结构工程专业技术人员必备的常用小型工具书。

由于编者的学识和经验所限，虽尽心尽力，但书中仍难免存在疏漏或未尽之处，恳请广大读者和专家批评指正。

编　者

前　言

钢结构，从定义来讲，即由型钢和钢板通过焊接、螺栓连接或铆接而制成的工程结构。从功能性来讲，钢结构是主要的建筑结构之一，也是现代建筑工程中较普通的结构形式之一。随着国民经济的高速发展和综合国力的不断提高，钢结构的应用在数量上和质量上都有了很大发展，并且在设计、制造和安装等技术方面都达到了较高的水平。作为一名钢结构工程专业技术人员，为了更好、更快地完成工作，应该掌握大量的常用钢结构工程图表资料，因此我们编写了这本《钢结构工程常用图表手册》。

本书分为常用资料、钢结构设计与计算以及钢结构施工三章。以国家现行规范、标准及常用设计图表资料为依据。本书的特色如下：

1. 数据资料全面

本书数据表格翔实，全面准确，以满足钢结构工程专业技术人员的职业需求为准则，以提高钢结构工程专业技术人员的工作效率为前提，是广大钢结构工程专业技术人员必备的常用小型工具书。

2. 查找方式便捷

本书采用了两种查阅办法：直观目录法——三级目录层次清晰；直接索引法——图表索引方便快捷，能够使读者快捷地查阅所需参考数据。

由于编者的学识和经验所限，虽尽心尽力，但书中仍难免存在疏漏或未尽之处，恳请广大读者和专家批评指正。

编　者

目　录

1 常用资料

1.1 常用名词术语

钢结构常用名词术语见表 1-1。

表 1-1 钢结构常用名词术语

序号	术语	英文名称	含义
1	脆断	brittle fracture	结构或构件在拉应力状态下没有出现警示性的塑性变形而突然发生的断裂
2	一阶弹性分析	first-order elastic analysis	不考虑几何非线性对结构内力和变形产生的影响，根据未变形的结构建立平衡条件，按弹性阶段分析结构内力及位移
3	二阶 P-△弹性分析	second-order P-△ elastic analysis	仅考虑结构整体初始缺陷及几何非线性对结构内力和变形产生的影响，根据位移后的结构建立平衡条件，按弹性阶段分析结构内力及位移
4	直接分析设计法	direct analysis method of design	直接考虑对结构稳定性和强度性能有显著影响的初始几何缺陷、残余应力、材料非线性、节点连接刚度等因素，以整个结构体系为对象进行二阶非线性分析的设计方法
5	屈曲	buckling	结构、构件或板件达到受力临界状态时，在其刚度较弱方向产生另一种较大变形的状态
6	板件屈曲后强度	post-buckling strength of steel plate	板件屈曲后尚能继续保持承受更大荷载的能力
7	正则化长细比或正则化宽厚比	normalized slenderness ratio	参数，其值等于钢材受弯、受剪或受压屈服强度与相应的构件或板件抗弯、抗剪或抗承压弹性屈曲应力之商的平方根
8	整体稳定	overall stability	构件或结构在荷载作用下能保持稳定的能力
9	有效宽度	effective width	计算板件屈曲后极限强度时，将承受非均匀分布极限应力的板件宽度用均匀分布的屈服应力等效，所得的折减宽度
10	有效宽度系数	effective width factor	板件有效宽度与板件实际宽度的比值
11	计算长度系数	effective length ratio	与构件屈曲模式及两端转动约束条件相关的系数
12	计算长度	effective length	计算稳定性时所用的长度，其值等于构件在其有效约束点间的几何长度与计算长度系数的乘积
13	长细比	slenderness ratio	构件计算长度与构件截面回转半径的比值
14	换算长细比	equivalent slenderness ratio	在轴心受压构件的整体稳定计算中，按临界力相等的原则，将格构式构件换算为实腹式构件进行计算，或将弯扭与扭转失稳换算为弯曲失稳计算时，所对应的长细比

（续）

序号	术语	英文名称	含义
15	支撑力	nodal bracing force	在为减少受压构件（或构件的受压翼缘）自由长度所设置的侧向支撑处，沿被支撑构件（或构件受压翼缘）的屈曲方向，作用于支撑的侧向力
16	无支撑框架	unbraced frame	利用节点和构件的抗弯能力抵抗荷载的结构
17	支撑结构	bracing structure	在梁柱构件所在的平面内，沿斜向设置支撑构件，以支撑轴向刚度抵抗侧向荷载的结构
18	框架—支撑结构	frame-bracing structure	由框架及支撑共同组成抗侧力体系的结构
19	强支撑框架	frame braced with strong bracing system	在框架—支撑结构中，支撑结构（支撑桁架、剪力墙、筒体等）的抗侧移刚度较大，可将该框架视为无侧移的框架
20	摇摆柱	leaning column	设计为只承受轴向力而不考虑侧向刚度的柱子
21	节点域	panel zone	框架梁柱的刚接节点处及柱腹板在梁高度范围内上下边设有加劲肋或隔板的区域
22	球形钢支座	spherical steel bearing	钢球面作为支承面使结构在支座处可以沿任意方向转动的铰接支座或可移动支座
23	钢板剪力墙	steel-plate shear wall	设置在框架梁柱间的钢板，承受框架中的水平剪力
24	主管	chord member	钢管结构构件中，在节点处连续贯通的管件，如桁架中的弦杆
25	支管	brace member	钢管结构中，在节点处断开并与主管相连的管件，如桁架中与主管相连的腹杆
26	间隙节点	gap joint	两支管的趾部离开一定距离的管节点
27	搭接节点	overlap joint	在钢管节点处，两支管相互搭接的节点
28	平面管节点	uniplanar joint	支管与主管在同一平面内相互连接的节点
29	空间管节点	multiplanar joint	在不同平面内的多根支管与主管相接而形成的管节点
30	焊接截面	welede section	由板件（或型钢）焊接而成的截面
31	钢与混凝土组合梁	composite steel and concrete beam	由混凝土翼板与钢梁通过抗剪连接件组合而成的可整体受力的梁
32	支撑系统	bracing system	由支撑及传递其内力的梁（包括基础梁）、柱组成的抗侧力系统
33	消能梁段	link	在偏心支撑框架结构中，位于两斜支撑端头之间的梁段或位于一斜支撑端头与柱之间的梁段
34	中心支撑框架	concentrically braced frame	斜支撑与框架梁柱汇交于一点的框架
35	偏心支撑框架	eccentrically braced frame	斜支撑至少有一端在梁柱节点处与横梁连接的框架
36	屈曲约束支撑	buckling-restrained brace	由核心钢支撑、外约束单元和两者之间的无黏结构造层组成不会发生屈曲的支撑
37	弯矩调幅设计	moment redistribution design	利用钢结构的塑性性能进行弯矩重分布的设计方法
38	畸变屈曲	distortional buckling	截面形状发生变化且板件与板件的交线至少有一条会产生位移的屈曲形式

（续）

序号	术语	英文名称	含义
39	塑性耗能区	plastic energy dissipative zone	在强烈地震作用下，结构构件首先进入塑性变形并消耗能量的区域
40	弹性区	elastic region	在强烈地震作用下，结构构件仍处于弹性工作状态的区域
41	零件	part	组成部件或构件的最小单元，如节点板、翼缘板等
42	部件	component	由若干零件组成的单元，如焊接H型钢、牛腿等
43	构件	element	由零件或由零件和部件组成的钢结构基本单元，如梁、柱、支撑等
44	小拼单元	the smallest assembled rigid unit	钢网架结构安装工程中，除散件之外的最小安装单元，一般分平面桁架和锥体两种类型
45	中拼单元	intermediate assembled structure	钢网架结构安装工程中，由散件和小拼单元组成的安装单元，一般分条状和块状两种类型
46	高强度螺栓连接副	set of high strength bolt	高强度螺栓和与之配套的螺母、垫圈的总称
47	抗滑移系数	slip coefficient of faying surface	高强度螺栓连接中，使连接件摩擦面产生滑动时的外力与垂直于摩擦面的高强度螺栓预拉力之和的比值
48	预拼装	test assembling	为检验构件是否满足安装质量要求而进行的拼装
49	空间刚度单元	space rigid unit	由构件构成的基本的稳定空间体系
50	焊钉（栓钉）焊接	stud welding	将焊钉（栓钉）一端与板件（或管件）表面接触通电引弧，待接触面熔化后，给焊钉（栓钉）一定压力完成焊接的方法
51	环境温度	ambient temperature	制作或安装时的现场温度

1.2 符号

作用和作用效应设计值符号与含义见表1-2。

表1-2　作用和作用效应设计值符号与含义

序号	符号	含义	序号	符号	含义
1	F	集中荷载	5	N	轴心力
2	G	重力荷载	6	P	高强度螺栓的预拉力
3	H	水平力	7	R	支座反力
4	M	弯矩	8	V	剪力

计算指标符号与含义见表1-3。

表1-3　计算指标符号与含义

序号	符号	含义
1	E	钢材的弹性模量
2	E_c	混凝土的弹性模量
3	G	钢材的剪变模量

（续）

序号	符号	含义
4	N_t^a	一个锚栓的受拉承载力设计值
5	N_t^b、N_v^b、N_c^b	一个螺栓的受拉、受剪和承压承载力设计值
6	N_t^r、N_v^r、N_c^r	一个铆钉的受拉、受剪和承压承载力设计值
7	N_v^c	组合结构中一个抗剪连接件的受剪承载力设计值
8	S_b	支撑结构的层侧移刚度，即施加于结构上的水平力与其产生的层间位移角的比值
9	f	钢材的抗拉、抗压和抗弯强度设计值
10	f_v	钢材的抗剪强度设计值
11	f_{ce}	钢材的端面承压强度设计值
12	f_y	钢材的屈服强度
13	f_u	钢材的抗拉强度最小值
14	f_t^a	锚栓的抗拉强度最小值
15	f_t^b、f_v^b、f_c^b	螺栓的抗拉、抗剪和承压强度设计值
16	f_t^r、f_v^r、f_c^r	铆钉的抗拉、抗剪和承压强度设计值
17	f_t^w、f_v^w、f_c^w	对接焊缝的抗拉、抗剪和抗压强度设计值
18	f_f^w	角焊缝的抗拉、抗剪和抗压强度设计值
19	f_c	混凝土抗压强度设计值
20	Δu	楼层的层间位移
21	$[v_Q]$	仅考虑可变荷载标准值产生的挠度的容许值
22	$[v_T]$	同时考虑永久和可变荷载标准值产生的挠度的容许值
23	σ	正应力
24	σ_c	局部压应力
25	σ_f	垂直于角焊缝长度方向，按焊缝有效截面计算的应力
26	$\Delta\sigma$	疲劳计算的应力幅或折算应力幅
27	$\Delta\sigma_e$	变幅疲劳的等效应力幅
28	$[\Delta\sigma]$	疲劳容许应力幅
29	σ_{cr}、$\sigma_{c,cr}$、τ_{cr}	分别为板件的弯曲应力、局部压应力和剪应力的临界值
30	τ	剪应力
31	τ_f	角焊缝的剪应力

几何参数符号与含义见表1-4。

表1-4　几何参数符号与含义

序号	符号	含义
1	A	毛截面面积
2	A_n	净截面面积
3	H	柱的高度
4	H_1、H_2、H_3	阶形柱上段、中段（或单阶柱下段）、下段的高度

（续）

序号	符号	含义
5	I	毛截面惯性矩
6	I_t	自由扭转常数
7	I_ω	毛截面扇性惯性矩
8	I_n	净截面惯性矩
9	S	毛截面面积矩
10	W	毛截面模量
11	W_n	净截面模量
12	W_p	塑性毛截面模量
13	W_{np}	塑性净截面模量
14	b	翼缘板的外伸宽度
15	b_0	箱形截面翼缘板在腹板之间的无支承宽度;混凝土板托顶部的宽度
16	b_s	加劲肋的外伸宽度
17	b_e	板件的有效宽度
18	d	直径
19	d_e	有效直径
20	d_o	孔径
21	e	偏心距
22	h	截面全高
23	h_e	焊缝的计算厚度
24	h_f	角焊缝的焊脚尺寸
25	h_w	腹板的高度
26	h_0	腹板的计算高度
27	i	截面回转半径
28	l	长度或跨度
29	l_1	梁受压翼缘侧向支承间距离;螺栓(或铆钉)受力方向的连接长度
30	l_w	焊缝计算长度
31	l_z	集中荷载在腹板计算高度边缘上的假定分布长度
32	t	板的厚度
33	t_s	加劲肋的厚度
34	t_w	腹板的厚度

计算系数及其他见表1-5。

表1-5 计算系数及其他

序号	符号	含义
1	K_1、K_2	构件线刚度之比
2	n_f	高强度螺栓的传力摩擦面数目
3	n_v	螺栓或铆钉的剪切面数目
4	α_E	钢材与混凝土弹性模量之比

（续）

序号	符号	含义
5	α_e	梁截面模量考虑腹板有效宽度的折减系数
6	α_f	疲劳计算的欠载效应等效系数
7	α_i^{II}	考虑二阶效应框架第 i 层杆件的侧移弯矩增大系数
8	β_E	非塑性耗能区内力调整系数
9	β_f	正面角焊缝的强度设计值增大系数
10	β_m	压弯构件稳定的等效弯矩系数
11	γ_0	结构的重要性系数
12	γ_x、γ_y	对主轴 x、y 的截面塑性发展系数
13	ε_k	钢号修正系数,其值为235与钢材牌号中屈服点数值的比值的平方根
14	η	调整参数
15	η_1、η_2	用于计算阶形柱计算长度的参数
16	η_{ov}	管节点的支管搭接率
17	λ	长细比
18	$\lambda_{n,b}$、$\lambda_{n,s}$、$\lambda_{n,c}$、λ_n	正则化宽厚比或正则化长细比
19	μ	高强度螺栓摩擦面的抗滑移系数;柱的计算长度系数
20	μ_1、μ_2、μ_3	阶形柱上段、中段(或单阶柱下段)、下段的计算长度系数
21	ρ_i	各板件有效截面系数
22	φ	轴心受压构件的稳定系数
23	φ_b	梁的整体稳定系数
24	ψ	集中荷载的增大系数
25	ψ_n、ψ_a、ψ_d	用于计算直接焊接钢管节点承载力的参数
26	Ω	抗震性能系数

1.3　材料

1.3.1　钢材的分类

1. 碳素结构钢的分类和性质

碳素结构钢是常用的工程用钢，按其碳的质量分数大小，又可分为低碳钢、中碳钢和高碳钢三种。碳的质量分数在0.03%~0.25%范围之内的钢称为低碳钢，碳的质量分数在0.26%~0.60%之间的钢称为中碳钢，碳的质量分数在0.6%~2.0%之间的钢为高碳钢。

建筑钢结构主要使用的钢材是低碳钢。

（1）普通碳素结构钢　按现行国家标准《碳素结构钢》（GB/T 700—2006）规定，碳素结构钢的牌号由代表屈服强度的字母、屈服强度数值、质量等级符号、脱氧方法符号四个部分按顺序组成。符号为：

Q——钢材屈服强度“屈”字汉语拼音首位字母。

A、B、C、D——分别为质量等级。

F——沸腾钢“沸”字汉语拼音首位字母。

Z——镇静钢“镇”字汉语拼音首位字母。

TZ——特殊镇静钢“特镇”两字汉语拼音首位字母。

在牌号组成表示方法中，“Z”与“TZ”符号可以省略。

碳素结构钢按屈服强度大小，分为Q195、Q215、Q235和Q275等牌号。不同牌号、不同等级的钢对化学成分和力学性能指标要求不同，具体要求见表1-6~表1-8。

（2）优质碳素结构钢　国家标准《优质碳素结构钢》（GB/T 699—2015）中可用于建筑钢结构的牌号、化学成分与力学性能规定见表1-9、表1-10。

2. 低合金高强度结构钢的分类和性质

根据国家标准《低合金高强度结构钢》（GB/T 1591—2018）规定，低合金高强度结构钢的牌号由代表屈服强度“屈”字的汉语拼音首字母Q、规定的最小上屈服强度数值、交货状态代号、质量等级符号（B、C、D、E、F）四个部分组成。其化学成分见表1-11。

表1-6　碳素结构钢的牌号和化学成分（熔炼分析）

牌号	等级	脱氧方法	化学成分(质量分数,%)不大于				
			C	Si	Mn	P	S
Q195	—	F、Z	0.12	0.30	0.50	0.035	0.040
Q215	A	F、Z	0.15	0.35	1.20	0.045	0.050
	B						0.045
Q235	A	F、Z	0.22	0.35	1.40	0.045	0.050
	B		0.20①				0.045
	C	Z	0.17			0.040	0.040
	D	TZ				0.035	0.035
Q275	A	F、Z	0.24	0.35	1.50	0.045	0.050
	B	Z	0.21			0.045	0.045
			0.22				
	C	Z	0.20			0.040	0.040
	D	TZ				0.035	0.035

① 经需方同意，Q235B的碳的质量分数可不大于0.22%。

表1-7　碳素结构钢的拉伸试验要求

牌号	等级	屈服强度① R_{eH}/(N/mm^2)不小于						抗拉强度② R_m/(N/mm^2)
		厚度(或直径)/mm						
		≤16	>16~40	>40~60	>60~100	>100~150	>150~200	
Q195	—	195	185	—	—	—	—	315~430
Q215	A	215	205	195	185	175	165	335~450
	B							
Q235	A	235	225	215	215	195	185	370~500
	B							
	C							
	D							
Q275	A	275	265	255	245	225	215	410~540
	B							
	C							
	D							

（续）

牌号	等级	断后伸长率A(%)不小于					冲击试验(V型缺口)	
		厚度(或直径)/mm					温度/℃	冲击吸收能量(纵向)/J 不小于
		≤40	>40~60	>60~100	>100~150	>150~200		
Q195	—	33	—	—	—	—	—	—
Q215	A	31	30	29	27	26	—	—
	B						20	27
Q235	A	26	25	24	22	21	—	—
	B						20	27③
	C						0	
	D						-20	
Q275	A	22	21	20	18	17	—	—
	B						20	27
	C						0	
	D						-20	

① Q195的屈服强度值仅供参考，不作交货条件。

② 厚度大于100mm的钢材，抗拉强度下限允许降低$20N/mm^2$。宽带钢（包括剪切钢板）抗拉强度上限不作交货条件。

③ 厚度小于25mm的Q235B级钢材，如供方能保证冲击吸收能量值合格，经需方同意，可不做检验。

表1-8 碳素结构钢弯曲试验要求

牌号	试样方向	冷弯试验180° $B=2a$①	
		钢材厚度(或直径)②/mm	
		≤60	>60~100
		弯心直径d	
Q195	纵	0	—
	横	0.5a	
Q215	纵	0.5a	1.5a
	横	a	2a
Q235	纵	a	2a
	横	1.5a	2.5a
Q275	纵	1.5a	2.5a
	横	2a	3a

① B为试样宽度，a为试样厚度（或直径）。

② 钢材厚度（或直径）大于100mm时，弯曲试验由双方协商确定。

表1-9 建筑用优质碳素钢的化学成分（熔炼分析）

统一数字代号	牌号	化学成分(质量分数,%)							
		C	Si	Mn	Cr	Ni	Cu	P	S
					不大于				
U20152	15	0.12~0.18	0.17~0.37	0.35~0.65	0.25	0.30	0.25	0.035	0.035
U20202	20	0.17~0.23	0.17~0.37	0.35~0.65	0.25	0.30	0.25	0.035	0.035
U21152	15Mn	0.12~0.18	0.17~0.37	0.70~1.00	0.25	0.30	0.25	0.035	0.035
U21202	20Mn	0.17~0.23	0.17~0.37	0.70~1.00	0.25	0.30	0.25	0.035	0.035

表 1-10 建筑用优质碳素钢的力学性能

牌号	力学性能			
	抗拉强度 R_m/MPa	下屈服强度 R_{eL}/MPa	断后伸长率 A（%）	断面收缩率 Z（%）
15	375	225	27	55
20	410	245	25	55
15Mn	410	245	26	55
20Mn	450	275	24	50

表 1-11 低合金高强度结构钢的化学成分（熔炼分析）

<table>
<tr><th rowspan="4">牌号</th><th rowspan="4">质量等级</th><th colspan="16">化学成分(质量分数,%)</th></tr>
<tr><th colspan="2">C①</th><th>Si</th><th>Mn</th><th>P③</th><th>S③</th><th>Nb④</th><th>V⑤</th><th>Ti⑤</th><th>Cr</th><th>Ni</th><th>Cu</th><th>N⑥</th><th>Mo</th><th>B</th><th>Als⑨</th></tr>
<tr><th colspan="2">公称厚度或直径/mm</th><th colspan="13" rowspan="2">不大于</th><th rowspan="2">不小于</th></tr>
<tr><th>≤40②</th><th>>40</th></tr>
<tr><td rowspan="3">Q355</td><td>B</td><td colspan="2">≤0.24</td><td rowspan="3">≤0.55</td><td rowspan="3">≤1.60</td><td>0.035</td><td>0.035</td><td rowspan="3">—</td><td rowspan="3">—</td><td rowspan="3">—</td><td rowspan="3">0.30</td><td rowspan="3">0.30</td><td rowspan="3">0.40</td><td rowspan="2">0.012</td><td rowspan="3">—</td><td rowspan="3">—</td><td rowspan="3">—</td></tr>
<tr><td>C</td><td>≤0.20</td><td>≤0.22</td><td>0.030</td><td>0.030</td></tr>
<tr><td>D</td><td>≤0.20</td><td>≤0.22</td><td>0.025</td><td>0.025</td><td>—</td></tr>
<tr><td rowspan="3">Q390</td><td>B</td><td colspan="2" rowspan="3">≤0.20</td><td rowspan="3">≤0.55</td><td rowspan="3">≤1.70</td><td>0.035</td><td>0.035</td><td rowspan="3">≤0.05</td><td rowspan="3">≤0.13</td><td rowspan="3">≤0.05</td><td rowspan="3">0.30</td><td rowspan="3">0.50</td><td rowspan="3">0.40</td><td rowspan="3">0.015</td><td rowspan="3">0.10</td><td rowspan="3">—</td><td rowspan="3">—</td></tr>
<tr><td>C</td><td>0.030</td><td>0.030</td></tr>
<tr><td>D</td><td>0.025</td><td>0.025</td></tr>
<tr><td rowspan="2">Q420⑦</td><td>B</td><td colspan="2" rowspan="2">≤0.20</td><td rowspan="2">≤0.55</td><td rowspan="2">≤1.70</td><td>0.035</td><td>0.035</td><td rowspan="2">≤0.05</td><td rowspan="2">≤0.13</td><td rowspan="2">≤0.05</td><td rowspan="2">0.30</td><td rowspan="2">0.80</td><td rowspan="2">0.40</td><td rowspan="2">0.015</td><td rowspan="2">0.20</td><td rowspan="2">—</td><td rowspan="2">—</td></tr>
<tr><td>C</td><td>0.030</td><td>0.030</td></tr>
<tr><td>Q460⑦</td><td>C</td><td colspan="2">≤0.20</td><td>≤0.55</td><td>≤1.80</td><td>0.030</td><td>0.030</td><td>≤0.05</td><td>≤0.13</td><td>≤0.05</td><td>0.30</td><td>0.80</td><td>0.40</td><td>0.015</td><td>0.20</td><td>0.004</td><td>—</td></tr>
<tr><td rowspan="5">Q355N</td><td>B</td><td colspan="2" rowspan="3">≤0.20</td><td rowspan="5">≤0.50</td><td rowspan="5">0.09
~
1.65</td><td>0.035</td><td>0.035</td><td rowspan="5">0.005
~
0.05</td><td rowspan="5">0.01
~
0.12</td><td rowspan="5">0.006
~
0.05</td><td rowspan="5">0.30</td><td rowspan="5">0.50</td><td rowspan="5">0.40</td><td rowspan="5">0.015</td><td rowspan="5">0.10</td><td rowspan="5">—</td><td rowspan="5">0.015</td></tr>
<tr><td>C</td><td>0.030</td><td>0.030</td></tr>
<tr><td>D</td><td>0.030</td><td>0.025</td></tr>
<tr><td>E</td><td colspan="2">≤0.18</td><td>0.025</td><td>0.020</td></tr>
<tr><td>F</td><td colspan="2">≤0.16</td><td>0.020</td><td>0.010</td></tr>
<tr><td rowspan="4">Q390N</td><td>B</td><td colspan="2" rowspan="4">≤0.20</td><td rowspan="4">≤0.50</td><td rowspan="4">0.09
~
1.70</td><td>0.035</td><td>0.035</td><td rowspan="4">0.01
~
0.05</td><td rowspan="4">0.01
~
0.20</td><td rowspan="4">0.006
~
0.05</td><td rowspan="4">0.30</td><td rowspan="4">0.50</td><td rowspan="4">0.40</td><td rowspan="4">0.015</td><td rowspan="4">0.10</td><td rowspan="4">—</td><td rowspan="4">0.015</td></tr>
<tr><td>C</td><td>0.030</td><td>0.030</td></tr>
<tr><td>D</td><td>0.030</td><td>0.025</td></tr>
<tr><td>E</td><td>0.025</td><td>0.020</td></tr>
<tr><td rowspan="4">Q420N</td><td>B</td><td colspan="2" rowspan="4">≤0.20</td><td rowspan="4">≤0.60</td><td rowspan="4">1.00
~
1.70</td><td>0.035</td><td>0.035</td><td rowspan="4">0.01
~
0.05</td><td rowspan="4">0.01
~
0.20</td><td rowspan="4">0.006
~
0.05</td><td rowspan="4">0.30</td><td rowspan="4">0.80</td><td rowspan="4">0.40</td><td rowspan="2">0.015</td><td rowspan="4">0.10</td><td rowspan="4">—</td><td rowspan="4">0.015</td></tr>
<tr><td>C</td><td>0.030</td><td>0.030</td></tr>
<tr><td>D</td><td>0.030</td><td>0.025</td><td rowspan="2">0.025</td></tr>
<tr><td>E</td><td>0.025</td><td>0.020</td></tr>
<tr><td rowspan="3">Q460N⑧</td><td>C</td><td colspan="2" rowspan="3">≤0.20</td><td rowspan="3">≤0.60</td><td rowspan="3">1.00
~
1.70</td><td>0.030</td><td>0.030</td><td rowspan="3">0.01
~
0.05</td><td rowspan="3">0.01
~
0.20</td><td rowspan="3">0.006
~
0.05</td><td rowspan="3">0.30</td><td rowspan="3">0.80</td><td rowspan="3">0.40</td><td>0.015</td><td rowspan="3">0.10</td><td rowspan="3">—</td><td rowspan="3">0.015</td></tr>
<tr><td>D</td><td>0.030</td><td>0.025</td><td rowspan="2">0.025</td></tr>
<tr><td>E</td><td>0.025</td><td>0.020</td></tr>
</table>

（续）

牌号	质量等级	化学成分（质量分数，%）															
		C①		Si	Mn	P③	S③	Nb④	V⑤	Ti⑤	Cr	Ni	Cu	N⑥	Mo	B	Als⑨
		公称厚度或直径/mm		不大于													不小于
		≤40②	>40														
Q355M	B	≤0.14⑩		≤0.50	≤1.60	0.035	0.035	0.01~0.05	0.01~0.10	0.006~0.05	0.30	0.50	0.40	0.015	0.10	—	0.015
	C					0.030	0.030										
	D					0.030	0.025										
	E					0.025	0.020										
	F					0.020	0.010										
Q390M	B	≤0.15⑩		≤0.50	≤1.70	0.035	0.035	0.01~0.05	0.01~0.12	0.006~0.05	0.30	0.50	0.40	0.015	0.10	—	0.015
	C					0.030	0.030										
	D					0.030	0.025										
	E					0.025	0.020										
Q420M	B	≤0.16⑩		≤0.50	≤1.70	0.035	0.035	0.01~0.05	0.01~0.12	0.006~0.05	0.30	0.80	0.40	0.015	0.20	—	0.015
	C					0.030	0.030										
	D					0.030	0.025							0.025			
	E					0.025	0.020										
Q460M	C	≤0.16⑩		≤0.60	≤1.70	0.030	0.030	0.01~0.05	0.01~0.12	0.006~0.05	0.30	0.80	0.40	0.015	0.20	—	0.015
	D					0.030	0.025							0.025			
	E					0.025	0.020										
Q500M	C	≤0.18		≤0.60	≤1.80	0.030	0.030	0.01~0.11	0.01~0.12	0.006~0.05	0.60	0.80	0.55	0.015	0.20	0.004	0.015
	D					0.030	0.025							0.025			
	E					0.025	0.020										
Q550M	C	≤0.18		≤0.60	≤2.00	0.030	0.030	0.01~0.11	0.01~0.12	0.006~0.05	0.80	0.80	0.80	0.015	0.30	0.004	0.015
	D					0.030	0.025							0.025			
	E					0.025	0.020										
Q620M	C	≤0.18		≤0.60	≤2.60	0.030	0.030	0.01~0.11	0.01~0.12	0.006~0.05	1.00	0.80	0.80	0.015	0.30	0.004	0.015
	D					0.030	0.025							0.025			
	E					0.025	0.020										
Q690M	C	≤0.18		≤0.60	≤2.00	0.030	0.030	0.01~0.11	0.01~0.12	0.006~0.05	1.00	0.80	0.80	0.015	0.30	0.004	0.015
	D					0.030	0.025							0.025			
	E					0.025	0.020										

① 公称厚度大于100mm的型钢，碳含量可由供需双方协商确定。
② 公称厚度大于30mm的钢材，碳含量不大于0.22%。
③ 对于型钢和棒材，其P和S含量上限值可提高0.005%。
④ Q390、Q420最高可到0.07%，Q460最高可到0.11%。
⑤ 最高可到0.20%。
⑥ 如果钢中酸溶铝Als含量不小于0.015%或全铝Alt含量不小于0.020%，或添加了其他固氮合金元素，氮元素含量不作限制，固氮元素应在质量证明书中注明。
⑦ 仅适用于型钢和棒材。
⑧ V+Nb+Ti≤0.22%，Mo+Cr≤0.30%。
⑨ 可用全铝Alt替代，此时全铝最小含量为0.020%。当钢中添加了铌、钒、钛等细化晶粒元素且含量不小于表中规定含量的下限时，铝含量下限值不限。
⑩ 对于型钢和棒材，Q355M、Q390M、Q420M和Q460M的最大碳含量可提高0.02%。

3. 耐候钢

通过添加少量的合金元素如Cu、P、Cr、Ni等，使其在金属基体表面上形成保护层，以提高钢材耐大气腐蚀性能的钢称为耐候钢。按照国家标准《耐候结构钢》(GB/T 4171—2008)的规定，耐候钢适用于车辆、桥梁、集装箱、建筑、塔架和其他结构用具有耐大气腐蚀性能的热轧和冷轧的钢板、钢带和型钢。耐候钢可制作螺栓连接、铆接和焊接的结构件。

我国目前生产的耐候钢分为高耐候钢和焊接耐候钢两种。

各牌号的分类及用途见表1-12。

表1-12 各牌号的分类及用途

类别	牌号	生产方式	用途
高耐候钢	Q295GNH、Q355GNH	热轧	车辆、集装箱、建筑、塔架或其他结构件等结构用，与焊接耐候钢相比，具有较好的耐大气腐蚀性能
	Q265GNH、Q310GNH	冷轧	
焊接耐候钢	Q235NH、Q295NH、Q355NH、Q415NH、Q460NH、Q500NH、Q550NH	热轧	车辆、桥梁、集装箱、建筑或其他结构件等结构用，与高耐候钢相比，具有较好的焊接性能

钢的牌号由"屈服强度""高耐候"或"耐候"的汉语拼音首位字母"Q""GNH"或"NH"、屈服强度的下限值以及质量等级(A、B、C、D、E)组成。其化学成分与力学性能分别符合表1-13、表1-14和表1-15的规定。

表1-13 耐候结构钢的化学成分

牌号	化学成分(质量分数,%)								
	C	Si	Mn	P	S	Cu	Cr	Ni	其他元素
Q265GNH	≤0.12	0.10~0.40	0.20~0.50	0.07~0.12	≤0.020	0.20~0.45	0.30~0.65	0.25~0.50⑤	①,②
Q295GNH	≤0.12	0.10~0.40	0.20~0.50	0.07~0.12	≤0.020	0.25~0.45	0.30~0.65	0.25~0.50⑤	①,②
Q310GNH	≤0.12	0.25~0.75	0.20~0.50	0.07~0.12	≤0.020	0.20~0.50	0.30~1.25	≤0.65	①,②
Q355GNH	≤0.12	0.25~0.75	≤1.00	0.07~0.15	≤0.020	0.25~0.55	0.30~1.25	≤0.65	①,②
Q235NH	≤0.13⑥	0.10~0.40	0.20~0.60	≤0.030	≤0.030	0.25~0.55	0.40~0.80	≤0.65	①,②
Q295NH	≤0.15	0.10~0.50	0.30~1.00	≤0.030	≤0.030	0.25~0.55	0.40~0.80	≤0.65	①,②
Q355NH	≤0.16	≤0.50	0.50~1.50	≤0.030	≤0.030	0.25~0.55	0.40~0.80	≤0.65	①,②
Q415NH	≤0.12	≤0.65	≤1.10	≤0.025	≤0.030④	0.20~0.55	0.30~1.25	0.12~0.65⑤	①,②,③
Q460NH	≤0.12	≤0.65	≤1.50	≤0.025	≤0.030④	0.20~0.55	0.30~1.25	0.12~0.65⑤	①,②,③

（续）

牌号	化学成分(质量分数,%)								
	C	Si	Mn	P	S	Cu	Cr	Ni	其他元素
Q500NH	≤0.12	≤0.65	≤2.0	≤0.025	≤0.030④	0.20~0.55	0.30~1.25	0.12~0.65⑤	①,②,③
Q550NH	≤0.16	≤0.65	≤2.0	≤0.025	≤0.030④	0.20~0.55	0.30~1.25	0.12~0.65⑤	①,②,③

① 为了改善钢的性能，可以添加一种或一种以上的微量合金元素（质量分数）：Nb0.015%~0.060%，V0.02%~0.12%，Ti0.02%~0.10%，Alt≥0.020%，若上述元素组合使用时，应至少保证其中一种元素含量达到上述化学成分的下限规定。

② 可以添加下列合金元素（质量分数）：Mo≤0.30%，Zr≤0.15%。

③ Nb、V、Ti三种合金元素的添加总量不应超过0.22%（质量分数）。

④ 供需双方协商，S的质量分数可以不大于0.008%。

⑤ 供需双方协商，Ni的质量分数的下限可不作要求。

⑥ 供需双方协商，C的质量分数可以不大于0.15%。

表1-14　耐候结构钢的力学性能

牌号	拉伸试验①									180°弯曲试验弯心直径		
	下屈服强度 $R_{eL}/(N/mm^2)$ 不小于				抗拉强度 R_m $/(N/mm^2)$	断后伸长率 $A(\%)$ 不小于						
	≤16	>16~40	>40~60	>60		≤16	>16~40	>40~60	>60	≤6	>6~16	>16
Q235NH	235	225	215	215	360~510	25	25	24	23	a	a	$2a$
Q295NH	295	285	275	255	430~560	24	24	23	22	a	$2a$	$3a$
Q295GNH	295	285	—	—	430~560	24	24	—	—	a	$2a$	$3a$
Q355NH	355	345	335	325	490~630	22	22	21	20	a	$2a$	$3a$
Q355GNH	355	345	—	—	490~630	22	22	—	—	a	$2a$	$3a$
Q415NH	415	405	395	—	520~680	22	22	20	—	a	$2a$	$3a$
Q460NH	460	450	440	—	570~730	20	20	19	—	a	$2a$	$3a$
Q500NH	500	490	480	—	600~760	18	16	15	—	a	$2a$	$3a$
Q550NH	550	540	530	—	620~780	16	16	15	—	a	$2a$	$3a$
Q265GNH	265	—	—	—	≥410	27	—	—	—	a	—	—
Q310GNH	310	—	—	—	≥450	26	—	—	—	a	—	—

注：a 为钢材厚度。

① 当屈服现象不明显时，可以采用 $R_{p0.2}$。

表1-15　耐候结构钢的冲击性能

牌号	V型缺口冲击试验①		
	试验方向	温度/℃	冲击吸收能量 KV_2/J
A	纵向	—	—
B		20	≥47
C		0	≥34
D		-20	≥34
E		-40	≥27②

① 冲击试样尺寸为10mm×10mm×55mm。

② 经供需双方协商，平均冲击能量值可以≥60J。

4. 铸钢件

建筑钢结构，尤其在大跨度情况下，有时需用铸钢件的支座，按《钢结构设计标准》（GB 50017—2017）规定，铸钢材质应符合国家标准《一般工程用铸造碳钢件》（GB 11352—2009）规定，所包括的铸钢牌号的化学成分及其力学性能见表 1-16 和表 1-17 所示。

表 1-16 一般工程用铸造碳钢件的化学成分

牌号	(质量分数,%)										
	C	Si	Mn	S	P	残余元素					
						Ni	Cr	Cu	Mo	V	残余元素总量
ZG 200-400	0.20	0.60	0.80	0.035	0.035	0.40	0.35	0.40	0.20	0.05	1.00
ZG 230-450	0.30	0.60	0.90	0.035	0.035	0.40	0.35	0.40	0.20	0.05	1.00
ZG 270-500	0.40										
ZG 310-570	0.50										
ZG 340-640	0.60										

注：1. 对上限减少 0.01%（质量分数）的碳，允许增加 0.04%（质量分数）的锰，对 ZG 200-400 的锰最高至 1.00%（质量分数），其余四个牌号锰最高至 1.20%（质量分数）。

2. 除另有规定外，残余元素不作为验收依据。

表 1-17 一般工程用铸造碳钢件的力学性能（≥）

牌号	屈服强度 $R_{eH}(R_{p0.2})$/(N/mm²)	抗拉强度 R_m/(N/mm²)	断后伸长率 A_5(%)	根据合同选择		
				断面收缩率 Z(%)	冲击吸收能量 A_{KV}/J	冲击吸收能量 A_{KU}/J
ZG 200-400	200	400	25	40	30	47
ZG 230-450	230	450	22	32	25	35
ZG 270-500	270	500	18	25	22	27
ZG 310-570	310	570	15	21	15	24
ZG 340-640	340	640	10	18	10	16

注：1. 表中所列的各牌号性能，适应于厚度为 100mm 以下的铸件。当铸件厚度超过 100mm 时，表中规定的 R_{eH}（$R_{p0.2}$）屈服强度仅供设计使用。

2. 表中冲击吸收能量 A_{KU} 的试样缺口为 2mm。

1.3.2 钢板和钢带

根据轧制方法，建筑钢结构使用的钢板（钢带）有冷轧板和热轧板的区分，其中，热轧钢板是建筑钢结构应用最多的钢材之一。

1. 厚度允许偏差

1）单轧钢板的厚度允许偏差（N 类、A 类、B 类、C 类）应符合表 1-18 的规定。

表 1-18 单轧钢板的厚度允许偏差（N 类、A 类、B 类、C 类） （单位：mm）

公称厚度	下列公称宽度的厚度允许偏差							
	≤1500				>1500~2500			
	N 类	A 类	B 类	C 类	N 类	A 类	B 类	C 类
3.00~5.00	±0.45	+0.55 -0.35	+0.60	+0.90	±0.55	+0.70 -0.40	+0.80	+1.10

（续）

公称厚度	下列公称宽度的厚度允许偏差							
	≤1500				>1500~2500			
	N 类	A 类	B 类	C 类	N 类	A 类	B 类	C 类
>5.00~8.00	±0.50	+0.65 −0.35	+0.70	+1.00	±0.60	+0.75 −0.45	+0.90	+1.20
>8.00~15.0	±0.55	+0.70 −0.40	+0.80	+1.10	±0.65	+0.85 −0.45	+1.00	+1.30
>15.0~25.0	±0.65	+0.85 −0.45	+1.00	+1.30	±0.75	+1.00 −0.50	+1.20	+1.50
>25.0~40.0	±0.70	+0.90 −0.50	+1.10	+1.40	±0.80	+1.05 −0.55	+1.30	+1.60
>40.0~60.0	±0.80	+1.05 −0.55	+1.30	+1.60	±0.90	+1.20 −0.60	+1.50	+1.80
>60.0~100	±0.90	+1.20 −0.60	+1.50	+1.80	±1.10	+1.50 −0.70	+1.90	+2.20
>100~150	±1.20	+1.60 −0.80	+2.10	+2.40	±1.40	+1.90 −0.90	+2.50	+2.80
>150~200	±1.40	+1.90 −0.90	+2.50	+2.80	±1.60	+2.20 −1.00	+2.90	+3.20
>200~250	±1.60	+2.20 −1.00	+2.90	+3.20	±1.80	+2.40 −1.20	+3.30	+3.60
>250~300	±1.80	+2.40 −1.20	+3.30	+3.60	±2.00	+2.70 −1.30	+3.70	+4.00
>300~400	±2.00	+2.70 −1.30	+3.70	+4.00	±2.20	+3.00 −1.40	+4.10	+4.40
>400~450	协议							

公称厚度	下列公称宽度的厚度允许偏差							
	>2500~4000				>4000~5300			
	N 类	A 类	B 类	C 类	N 类	A 类	B 类	C 类
3.00~5.00	±0.65	+0.85 −0.45	+1.00	+1.30	—	—	—	—
>5.00~8.00	±0.75	+0.95 −0.55	+1.20	+1.50	—	—	—	—
>8.00~15.0	±0.80	+1.05 −0.55	+1.30	+1.60	±0.90	+1.20 −0.60	+1.50	+1.80
>15.0~25.0	±0.90	+1.15 −0.65	+1.50	+1.80	±1.10	+1.50 −0.70	+1.90	+2.20
>25.0~40.0	±1.00	+1.30 −0.70	+1.70	+2.00	±1.20	+1.60 −0.80	+2.10	+2.40
>40.0~60.0	±1.10	+1.45 −0.75	+1.90	+2.20	±1.30	+1.70 −0.90	+2.30	+2.60
>60.0~100	±1.30	+1.75 −0.85	+2.30	+2.60	±1.50	+2.00 −1.00	+2.70	+3.00

（续）

公称厚度	下列公称宽度的厚度允许偏差							
	>2500～4000				>4000～5300			
	N类	A类	B类	C类	N类	A类	B类	C类
>100～150	±1.60	+2.15 -1.05	+2.90	+3.20	±1.80	+2.40 -1.20	+3.30	+3.60
>150～200	±1.80	+2.45 -1.15	+3.30	+3.60	±1.90	+2.50 -1.30	+3.50	+3.80
>200～250	±2.00	+2.70 -1.30	+3.70	+4.00	±2.20	+3.00 -1.40	+4.10	+4.40
>250～300	±2.20	+2.95 -1.45	+4.10	+4.40	±2.40	+3.20 -1.60	+4.50	+4.80
>300～400	±2.40	+3.25 -1.55	+4.50	+4.80	±2.60	+3.50 -1.70	+4.90	+5.20
>400～450	协议							

注：B类厚度允许下偏差统一为-0.30mm；C类厚度允许下偏差统一为0.00mm。

2）钢带（包括连轧钢板）的厚度允许偏差应符合表1-19、表1-20的规定。

表1-19 规定最小屈服强度 R_e 小于360MPa钢带（包括连轧钢板）**的厚度允许偏差**（单位：mm）

公称厚度	普通精度 PT.A				较高精度 PT.B			
	公称宽度				公称宽度			
	600～1200	>1200～1500	>1500～1800	>1800	600～1200	>1200～1500	>1500～1800	>1800
≤1.50	±0.15	±0.17	—	—	±0.10	±0.12	—	—
>1.50～2.00	±0.17	±0.19	±0.21	—	±0.13	±0.14	±0.14	—
>2.00～2.50	±0.18	±0.21	±0.23	±0.25	±0.14	±0.15	±0.17	±0.20
>2.50～3.00	±0.20	±0.22	±0.24	±0.26	±0.15	±0.17	±0.19	±0.21
>3.00～4.00	±0.22	±0.24	±0.26	±0.27	±0.17	±0.18	±0.21	±0.22
>4.00～5.00	±0.24	±0.26	±0.28	±0.29	±0.19	±0.21	±0.22	±0.23
>5.00～6.00	±0.26	±0.28	±0.29	±0.31	±0.21	±0.22	±0.23	±0.25
>6.00～8.00	±0.29	±0.30	±0.31	±0.35	±0.23	±0.24	±0.25	±0.28
>8.00～10.00	±0.32	±0.33	±0.34	±0.40	±0.26	±0.26	±0.27	±0.32
>10.00～12.50	±0.35	±0.36	±0.37	±0.43	±0.28	±0.29	±0.30	±0.36
>12.50～15.00	±0.37	±0.38	±0.40	±0.46	±0.30	±0.31	±0.33	±0.39
>15.00～25.40	±0.40	±0.42	±0.45	±0.50	±0.32	±0.34	±0.37	±0.42

表1-20 规定最小屈服强度 R_e 不小于360MPa钢带（包括连轧钢板）**的厚度允许偏差** （单位：mm）

公称厚度	普通精度 PT.A				较高精度 PT.B			
	公称宽度				公称宽度			
	600～1200	>1200～1500	>1500～1800	>1800	600～1200	>1200～1500	>1500～1800	>1800
≤1.50	±0.17	±0.19	—	—	±0.11	±0.13	—	—
>1.50～2.00	±0.19	±0.21	±0.23	—	±0.14	±0.15	±0.15	—

（续）

公称厚度	普通精度 PT. A				较高精度 PT. B			
	公称宽度				公称宽度			
	600~1200	>1200~1500	>1500~1800	>1800	600~1200	>1200~1500	>1500~1800	>1800
>2.00~2.50	±0.20	±0.23	±0.25	±0.28	±0.15	±0.17	±0.19	±0.22
>2.50~3.00	±0.22	±0.24	±0.26	±0.29	±0.17	±0.19	±0.21	±0.23
>3.00~4.00	±0.24	±0.26	±0.29	±0.30	±0.19	±0.20	±0.23	±0.24
>4.00~5.00	±0.26	±0.29	±0.31	±0.32	±0.21	±0.23	±0.24	±0.25
>5.00~6.00	±0.29	±0.31	±0.32	±0.34	±0.23	±0.24	±0.25	±0.28
>6.00~8.00	±0.32	±0.33	±0.34	±0.39	±0.25	±0.26	±0.28	±0.31
>8.00~10.00	±0.35	±0.36	±0.37	±0.44	±0.29	±0.29	±0.30	±0.35
>10.00~12.50	±0.39	±0.40	±0.41	±0.47	±0.31	±0.32	±0.33	±0.40
>12.50~15.00	±0.41	±0.42	±0.44	±0.51	±0.33	±0.34	±0.36	±0.43
>15.00~25.40	±0.44	±0.46	±0.50	±0.55	±0.35	±0.37	±0.41	±0.46

2. 宽度允许偏差

1）切边单轧钢板的宽度允许偏差应符合表1-21的规定。

表1-21 切边单轧钢板的宽度允许偏差 （单位：mm）

公称厚度	公称宽度	允许偏差
3~16	≤1500	+10 0
	>1500	+15 0
>16~400	≤2000	+20 0
	>2000~3000	+25 0
	>3000	+30 0
>400~450	协议	

2）不切边单轧钢板的宽度允许偏差由供需双方协商确定，并在合同中注明。

3）宽钢带（包括连轧钢板）的宽度允许偏差应符合表1-22的规定。

表1-22 宽钢带（包括连轧钢板）的宽度允许偏差 （单位：mm）

公称宽度	允许偏差	
	不切边	切边
≤1200	+20 0	+3 0
>1200~1500	+20 0	+5 0
>1500	+25 0	+6 0

4）纵切钢带的宽度允许偏差应符合表 1-23 的规定。

表 1-23 纵切钢带的宽度允许偏差 （单位：mm）

公称宽度	公称厚度		
	≤4.0	>4.0~8.0	>8.0
120~160	$^{+1}_{0}$	$^{+2}_{0}$	$^{+2.5}_{0}$
>160~250	$^{+1}_{0}$	$^{+2}_{0}$	$^{+2.5}_{0}$
>250~600	$^{+2}_{0}$	$^{+2.5}_{0}$	$^{+3}_{0}$
>600~900	$^{+2}_{0}$	$^{+2.5}_{0}$	$^{+3}_{0}$

3. 长度允许偏差

1）单轧钢板的长度允许偏差应符合表 1-24 的规定。

表 1-24 单轧钢板的长度允许偏差 （单位：mm）

公称长度	允许偏差	公称长度	允许偏差
2000~4000①	$^{+20}_{0}$	>8000~10000	$^{+50}_{0}$
		>10000~15000	$^{+75}_{0}$
>4000~6000①	$^{+30}_{0}$	>15000~20000	$^{+100}_{0}$
>6000~8000①	$^{+40}_{0}$	>20000	$^{+0.005}_{0}$×公称长度

① 公称厚度大于 60.0mm 的钢板，长度允许偏差为 $^{+50}_{0}$ mm。

2）连轧钢板的长度允许偏差应符合表 1-25 的规定。

表 1-25 连轧钢板的长度允许偏差 （单位：mm）

公称长度	允许偏差
≤2000	$^{+10}_{0}$
2000~8000	$^{+0.005}_{0}$×公称长度
>8000	$^{+40}_{0}$

1.3.3 型钢

1. 型钢的规格

1）型钢的尺寸、外形及允许偏差应符合表 1-26、表 1-27 的规定。根据需方要求，型钢的尺寸、外形及允许偏差也可按照供需双方协议。

表1-26 工字钢和槽钢的尺寸、外形及允许偏差 （单位：mm）

项目		允许偏差	图示
高度(h)	$h<100$	±1.5	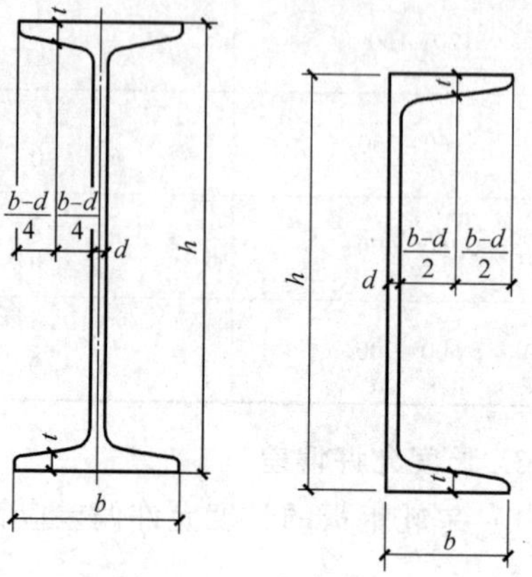
	$100\leqslant h<200$	±2.0	
	$200\leqslant h<400$	±3.0	
	$h\geqslant 400$	±4.0	
腿宽度(b)	$h<100$	±1.5	
	$100\leqslant h<150$	±2.0	
	$150\leqslant h<200$	±2.5	
	$200\leqslant h<300$	±3.0	
	$300\leqslant h<400$	±3.5	
	$h\geqslant 400$	±4.0	
腰厚度(d)	$h<100$	±0.4	
	$100\leqslant h<200$	±0.5	
	$200\leqslant h<300$	±0.7	
	$300\leqslant h<400$	±0.8	
	$h\geqslant 400$	±0.9	
外缘斜度(T)		$T\leqslant 1.5\%b$ $2T\leqslant 2.5\%b$	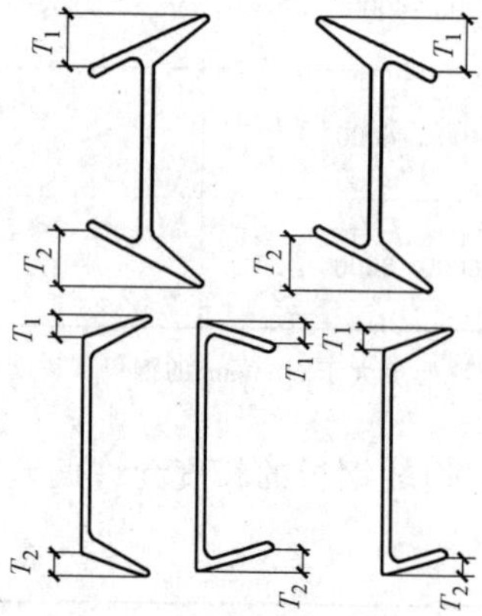
弯腰挠度(W)		$W\leqslant 0.15d$	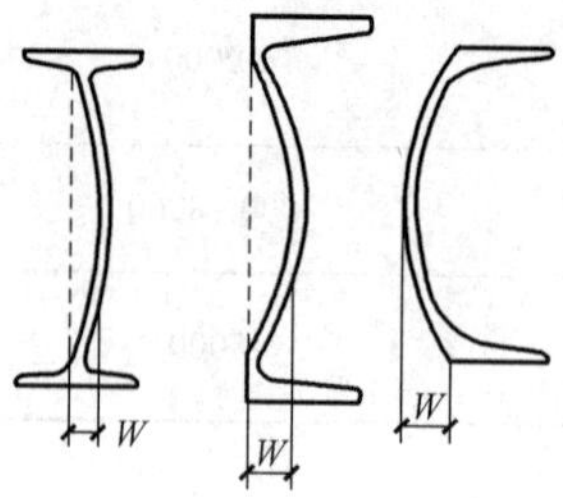
弯曲度	工字钢	每米弯曲度≤2mm 总弯曲度≤总长度的0.20%	适用于上下、左右大弯曲
	槽钢	每米弯曲度≤3mm 总弯曲度≤总长度的0.30%	

（续）

项目			允许偏差	图示
中心偏差（S）	工字钢	$h<100$	±1.5	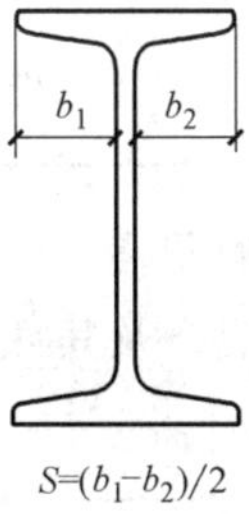 $S=(b_1-b_2)/2$
		$100\leqslant h<150$	±2.0	
		$150\leqslant h<200$	±2.5	
		$200\leqslant h<300$	±3.0	
		$300\leqslant h<400$	±3.5	
		$h\geqslant 400$	±4.0	

注：尺寸和形状的测量部位见图示。

表 1-27　角钢尺寸、外形及允许偏差　　（单位：mm）

项目		允许偏差		图示
		等边角钢	不等边角钢	
边宽度（B,b）	边宽度[①]≤56	±0.8	±0.8	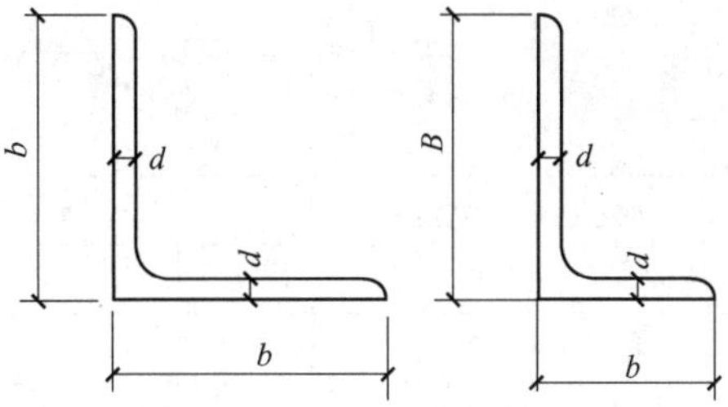
	>56~90	±1.2	±1.5	
	>90~140	±1.8	±2.0	
	>140~200	±2.5	±2.5	
	>200	±3.5	±3.5	
边厚度（d）	边宽度[①]≤56	±0.4		
	>56~90	±0.6		
	>90~140	±0.7		
	>140~200	±1.0		
	>200	±1.4		
顶端直角		$\alpha\leqslant 50'$		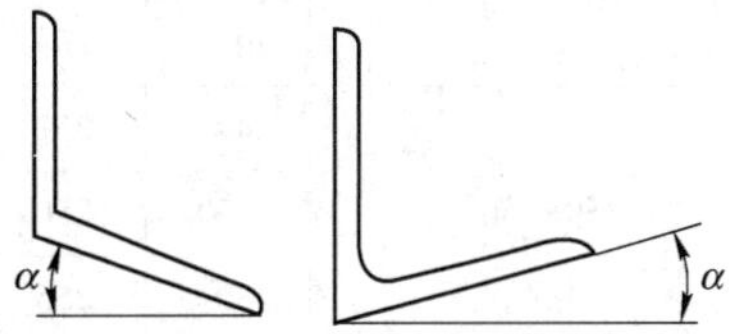
弯曲度		每米弯曲度≤3mm 总弯曲度≤总长度的 0.30%		适用于上下、左右大弯曲

① 不等边角钢按长边宽度 B。

2）型钢的长度允许偏差按表 1-28 规定。

表 1-28 型钢的长度允许偏差 （单位：mm）

长度/mm	允许偏差/mm
≤8000	+50 0
>8000	+80 0

2. H 型钢的规格

H 型钢的规格及其截面特性见表 1-29。

表 1-29 H 型钢的规格及其截面特性

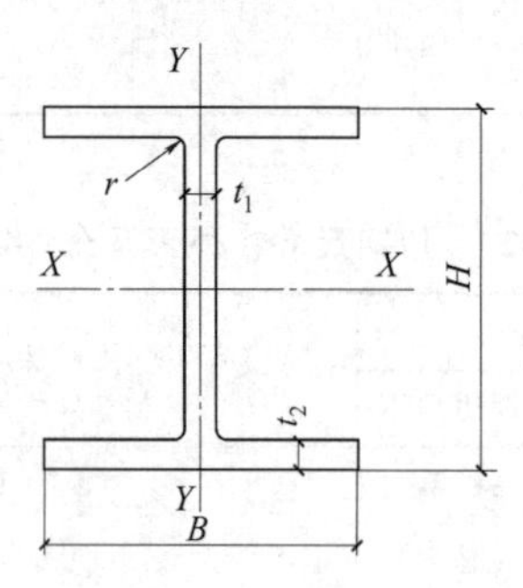

H—高度 B—宽度 t_1—腹板厚度 t_2—翼缘厚度 r—圆角半径

类别	型号(高度×宽度)/(mm×mm)	截面尺寸/mm					截面面积/cm²	理论重量/(kg/m)
		H	B	t_1	t_2	r		
HW	100×100	100	100	6	8	8	21.58	16.9
	125×125	125	125	6.5	9	8	30.00	23.6
	150×150	150	150	7	10	8	39.64	31.1
	175×175	175	175	7.5	11	13	51.42	40.4
	200×200	200	200	8	12	13	63.53	49.9
		200*	204	12	12	13	71.53	56.2
	250×250	244*	252	11	11	13	81.31	63.8
		250	250	9	14	13	91.43	71.8
		250*	255	14	14	13	103.9	81.6
	300×300	294*	302	12	12	13	106.3	83.5
		300	300	10	15	13	118.5	93.0
		300*	305	15	15	13	133.5	105
	350×350	338*	351	13	13	13	133.3	105
		344	348	10	16	13	144.0	113
		344*	354	16	16	13	164.7	129

（续）

类别	型号(高度×宽度)/(mm×mm)	截面尺寸/mm					截面面积/cm^2	理论重量/(kg/m)
		H	B	t_1	t_2	r		
HW	350×350	350	350	12	19	13	171.9	135
		350*	357	19	19	13	196.4	154
	400×400	388*	402	15	15	22	178.5	140
		394	398	11	18	22	186.8	147
		394*	405	18	18	22	214.4	168
		400	400	13	21	22	218.7	172
		400*	408	21	21	22	250.7	197
		414*	405	18	28	22	295.4	232
		428*	407	20	35	22	360.7	283
		458*	417	30	50	22	528.6	415
		498*	432	45	70	22	770.1	604
	500×500	492*	465	15	20	22	258.0	202
		502	465	15	25	22	304.5	239
		502*	470	20	25	22	329.6	259
HM	150×100	148	100	6	9	8	26.34	20.7
	200×150	194	150	6	9	8	38.10	29.9
	250×175	244	175	7	11	13	55.49	43.6
	300×200	294	200	8	12	13	71.05	55.8
		298*	201	9	14	13	82.03	64.4
	350×250	340	250	9	14	13	99.53	78.1
	400×300	390	300	10	16	13	133.3	105
	450×300	440	300	11	18	13	153.9	121
	500×300	482*	300	11	15	13	141.2	111
		488	300	11	18	13	159.2	125
	550×300	544*	300	11	15	13	148.0	116
		550*	300	11	18	13	166.0	130
	600×300	582*	300	12	17	13	169.2	133
		588	300	12	20	13	187.2	147
		594*	302	14	23	13	217.1	170
HN	100×50*	100	50	5	7	8	11.84	9.30
	125×60*	125	60	6	8	8	16.68	13.1
	150×75	150	75	5	7	8	17.84	14.0
	175×90	175	90	5	8	8	22.89	18.0
	200×100	198*	99	4.5	7	8	22.68	17.8
		200	100	5.5	8	8	26.66	20.9

（续）

类别	型号(高度×宽度)/(mm×mm)	截面尺寸/mm					截面面积/cm^2	理论重量/(kg/m)
		H	B	t_1	t_2	r		
HN	250×125	248*	124	5	8	8	31.98	25.1
		250	125	6	9	8	36.96	29.0
	300×150	298*	149	5.5	8	13	40.80	32.0
		300	150	6.5	9	13	46.78	36.7
	350×175	346*	174	6	9	13	52.45	41.2
		350	175	7	11	13	62.91	49.4
	400×150	400	150	8	13	13	70.37	55.2
	400×200	396*	199	7	11	13	71.41	56.1
		400	200	8	13	13	83.37	65.4
	450×150	446*	150	7	12	13	66.99	52.6
		450	151	8	14	13	77.49	60.8
	450×200	446*	199	8	12	13	82.97	65.1
		450	200	9	14	13	95.43	74.9
	475×150	470*	150	7	13	13	71.53	56.2
		475*	151.5	8.5	15.5	13	86.15	67.6
		482	153.5	10.5	19	13	106.4	83.5
	500×150	492*	150	7	12	13	70.21	55.1
		500*	152	9	16	13	92.21	72.4
		504	153	10	18	13	103.3	81.1
	500×200	496*	199	9	14	13	99.29	77.9
		500	200	10	16	13	112.3	88.1
		506*	201	11	19	13	129.3	102
	550×200	546*	199	9	14	13	103.8	81.5
		550	200	10	16	13	117.3	92.0
	600×200	596*	199	10	15	13	117.8	92.4
		600	200	11	17	13	131.7	103
		606*	201	12	20	13	149.8	118
	625×200	625*	198.5	13.5	17.5	13	150.6	118
		630	200	15	20	13	170.0	133
		638*	202	17	24	13	198.7	156
	650×300	646*	299	12	18	18	183.6	144
		650*	300	13	20	18	202.1	159
		654*	301	14	22	18	220.6	173
	700×300	692*	300	13	20	18	207.5	163
		700	300	13	24	18	231.5	182

（续）

类别	型号(高度×宽度)/(mm×mm)	截面尺寸/mm					截面面积/cm^2	理论重量/(kg/m)
		H	B	t_1	t_2	r		
HN	750×300	734*	299	12	16	18	182.7	143
		742*	300	13	20	18	214.0	168
		750*	300	13	24	18	238.0	187
		758*	303	16	28	18	284.8	224
	800×300	792*	300	14	22	18	239.5	188
		800	300	14	26	18	263.5	207
	850×300	834*	298	14	19	18	227.5	179
		842*	299	15	23	18	259.7	204
		850*	300	16	27	18	292.1	229
		858*	301	17	31	18	324.7	255
	900×300	890*	299	15	23	18	266.9	210
		900	300	16	28	18	305.8	240
		912*	302	18	34	18	360.1	283
	1000×300	970*	297	16	21	18	276.0	217
		980*	298	17	26	18	315.5	248
		990*	298	17	31	18	345.3	271
		1000*	300	19	36	18	395.1	310
		1008*	302	21	40	18	439.3	345
HT	100×50	95	48	3.2	4.5	8	7.620	5.98
		97	49	4	5.5	8	9.370	7.36
	100×100	96	99	4.5	6	8	16.20	12.7
	125×60	118	58	3.2	4.5	8	9.250	7.26
		120	59	4	5.5	8	11.39	8.94
	125×125	119	123	4.5	6	8	20.12	15.8
	150×75	145	73	3.2	4.5	8	11.47	9.00
		147	74	4	5.5	8	14.12	11.1
	150×100	139	97	3.2	4.5	8	13.43	10.6
		142	99	4.5	6	8	18.27	14.3
	150×150	144	148	5	7	8	27.76	21.8
		147	149	6	8.5	8	33.67	26.4
	175×90	168	88	3.2	4.5	8	13.55	10.6
		171	89	4	6	8	17.58	13.8
	175×175	167	173	5	7	13	33.32	26.2
		172	175	6.5	9.5	13	44.64	35.0
	200×100	193	98	3.2	4.5	8	15.25	12.0

（续）

类别	型号（高度×宽度）/（mm×mm）	截面尺寸/mm					截面面积/cm^2	理论重量/（kg/m）
		H	B	t_1	t_2	r		
HT	200×100	196	99	4	6	8	19.78	15.5
	200×150	188	149	4.5	6	8	26.34	20.7
	200×200	192	198	6	8	13	43.69	34.3
	250×125	244	124	4.5	6	8	25.86	20.3
	250×175	238	173	4.5	8	13	39.12	30.7
	300×150	294	148	4.5	6	13	31.90	25.0
	300×200	286	198	6	8	13	49.33	38.7
	350×175	340	173	4.5	6	13	36.97	29.0
	400×150	390	148	6	8	13	47.57	37.3
	400×200	390	198	6	8	13	55.57	43.6

注：1. 同一型号的产品，其内侧尺寸高度一致。

2. 截面面积计算公式为：“$t_1(H-2t_2)+2Bt_2+0.858r^2$”。

3. “*”表示的规格为市场非常用规格。

1.3.4 钢管

1）钢管的外径 D 允许偏差应符合表 1-30 的规定。

表 1-30 钢管的外径 D 允许偏差 （单位：mm）

钢管种类	允许偏差
热轧（挤压、扩）钢管	±1%D 或±0.50，取其中较大者
冷拔（轧）钢管	±1%D 或±0.30，取其中较大者

2）热轧（挤压、扩）钢管壁厚 S 允许偏差应符合表 1-31 的规定。

表 1-31 热轧（挤压、扩）钢管壁厚 S 允许偏差 （单位：mm）

钢管种类	钢管公称外径 S	S/D	允许偏差
热轧（挤压）钢管	≤102	—	±12.5%S 或±0.40，取其中较大者
	>102	≤0.05	±15%S 或±0.40，取其中较大者
		>0.05~0.10	±12.5%S 或±0.40，取其中较大者
		>0.10	+12.5%S −10%S
热扩钢管	—		±15%S

3）冷拔（轧）钢管的壁厚 S 允许偏差应符合表 1-32 的规定。

表 1-32 冷拔（轧）钢管壁厚 S 允许偏差 （单位：mm）

钢管种类	钢管公称壁厚 S	允许偏差
冷拔（轧）	≤3	+15%S −10%S 或±0.15，取其中较大者
	>3	+12.5%S −10%S

1.3.5 钢筋

1. 热轧光圆钢筋

1）钢筋的公称直径范围为 6～22mm，本部分推荐的钢筋公称直径为 6mm、8mm、10mm、12mm、16mm、20mm。

2）钢筋的公称横截面面积与理论重量见表 1-33 所列。

表 1-33 钢筋的公称横截面面积与理论重量

公称直径/mm	公称横截面面积/mm^2	理论重量/(kg/m)
6	28.27	0.222
8	50.27	0.395
10	78.54	0.617
12	113.1	0.888
14	153.9	1.21
16	201.1	1.58
18	254.5	2.00
20	314.2	2.47
22	380.1	2.98

注：表中理论重量按密度为 7.85g/cm^3 计算。

3）钢筋牌号及化学成分（熔炼分析）应符合表 1-34 的规定。

表 1-34 钢筋牌号及化学成分（熔炼分析）

牌号	化学成分(质量分数,%)不大于				
	C	Si	Mn	P	S
HPB300	0.25	0.55	1.50	0.045	0.045

4）钢筋的下屈服强度 R_{eL}、抗拉强度 R_m、断后伸长率 A、最大力总伸长率 A_{gt} 等力学性能特征值应符合表 1-35 的规定。表 1-35 所列各力学性能特征值，可作为交货检验的最小保证值。

表 1-35 钢筋的力学性能

牌号	R_{eL}/MPa	R_m/MPa	A(%)	A_{gt}(%)	冷弯试验 180° d—弯芯直径 a—钢筋公称直径
	不小于				
HPB300	300	420	25.0	10.0	$d=a$

2. 热轧带肋钢筋

1）钢筋的公称直径范围为 6～50mm。

2）钢筋的公称横截面面积与理论重量见表 1-36 所列。

3）钢筋的牌号及化学成分和碳当量（熔炼分析）应符合表 1-37 的规定。根据需要，钢中还可加入 V、Nb、Ti 等元素。

表 1-36　钢筋的公称横截面面积与理论重量

公称直径/mm	公称横截面面积/mm^2	理论重量/(kg/m)
6	28.27	0.222
8	50.27	0.395
10	78.54	0.617
12	113.10	0.888
14	153.90	1.21
16	201.10	1.58
18	254.50	2.00
20	314.20	2.47
22	380.10	2.98
25	490.90	3.85
28	615.80	4.83
32	804.20	6.31
36	1018	7.99
40	1257	9.87
50	1964	15.42

注：本表中理论重量按密度为 7.85g/cm^3 计算。

表 1-37　钢筋牌号及化学成分和碳当量（熔炼分析）

牌号	化学成分(质量分数,%)不大于					
	C	Si	Mn	P	S	碳当量 Ceq
HRB400 HRBF400 HRB400E HRBF400E	0.25	0.80	1.60	0.045	0.045	0.54
HRB500 HRBF500 HRB500E HRBF500E						0.55
HRB600	0.28					0.58

4）钢筋的下屈服强度 R_{eL}、抗拉强度 R_m、断后伸长率 A、最大力总伸长率 A_{gt} 等力学性能特征值应符合表 1-38 的规定。表 1-38 所列各力学性能特征值，R^o_{eL}/R_{eL} 可作为交货检验的最大保证值外，其他力学特征值可作为交货检验的最小保证值。

表 1-38　钢筋的力学性能

牌号	R_{eL}/MPa	R_m/MPa	A(%)	A_{gt}(%)	R^o_m/R^o_{eL}	R^o_{eL}/R_{eL}
	不小于					不大于
HRB400 HRBF400	400	540	16	7.5	—	—
HRB400E HRBF400E			—	9.0	1.25	1.30

（续）

牌号	R_{eL}/MPa	R_m/MPa	A(%)	A_{gt}(%)	R^o_m/R^o_{eL}	R^o_{eL}/R_{eL}
	不小于					不大于
HRB500 HRBF500	500	630	15	7.5	—	—
HRB500E HRBF500E			—	9.0	1.25	1.30
HRB600	600	730	14	7.5	—	—

注：R^o_m 为钢筋实测抗拉强度；R^o_{eL} 为钢筋实测下屈服强度。

3. 冷轧带肋钢筋

冷轧带肋钢筋是热轧圆盘条经冷轧后，在其表面带有沿长度方向均匀分布横肋的钢筋。二面肋和三面肋钢筋的尺寸、重量及允许偏差应符合表 1-39 的规定。

表 1-39　二面肋和三面肋钢筋的尺寸、重量及允许偏差

公称直径 d/mm	公称横截面积/mm^2	重量		横肋中点高		横肋 1/4 处高 $h_{1/4}$/mm	横肋顶宽 b/mm	横肋间距		相对肋面积 f_r 不小于
		理论重量/(kg/m)	允许偏差(%)	h/mm	允许偏差/mm			l/mm	允许偏差/mm	
4	12.6	0.099	±4	0.30	+0.10 -0.05	0.24	0.2d	4.0	±15	0.036
4.5	15.9	0.125		0.32		0.26		4.0		0.039
5	19.6	0.154		0.32		0.26		4.0		0.039
5.5	23.7	0.186		0.40		0.32		5.0		0.039
6	28.3	0.222		0.40		0.32		5.0		0.039
6.5	33.2	0.261		0.46		0.37		5.0		0.045
7	38.5	0.302		0.46		0.37		5.0		0.045
7.5	44.2	0.347		0.55		0.44		6.0		0.045
8	50.3	0.395		0.55		0.44		6.0		0.045
8.5	56.7	0.445		0.55	±0.10	0.44		7.0		0.045
9	63.6	0.499		0.75		0.60		7.0		0.052
9.5	70.8	0.556		0.75		0.60		7.0		0.052
10	78.5	0.617		0.75		0.60		7.0		0.052
10.5	86.5	0.679		0.75		0.60		7.4		0.052
11	95.0	0.746		0.85		0.68		7.4		0.056
11.5	103.8	0.815		0.95		0.76		8.4		0.056
12	113.1	0.888		0.95		0.76		8.4		0.056

注：1. 横肋 1/4 处高，横肋顶宽供孔型设计用。
2. 二面肋钢筋允许有高度不大于 0.5h 的纵肋。

四面肋钢筋的尺寸、重量及允许偏差应符合表 1-40 的规定。

冷轧带肋钢筋的性能应符合国家标准《冷轧带肋钢筋》(GB/T 13788—2017）的规定。

冷轧带肋钢筋分为 CRB550、CRB650、CRB800、CRB600H、CRB680H、CRB800H 六个

牌号。CRB550、CRB600H 为普通钢筋混凝土用钢筋，CRB650、CRB800、CRB800H 为预应力混凝土用钢筋，CRB680H 既可作为普通钢筋混凝土用钢筋，也可作为预应力混凝土用钢筋使用。CRB550、CRB600H、CRB680H 钢筋的公称直径范围为 4 ~ 12mm。CRB650、CRB800、CRB800H 公称直径为 4mm、5mm、6mm。冷轧带肋钢筋的力学性能和工艺性能应符合表 1-41 的规定。经供需双方协议，钢筋可用最大力总延伸率代替断后伸长率。当进行弯曲试验时，受弯曲部位表面不得产生裂纹。

表 1-40 四面肋钢筋的尺寸、重量及允许偏差

公称直径 d/mm	公称横截面积/mm^2	重量		横肋中点高		横肋 1/4 处高 $h_{1/4}$/mm	横肋顶宽 b/mm	横肋间距		相对肋面积 f_r 不小于
		理论重量/(kg/m)	允许偏差(%)	h/mm	允许偏差/mm			l/mm	允许偏差(%)	
6.0	28.3	0.222	±4	0.39	+0.10 −0.05	0.28	0.2d	5.0	±15	0.039
7.0	38.5	0.302		0.45		0.32		5.3		0.045
8.0	50.3	0.395		0.52		0.36		5.7		0.045
9.0	63.6	0.499		0.59	±0.10	0.41		6.1		0.052
10.0	78.5	0.617		0.65		0.45		6.5		0.052
11.0	95.0	0.746		0.72		0.50		6.8		0.056
12.0	113	0.888		0.78		0.54		7.2		0.056

注：横肋 1/4 处高，横肋顶宽供孔型设计用。

表 1-41 力学性能和工艺性能

分类	牌号	$R_{p0.2}$/MPa 不小于	R_m/MPa 不小于	$R_m/R_{p0.2}$ 不小于	断后伸长率(%) 不小于		最大力总延伸率(%) 不小于	弯曲试验 180°①	反复弯曲次数	应力松弛 初始应力应相当于公称抗拉强度的 70%
					A	A_{100}	A_{gt}			1000h 松弛率(%) 不大于
普通钢筋混凝土用	CRB550	500	550	1.05	11.0	—	2.5	$D=3d$	—	—
	CRB600H	540	600	1.05	14.0		5.0	$D=3d$		
	CRB680H②	600	680	1.05	14.0		5.0	$D=3d$	4	5
预应力混凝土用	CRB650	585	650	1.05		4.0	22.5		3	8
	CRB800	720	800	1.05		4.0	2.5		3	8
	CRB800H	720	800	1.05	—	7.0	4.0	—	4	5

① 表中 D 为弯心直径，d 为钢筋公称直径。

② 当该牌号钢筋作为普通钢筋混凝土用钢筋使用时，对反复弯曲和应力松弛不作要求；当该牌号钢筋作为预应力混凝土用钢筋使用时，应进行反复弯曲试验代替 180°弯曲试验，并检测松弛率。

1.3.6 盘条

盘条也叫线材，通常指成盘的小直径圆钢，包括低碳钢热轧圆盘条、优质碳素钢盘条、制绳钢丝用盘条，琴钢丝用盘条、焊接用钢盘条，不锈钢盘条、焊接用不锈钢盘条。

盘条的横截面积及允许偏差应符合表 1-42 的规定。

表 1-42　盘条的横截面积及允许偏差

公称直径/mm	允许偏差/mm			不圆度/mm			横截面积/mm^2	理论重量/(kg/m)
	A 级精度	B 级精度	C 级精度	A 级精度	B 级精度	C 级精度		
5	±0.30	±0.25	±0.15	≤0.48	≤0.40	≤0.24	19.63	0.154
5.5							23.76	0.187
6							28.27	0.222
6.5							33.18	0.260
7							38.48	0.302
7.5							44.18	0.347
8							50.26	0.395
8.5							56.74	0.445
9							63.62	0.499
9.5							70.88	0.556
10							78.54	0.617
10.5	±0.40	±0.30	±0.20	≤0.64	≤0.48	≤0.32	86.59	0.680
11							95.03	0.746
11.5							103.9	0.816
12							113.1	0.888
12.5							122.7	0.963
13							132.7	1.04
13.5							143.1	1.12
14							153.9	1.21
14.5							165.1	1.30
15							176.7	1.39
15.5	±0.50	±0.35	±0.25	≤0.80	≤0.56	≤0.40	188.7	1.48
16							201.1	1.58
17							227.0	1.78
18							254.5	2.00
19							283.5	2.23
20							314.2	2.47
21							346.3	2.72
22							380.1	2.98
23							415.5	3.26
24							452.4	3.55
25							490.9	3.85
26	±0.60	±0.40	±0.30	≤0.96	≤0.64	≤0.48	530.9	4.17
27							572.6	4.49
28							615.7	4.83

（续）

公称直径/mm	允许偏差/mm			不圆度/mm			横截面积/mm^2	理论重量/(kg/m)
	A级精度	B级精度	C级精度	A级精度	B级精度	C级精度		
29	±0.60	±0.40	±0.30	≤0.96	≤0.64	≤0.48	660.5	5.18
30							706.9	5.55
31							754.8	5.92
32							804.2	6.31
33							855.3	6.71
34							907.9	7.13
35							962.1	7.55
36							1018	7.99
37							1075	8.44
38							1134	8.90
39							1195	9.38
40							1257	9.87
41	±0.80	±0.50	—	≤1.28	≤0.80	—	1320	10.36
42							1385	10.88
43							1452	11.40
44							1521	11.94
45							1590	12.48
46							1662	13.05
47							1735	13.62
48							1810	14.21
49							1886	14.80
50							1964	15.41
51	±1.00	±0.60	—	≤1.60	≤0.96	—	2042	16.03
52							2123	16.66
53							2205	17.31
54							2289	17.97
55							2375	18.64
56							2462	19.32
57							2550	20.02
58							2641	20.73
59							2733	21.45
60							2826	22.18

注：钢的密度按7.85g/cm^3计算。

1.4 施工图制图标准

1.4.1 制图基本规定

1. 图幅

钢结构详图常用的图幅一般为国标统一规定的 A1、A2 或 A2 延长图幅（见表 1-43），且在同一套图样中，不宜使用过多种类图幅。

表 1-43 常用图幅尺寸 （单位：mm）

幅面代号	A1	A2	A2 延长	图形
$b \times l$	594×841	420×594	420×841	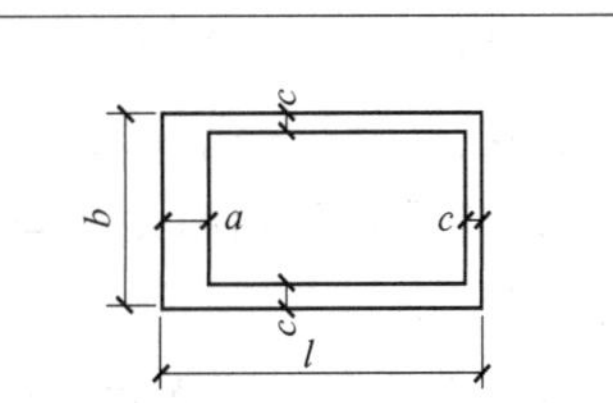
c	10			
a	25			

2. 线型

根据图线用途的不同，施工详图图样上采用的线型也有多种类型，可依据表 1-44 选用。

表 1-44 图线

名称		线型	线宽	一般用途
实线	粗	————	b	螺栓、结构平面图中的单线结构构件线，支撑及系杆线，图名下横线、剖切线
	中粗	————	$0.7b$	结构平面图及详图中剖到或可见的墙身轮廓线、基础轮廓线、钢结构轮廓线
	中	————	$0.5b$	结构平面图及详图中剖到或可见的墙身轮廓线、基础轮廓线、可见的构件轮廓线
	细	————	$0.25b$	标注引出线、标高符号线、索引符号线、尺寸线
虚线	粗	------	b	不可见的螺栓线、结构平面图中不可见的单线结构构件及钢支撑线
	中粗	------	$0.7b$	结构平面图中的不可见构件、墙身轮廓线及不可见钢结构构件线
	中	------	$0.5b$	结构平面图中的不可见构件、墙身轮廓线及不可见钢结构构件线
	细	--------	$0.25b$	基础平面图中的管沟轮廓线
单点长画线	粗	—·—·—	b	柱间支撑、垂直支撑、设备基础轴线图中的中心线
	细	—·—·—	$0.25b$	定位轴线、对称线、中心线、重心线

（续）

名称		线型	线宽	一般用途
双点长画线	细	—·—·—	0.25b	原有结构轮廓线
折断线		—∧—	0.25b	断开界线
波浪线		～～	0.25b	断开界线

注：b 一般取 0.5mm。

3. 比例

在建筑钢结构施工图中，所有图形均应尽可能按比例绘制。结构平面图、基础平面图一般采用 1∶50、1∶100、1∶150；详图一般采用 1∶10、1∶20、1∶50。

当构件的纵、横向断面尺寸相差悬殊时，可在同一详图中的纵、横向选用不同的比例绘制。轴线尺寸与构件尺寸也可选用不同的比例绘制。

4. 常用钢结构制图符号

（1）剖切符号

1）剖切符号宜优先选择国际通用方法表示，也可常用方法表示，同一套图纸应选用一种表示方法。

2）剖切符号标注的位置应符合下列规定：

① 建（构）筑物剖面图的剖切符号应注在±0.000 标高的平面图或首层平面图上。

② 局部剖面图（不含首层）、断面图的剖切符号应注在包含剖切部位的最下面一层的平面图上。

3）采用国际通用剖视表示方法时，剖面及断面的剖切符号（图 1-1a）应符合下列规定：

① 剖面剖切索引符号应由直径 8~10mm 的圆和水平直径以及两条相互垂直且外切圆的线段组成，水平直径上方应为索引编号，下方应为图纸编号，详细规定如图 1-1 所示，线段与圆之间应填充黑色并形成箭头表示剖视方向，索引符号应位于剖线两端；断面及剖视详图剖切符号的索引符号应位于平面图外侧一端，另一端为剖视方向线，长度宜为 7~9mm，宽度宜为 2mm。

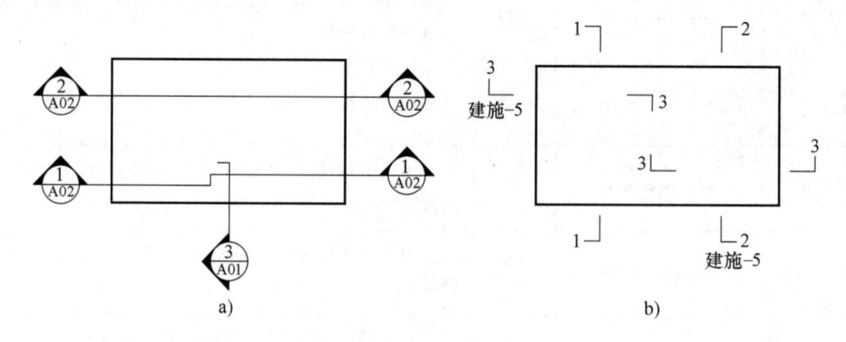

图 1-1 剖视的剖切符号

② 剖切线与符号线线宽应为 0.25b。

③ 需要转折的剖切线应连续绘制。

④ 剖号的编号宜由左至右、由下向上连续编排。

4）采用常用方法表示时，剖面的剖切符号应由剖切线及剖视方向线组成，均应以粗实线绘制，线宽宜为 b。剖面的剖切符号应符合下列规定：

① 剖切位置线的长度宜为 6～10mm；剖视方向线应垂直于剖切位置线，长度应短于剖切位置线，宜为 4～6mm。绘制时，剖视剖切符号不应与其他图线相接触。

② 剖视剖切符号的编号宜采用粗阿拉伯数字，按剖切顺序由左至右、由下向上连续编排，并应注写在剖视方向线的端部（图 1-1b）。

③ 需要转折的剖切位置线，应在转角的外侧加注与该符号相同的编号。

④ 断面的剖切符号应仅用剖切位置线表示，其编号应注写在剖切位置线的一侧；编号所在的一侧应为该断面的剖视方向，其余同剖面的剖切符号（图 1-2）。

⑤ 当与被剖切图样不在同一张图内时，应在剖切位置线的另一侧注明其所在图纸的编号，如图 1-2 所示，也可以在图上集中说明。

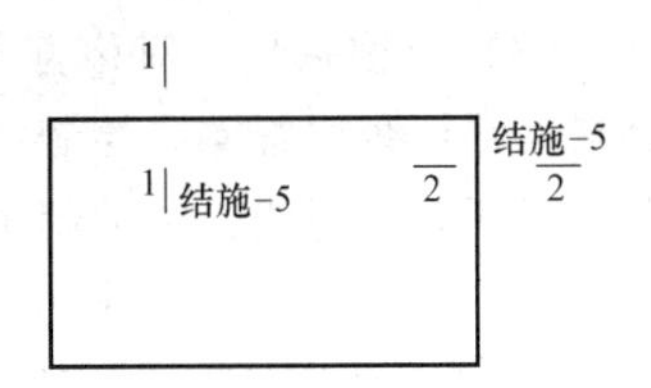

图 1-2 断面的剖切符号

（2）索引符号与详图符号

1）索引符号。图样中的某一局部或构件，如需另见详图，应以索引符号索引（见图 1-3a）。索引符号是由直径为 8～10mm 的圆和水平直径组成，圆及水平直径均应以细实线绘制。索引符号应按下列规定编写：

① 索引出的详图，如与被索引的详图同在一张图样内，应在索引符号的上半圆中用阿拉伯数字注明该详图的编号，并在下半圆中间画一段水平细实线（见图 1-3b）。

② 索引出的详图，如与被索引的详图不在同一张图样内，应在索引符号的上半圆中用阿拉伯数字注明该详图的编号，在索引符号的下半圆中用阿拉伯数字注明该详图所在图样的编号（见图 1-3c）。数字较多时，可加文字标注。

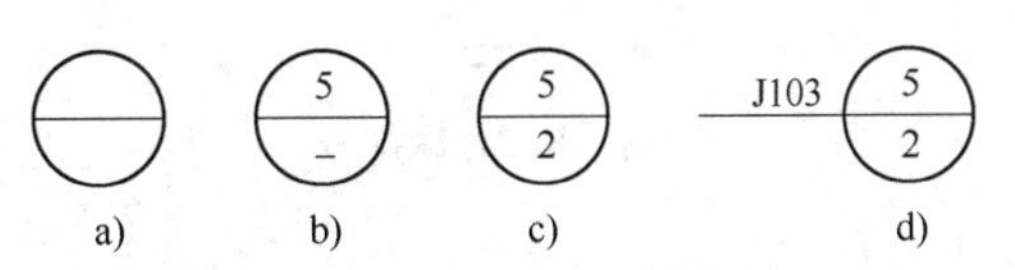

图 1-3 索引符号

③ 当索引出的详图采用标准图时，应在索引符号水平直径的延长线上加注该标准图集的编号，如图 1-3d 所示。需要标注比例时，应在文字的索引符号右侧或延长线下方，与符号下对齐。

2）索引符号用于索引剖面详图。应在被剖切的部位绘制剖切位置线，并以引出线引出索引符号，引出线所在的一侧应为投射方向。索引符号的编写同 1）的规定（见图 1-4）。

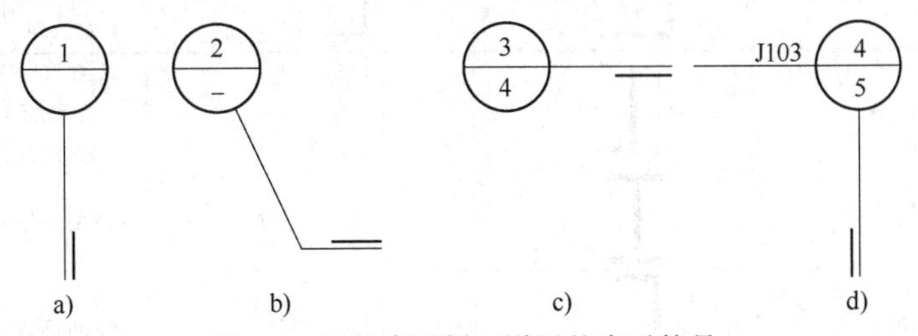

图 1-4 用于索引剖面详图的索引符号

3）零件、钢筋、杆件及消火栓、配电箱、管井等设备的编号宜以直径为 4～6mm（同一图样应保持一致）的细实线圆表示，其编号应用阿拉伯数字按顺序编写（见图 1-5）。

4）详图的位置和编号。详图的位置和编号应以详图符号表示。详图符号的圆应以直径为 14mm 粗实线绘制。详图应按下列规定编号。

① 详图与被索引的图样同在一张图样内时，应在详图符号内用阿拉伯数字注明详图的

编号（见图 1-6）。

② 详图与被索引的图样不在同一张图样内，应用细实线在详图符号内画一水平直径，在上半圆中注明详图编号，在下半圆中注明被索引的图样的编号（见图 1-7）。

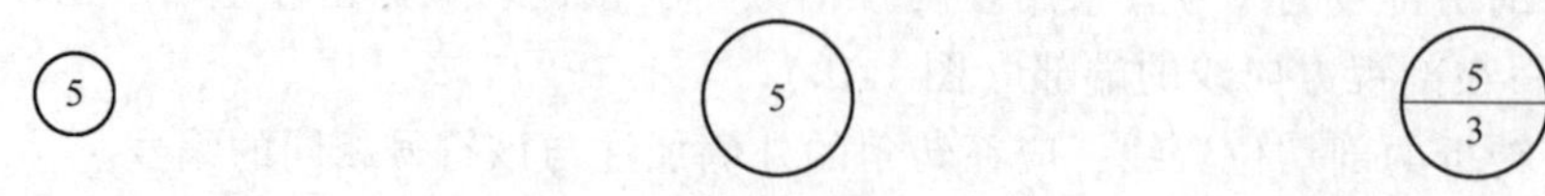

图 1-5　零件、钢筋等的编号　　图 1-6　与被索引图样同在一张图样内的详图编号　　图 1-7　与被索引图样不在同一张图样内的详图编号

（3）对称符号　对称符号由对称线和两端的两对平行线组成。对称线用细单点长画线绘制；平行线用细实线绘制，其长度宜为 6~10mm，每对的间距宜为 2~3mm；对称线垂直平分于两对平行线，两端超出平行线宜为 2~3mm（见图 1-8）。

（4）连接符号　连接符号应以折断线表示需连接的部位。两部位相距过远时，折断线两端靠图样一侧应标注大写拉丁字母表示连接编号。两个被连接的图样必须用相同的字母编号（见图 1-9）。

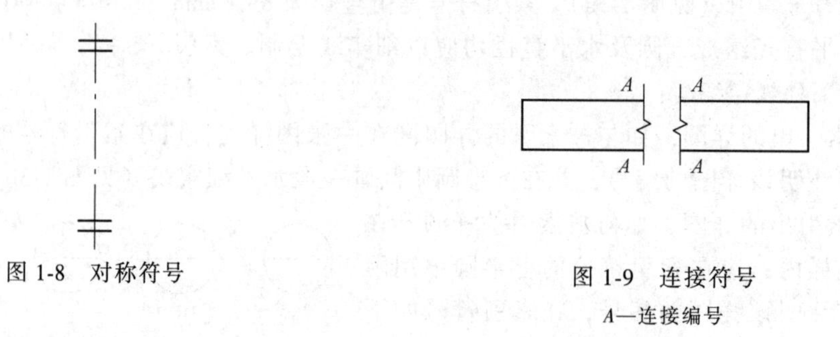

图 1-8　对称符号

图 1-9　连接符号

A—连接编号

1.4.2　常用型钢的标注方法

常用型钢的标注方法应符合表 1-45 中的规定。

表 1-45　常用型钢的标注方法

序号	名称	截面	标注	说明
1	等边角钢		∟ *b*×*t*	*b* 为肢宽 *t* 为肢厚
2	不等边角钢	 *B*	∟ *B*×*b*×*t*	*B* 为长肢宽 *b* 为短肢宽 *t* 为肢厚
3	工字钢		I N　Q I N	轻型工字钢加注 Q 字
4	槽钢		[N　Q [N	轻型槽钢加注 Q 字
5	方钢	 *b*	□ *b*	—
6	扁钢	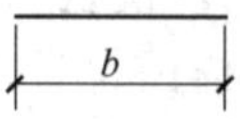 *b*	— *b*×*t*	—
7	钢板		$-\frac{b\times t}{L}$	宽×厚 板长

（续）

序号	名称	截面	标注	说明
8	圆钢		ϕd	—
9	钢管		$\phi d\times t$	d 为外径 t 为壁厚
10	薄壁方钢管		B $b\times t$	薄壁型钢加注 B 字 t 为壁厚
11	薄臂等肢角钢		B $b\times t$	
12	薄壁等肢卷边角钢	a	B $b\times a\times t$	
13	薄壁槽钢	h	B $h\times b\times t$	
14	薄壁卷边槽钢	a	B $h\times b\times a\times t$	
15	薄壁卷边 Z 型钢	h a b	B $h\times b\times a\times t$	
16	T 型钢		TW×× TM×× TN××	TW 为宽翼缘 T 型钢 TM 为中翼缘 T 型钢 TN 为窄翼缘 T 型钢
17	H 型钢		HW×× HM×× HN××	HW 为宽翼缘 H 型钢 HM 为中翼缘 H 型钢 HN 为窄翼缘 H 型钢
18	起重机钢轨		QU××	详细说明产品规格型号
19	轻轨及钢轨		××kg/m钢轨	

1.4.3　螺栓、孔、电弧焊铆钉的表示方法

螺栓、孔、电弧焊铆钉的表示方法应符合表 1-46 中的规定。

表 1-46　螺栓、孔、电弧焊铆钉的表示方法

序号	名称	图例	说明
1	永久螺栓	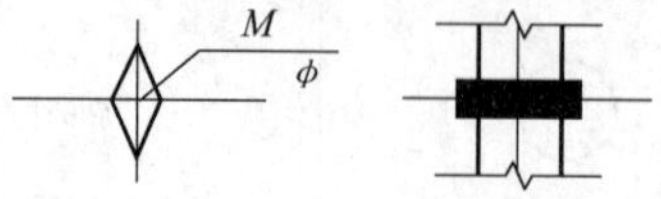 M ϕ	1)细“+”线表示定位线 2)M 表示螺栓型号 3) ϕ 表示螺栓孔直径 4)d 表示膨胀螺栓、电焊铆钉直径 5)采用引出线标注螺栓时,横线上标注螺栓规格,横线下标注螺栓孔直径
2	高强螺栓	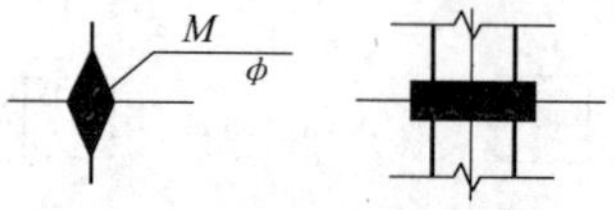 M ϕ	
3	安装螺栓	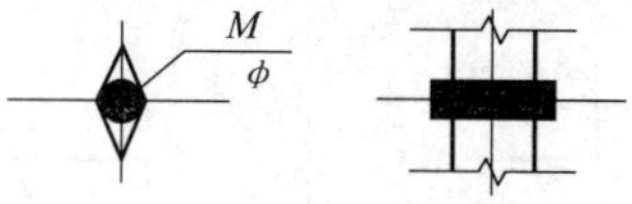 M ϕ	
4	膨胀螺栓	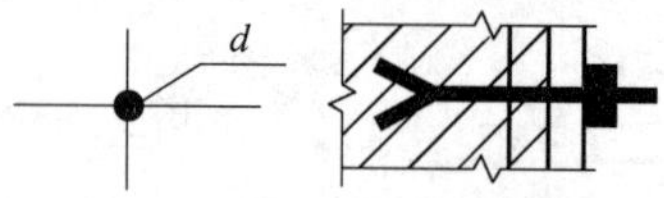 d	
5	圆形螺栓孔	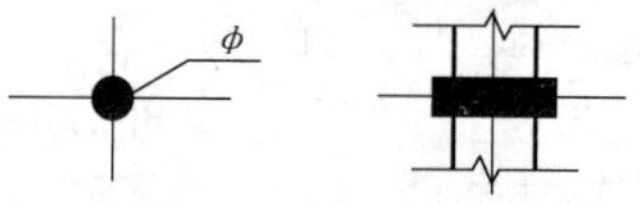 ϕ	
6	长圆形螺栓孔	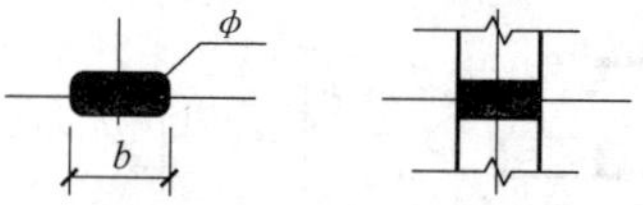 ϕ b	
7	电焊铆钉	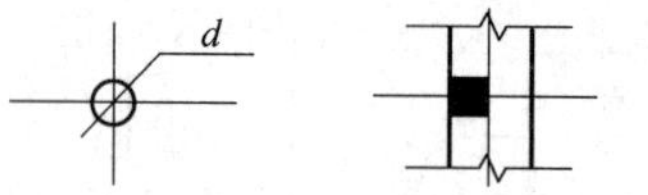 d	

1.4.4　常用焊缝的表示方法

1）焊接钢构件的焊缝除应按现行的国家标准《焊缝符号表示法》(GB 324—2008）有关规定执行外，还应符合本部分的各项规定。

2）单面焊缝的标注方法应符合下列规定：

① 当箭头指向焊缝所在的一面时，应将图形符号和尺寸标注在横线的上方（见图 1-10a)。当箭头指向焊缝所在另一面（相对应的那面）时，应按图 1-10b 的规定执行，将图形符号和尺寸标注在横线的下方。

② 表示环绕工作件周围的焊缝时，应按图 1-10c 的规定执行，其围焊焊缝符号为圆圈，绘在引出线的转折处，并标注焊脚尺寸 K。

3）双面焊缝的标注，应在横线的上、下都标注符号和尺寸。上方表示箭头一面的符号和尺寸，下方表示另一面的符号和尺寸（见图 1-11a)；当两面的焊缝尺寸相同时，只需在

横线上方标注焊缝的符号和尺寸（见图 1-11b、c、d）。

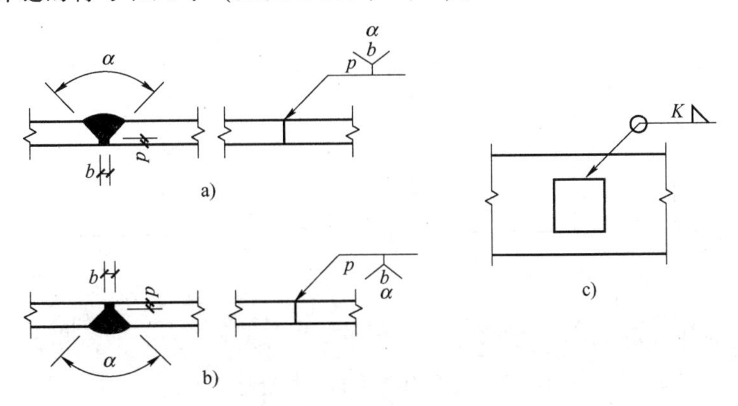

图 1-10 单面焊缝的标注方法

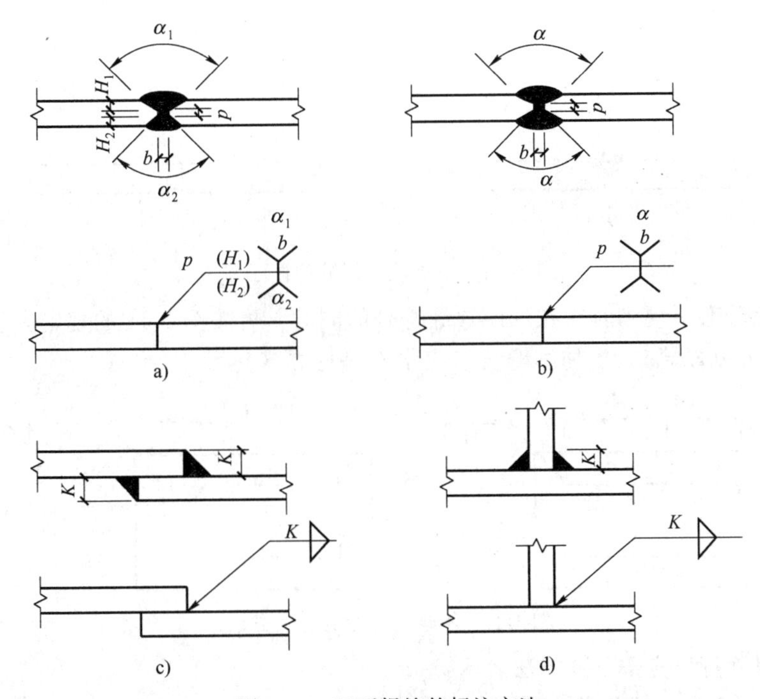

图 1-11 双面焊缝的标注方法

4）3 个和 3 个以上的焊件相互焊接的焊缝，不得作为双面焊缝标注。其焊缝符号和尺寸应分别标注（见图 1-12）。

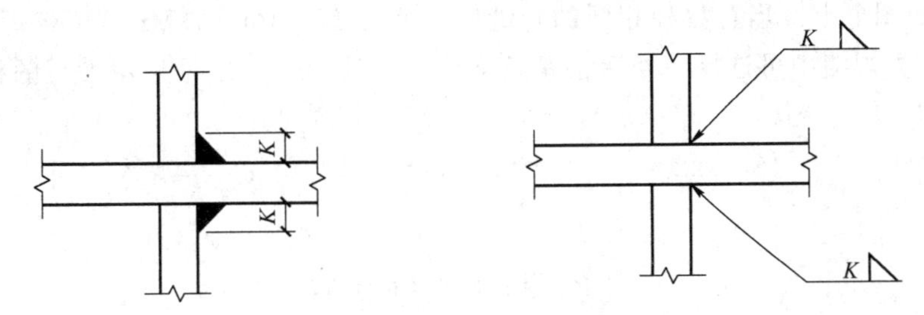

图 1-12 3 个和 3 个以上焊件的焊缝标注方法

5）相互焊接的两个焊件中，当只有一个焊件带坡口时（如单面 V 形），引出线箭头必须指向带坡口的焊件（见图 1-13）。

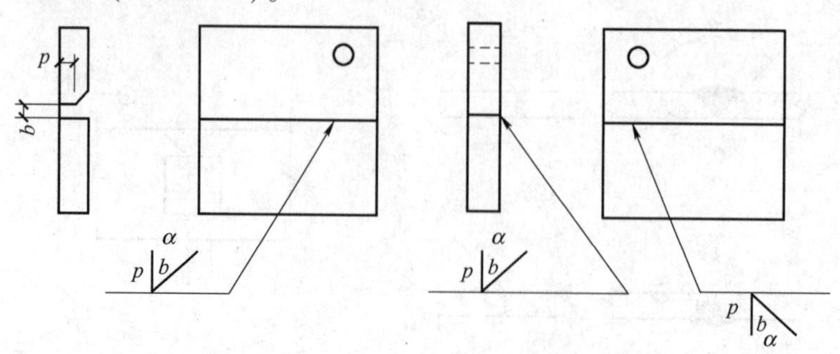

图 1-13　一个焊件带坡口的焊缝标注方法

6）相互焊接的两个焊件，当为单面带双边不对称坡口焊缝时，应按图 1-14 的规定，引出线箭头应指向较大坡口的焊件。

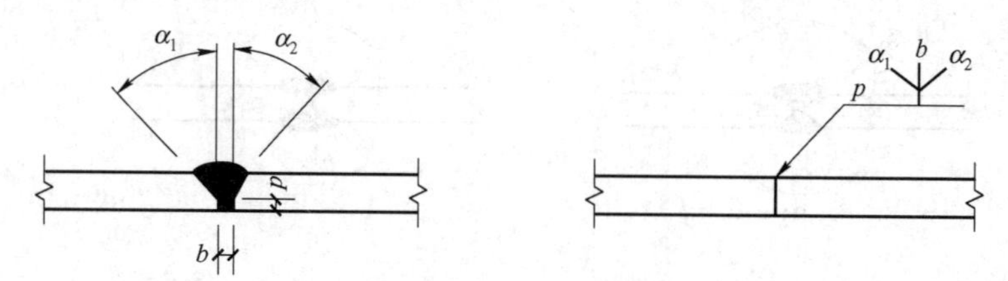

图 1-14　不对称坡口焊缝的标注方法

7）当焊缝分布不规则时，在标注焊缝符号的同时，可按图 1-15 的规定，宜在焊缝处加中实线（表示可见焊缝），或加细栅线（表示不可见焊缝）。

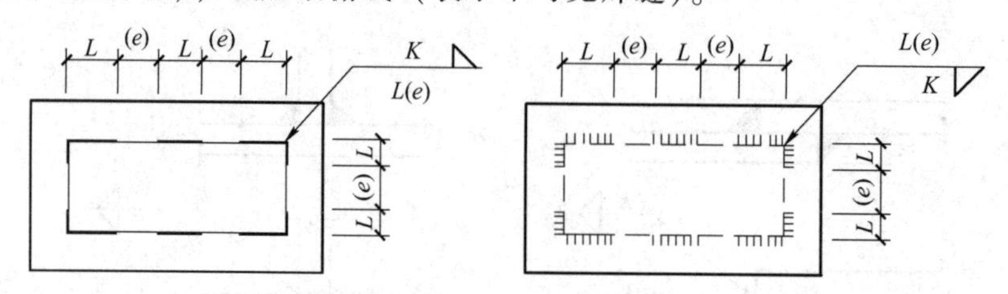

图 1-15　不规则焊缝的标注方法

8）相同焊缝符号应按下列方法表示：

① 在同一图形上，当焊缝形式、断面尺寸和辅助要求均相同时，应按图 1-16a 的规定，可只选择一处标注焊缝的符号和尺寸，并加注“相同焊缝符号”，相同焊缝符号为 3/4 圆弧，绘在引出线的转折处。

② 在同一图形上，当有数种相同的焊缝时，宜按图 1-16b 的规定，可将焊缝分类编号标注。在同一类焊缝中可选择一处标注焊缝符号和尺寸。分类编号采用大写的拉丁字母 A、B、C。

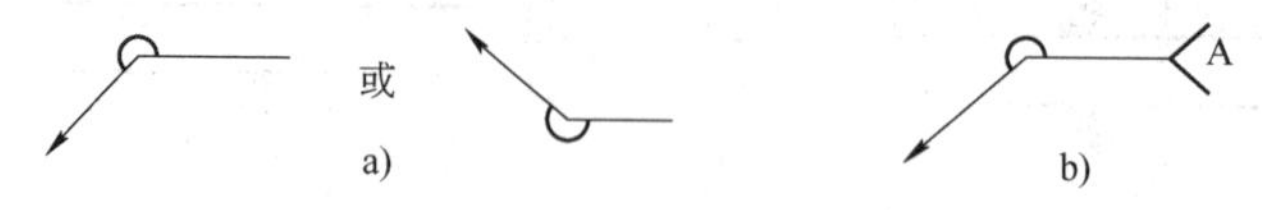

图 1-16　相同焊缝的标注方法

9）需要在施工现场进行焊接的焊件焊缝，应按图 1-17 的规定标注“现场焊缝”符号。

现场焊缝符号为涂黑的三角形旗号，绘在引出线的转折处。

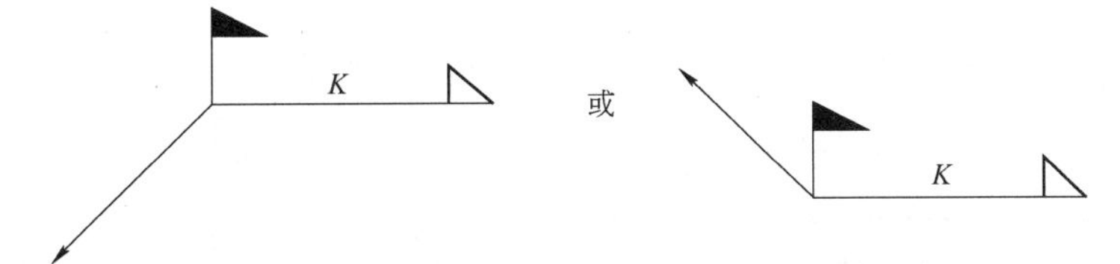

图 1-17　现场焊缝的标注方法

10）当需要标注的焊缝能够用文字表述清楚时，也可采用文字表达的方式。

11）建筑钢结构常用焊缝符号及符号尺寸应符合表 1-47 的规定。

表 1-47　建筑钢结构常用焊缝符号及符号尺寸

序号	焊缝名称	形式	标注法	符号尺寸/mm
1	V 形焊缝			
2	单边 V 形焊缝		注：箭头指向剖口	
3	带钝边单边 V 形焊缝			
4	带垫板带钝边单边 V 形焊缝		注：箭头指向剖口	
5	带垫板 V 形焊缝			
6	Y 形焊缝			

（续）

序号	焊缝名称	形式	标注法	符号尺寸/mm
7	带垫板 Y 形焊缝	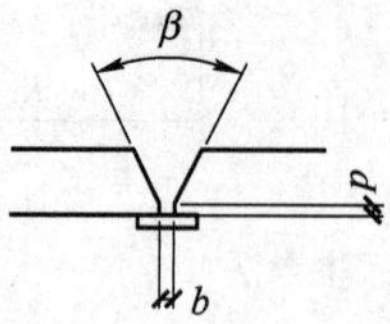 β p b	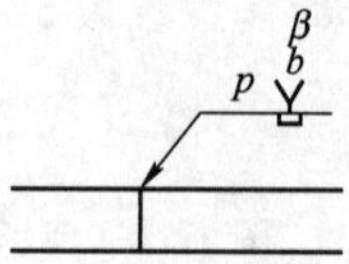 β b p	—
8	双单边 V 形焊缝	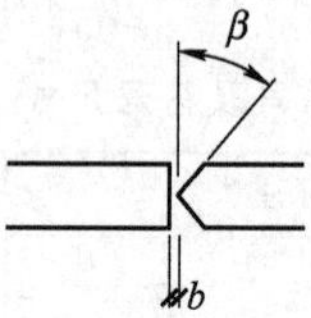 β b	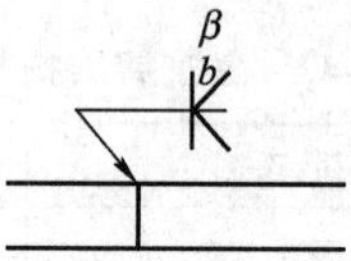 β b	—
9	双 V 形焊缝	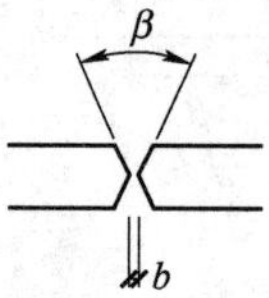 β b	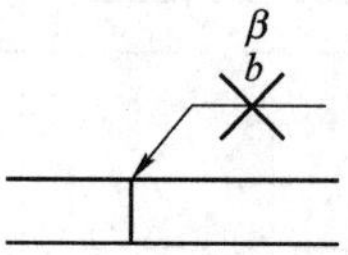 β b	—
10	带钝边 U 形焊缝	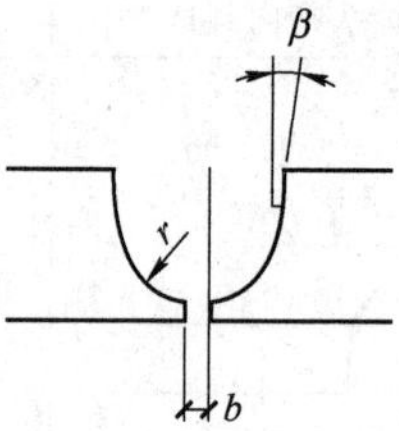 β r b	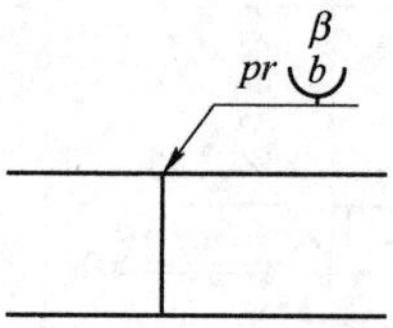 β pr b	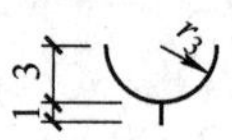 1 3 r3
11	带钝边双 U 形焊缝	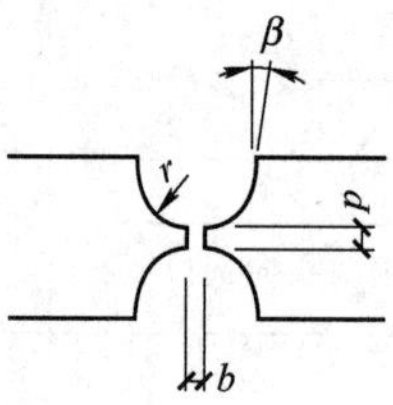 β r p b	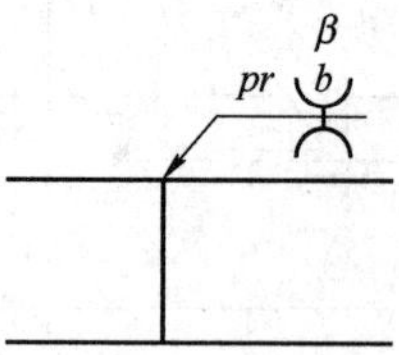 β pr b	—
12	带钝边 J 形焊缝	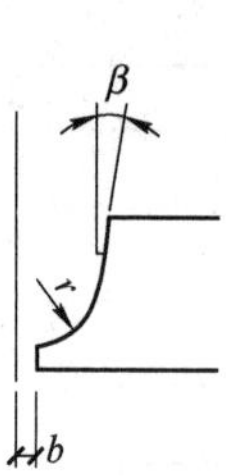 β r b	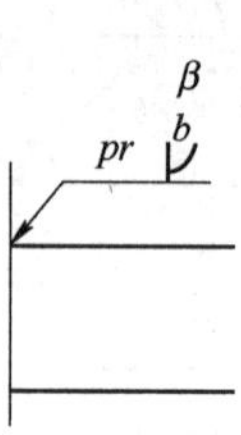 β pr b	 1 3 r3

（续）

序号	焊缝名称	形式	标注法	符号尺寸/mm
13	带钝边双J形焊缝			—
14	角焊缝			
15	双面角焊缝			—
16	剖口角焊缝			
17	喇叭形焊缝			
18	双面半喇叭形焊缝			
19	塞焊			

1.4.5 尺寸标注

1）两构件的两条很近的重心线，应按图1-18的规定在交汇处将其各自向外错开。

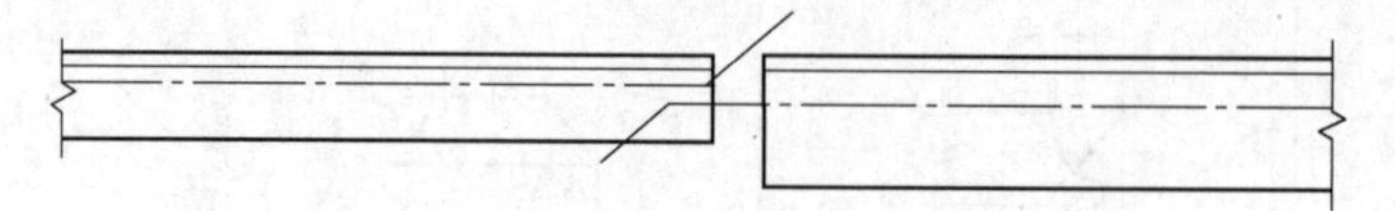

图1-18 两构件重心不重合的标注方法

2）弯曲构件的尺寸应按图1-19的规定沿其弧度的曲线标注弧的轴线长度。

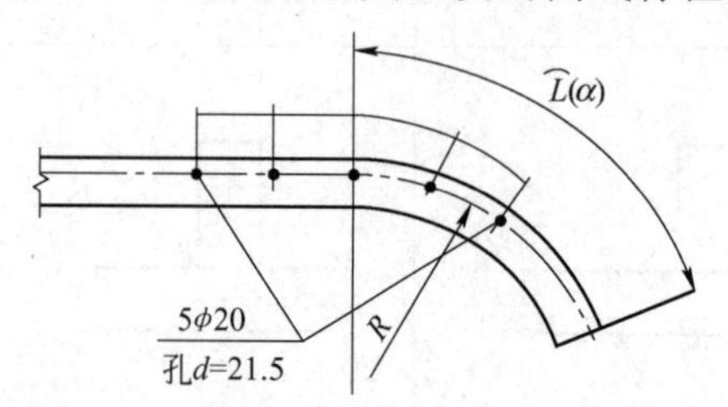

图1-19 弯曲构件尺寸的标注方法

3）切割的板材，应按图1-20的规定标注各线段的长度及位置。

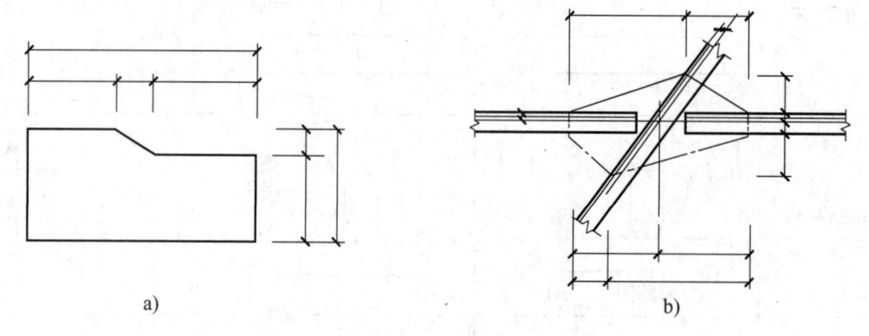

图1-20 切割板材尺寸的标注方法

4）不等边角钢的构件，应按图1-21的规定标注出角钢一肢的尺寸。

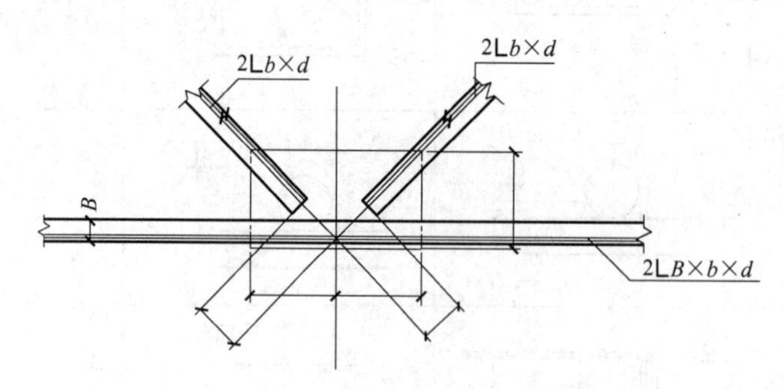

图1-21 节点尺寸及不等边角钢的标注方法

5）节点尺寸，应按图1-21、图1-22的规定，注明节点板的尺寸和各杆件螺栓孔中心或中心距，以及杆件端部至几何中心线交点的距离。

6）双型钢组合截面的构件，应按图1-23的规定注明缀板的数量及尺寸。引出横线上方标注缀板的数量及缀板的宽度、厚度，引出横线下方标注缀板的长度尺寸。

7）非焊接的节点板，应按图1-24的规定注明节点板的尺寸和螺栓孔中心与几何中心线交点的距离。

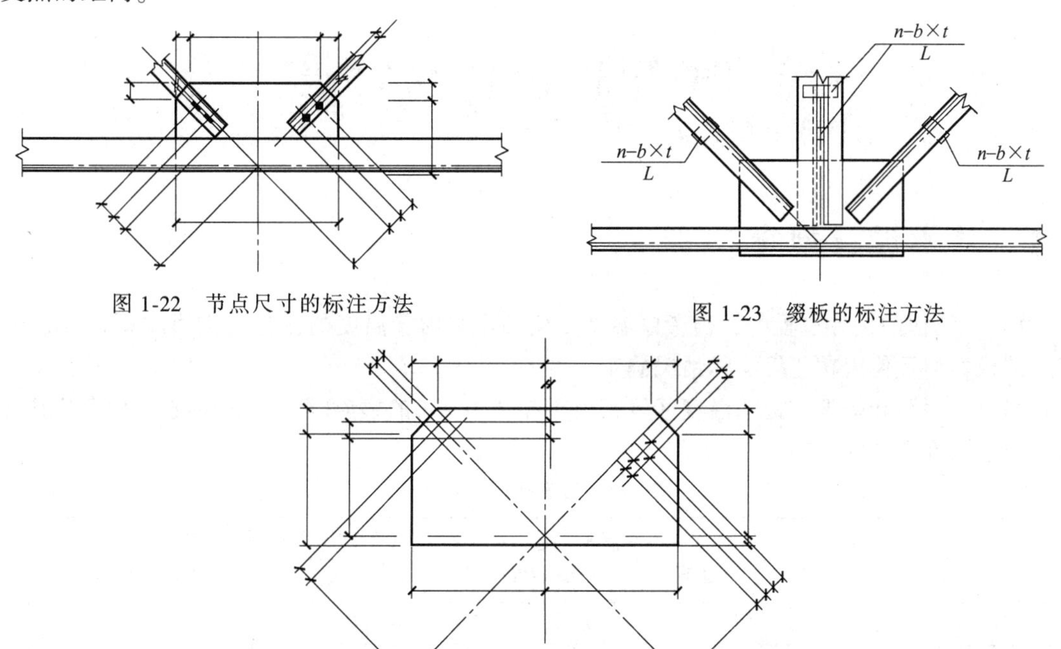

图 1-22 节点尺寸的标注方法

图 1-23 缀板的标注方法

图 1-24 非焊接节点板尺寸的标注方法

1.4.6 复杂节点详图的分解索引

1）从结构平面图或立面图引出的节点详图较为复杂时，可按图 1-26 的规定，将图 1-25 的复杂节点分解成多个简化的节点详图进行索引。

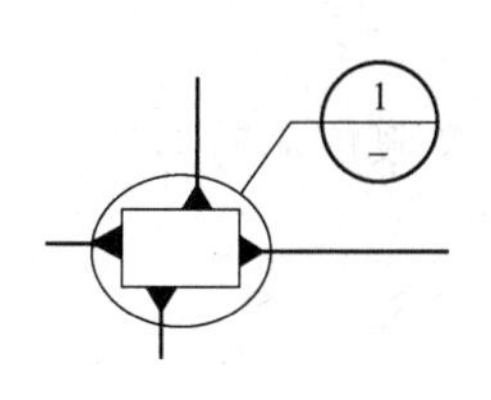

图 1-25 复杂节点详图的索引

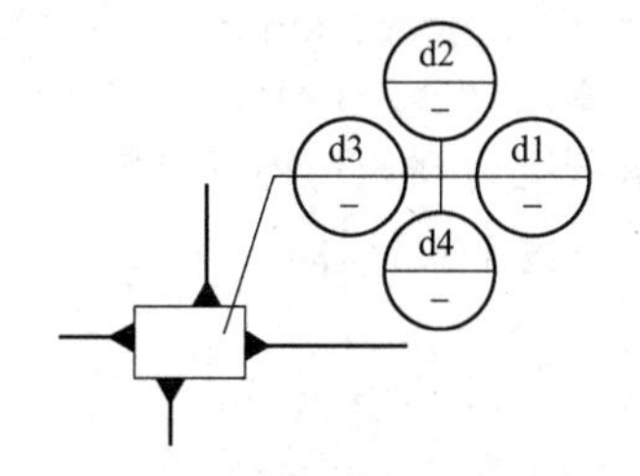

图 1-26 分解为简化节点详图的索引

2）由复杂节点详图分解的多个简化节点详图有部分或全部相同时，可按图 1-27 的规定简化标注索引。

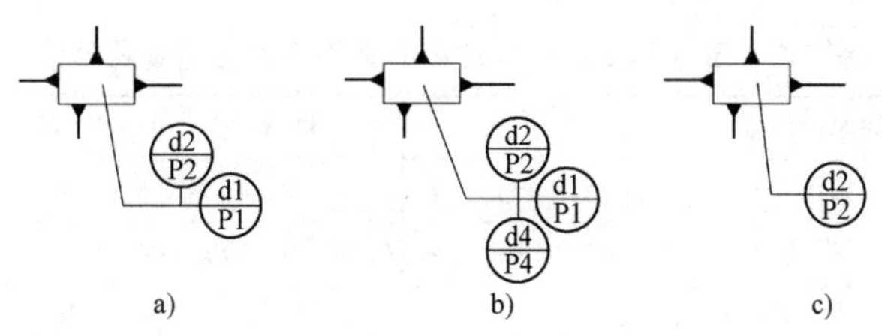

图 1-27 节点详图分解索引的简化标注

a）同方向节点相同 b）d1 与 d3 相同，d2 与 d4 不同 c）所有节点相同

2 钢结构设计与计算

2.1 基本设计规定

1）在结构的设计过程中，当考虑温度变化的影响时，温度的变化范围可根据地点、环境、结构类型及使用功能等实际情况确定。

当单层房屋和露天结构的温度区段长度不超过表 2-1 的数值时，一般情况下可不考虑温度应力和温度变形的影响。

表 2-1 温度区段长度值 （单位：m）

结构情况	纵向温度区段（垂直屋架或构架跨度方向）	横向温度区段(沿屋架或构架跨度方向)	
		柱顶为刚接	柱顶为铰接
采暖地区的房屋和非采暖地区的房屋	220	120	150
热车间和采暖地区的非采暖房屋	180	100	125
露天结构	120	—	—
围护构件为金属压型钢板的房屋	250	150	

注：1. 围护结构可根据具体情况参照有关规范单独设置伸缩缝。

2. 无桥式起重机房屋的柱间支撑和有桥式起重机房屋吊车梁或吊车桁架以下的柱间支撑，宜对称布置于温度区段中部。当不对称布置时，上述柱间支撑的中点（两道柱间支撑时为两柱间支撑的中点）至温度区段端部的距离不宜大于本表纵向温度区段长度的 60%。

3. 当横向为多跨高低屋面时，表中横向温度区段长度值可适当增加。

4. 当有充分依据或可靠措施时，表中数字可予以增减。

2）进行受弯和压弯构件计算时，截面板件宽厚比等级及限值应符合表 2-2 的规定，其中参数 α_0 应按下式计算：

$$\alpha_0=\frac{\sigma_{max}-\sigma_{min}}{\sigma_{max}} \tag{2-1}$$

式中 σ_{max}——腹板计算边缘的最大压应力（N/mm^2）；

σ_{min}——腹板计算高度另一边缘相应的应力（N/mm^2），压应力取正值，拉应力取负值。

表 2-2 压弯和受弯构件的截面板件宽厚比等级及限值

构件	截面板件宽厚比等级		S1 级	S2 级	S3 级	S4 级	S5 级
压弯构件（框架柱）	H 形截面	翼缘 b/t	$9\varepsilon_k$	$11\varepsilon_k$	$13\varepsilon_k$	$15\varepsilon_k$	20
		腹板 h_0/t_w	$(33+13\alpha_0^{1.3})\varepsilon_k$	$(38+13\alpha_0^{1.39})\varepsilon_k$	$(42+18\alpha_0^{1.5})\varepsilon_k$	$(45+25\alpha_0^{1.66})\varepsilon_k$	250
	箱形截面	壁板(腹板)间翼缘 b_0/t	$30\varepsilon_k$	$35\varepsilon_k$	$40\varepsilon_k$	$45\varepsilon_k$	—
	圆钢管截面	径厚比 D/t	$50\varepsilon_k^2$	$70\varepsilon_k^2$	$90\varepsilon_k^2$	$100\varepsilon_k^2$	—

（续）

构件	截面板件宽厚比等级		S1 级	S2 级	S3 级	S4 级	S5 级
受弯构件（梁）	工字形截面	翼缘 b/t	$9\varepsilon_k$	$11\varepsilon_k$	$13\varepsilon_k$	$15\varepsilon_k$	20
		腹板 h_0/t_w	$65\varepsilon_k$	$72\varepsilon_k$	$893\varepsilon_k$	$124\varepsilon_k$	250
	箱形截面	壁板、腹板间翼缘 b_0/t	$25\varepsilon_k$	$32\varepsilon_k$	$37\varepsilon_k$	$42\varepsilon_k$	—

注：1. ε_k 为钢号修正系数，其值为 235 与钢材牌号中屈服点数值的比值的平方根。

2. b 为工字形、H 形截面的翼缘外伸宽度，t、h_0、t_w 分别是翼缘厚度、腹板净高和腹板厚度。对轧制型截面，腹板净高不包括翼缘腹板过渡处圆弧段；对于箱形截面，b_0、t 分别为壁板间的距离和壁板厚度；D 为圆管截面外径。

3. 箱形截面梁及单向受弯的箱形截面柱，其腹板限值可根据 H 形截面腹板采用。

4. 腹板的宽厚比可通过设置加劲肋减小。

5. 当按国家标准《建筑抗震设计规范》(GB 50011—2010) 第 9.2.14 条第 2 款的规定设计，且 S5 级截面的板件宽厚比小于 S4 级经 ε_σ 修正的板件宽厚比时，可视作 C 类截面，ε_σ 为应力修正因子，$\varepsilon_\sigma=\sqrt{f_y/\sigma_{max}}$。

3) 当按《钢结构设计标准》(GB 50017—2017) 第 17 章进行抗震性能设计时，支撑截面板件宽厚比等级及限值应符合表 2-3 的规定。

表 2-3　支撑截面板件宽厚比等级及限值

截面板件宽厚比等级		BS1 级	BS2 级	BS3 级
H 形截面	翼缘 b/t	$8\varepsilon_k$	$9\varepsilon_k$	$10\varepsilon_k$
	腹板 h_0/t_w	$30\varepsilon_k$	$35\varepsilon_k$	$42\varepsilon_k$
箱形截面	壁板间翼缘 b_0/t	$25\varepsilon_k$	$28\varepsilon_k$	$32\varepsilon_k$
角钢	角钢肢宽厚比 w/t	$8\varepsilon_k$	$9\varepsilon_k$	$10\varepsilon_k$
圆钢管截面	径厚比 D/t	$40\varepsilon_k^2$	$56\varepsilon_k^2$	$72\varepsilon_k^2$

注：w 为角钢平直段长度。

2.2　设计指标和设计参数

1) 钢材的设计用强度指标，应根据钢材牌号、厚度或直径按表 2-4 采用。

表 2-4　钢材的设计用强度指标　（单位：N/mm²）

钢材牌号		钢材厚度或直径/mm	强度设计值			屈服强度 f_y	抗拉强度 f_u
			抗拉、抗压、抗弯 f	抗剪 f_v	端面承压（刨平顶紧）f_{ce}		
碳素结构钢	Q235	≤16	215	125	320	235	370
		>16，≤40	205	120		225	
		>40，≤100	200	115		215	
低合金高强度结构钢	Q345	≤16	305	175	400	345	470
		>16，≤40	295	170		335	
		>40，≤63	290	165		325	
		>63，≤80	280	160		315	
		>80，≤100	270	155		305	

（续）

钢材牌号		钢材厚度或直径/mm	强度设计值			屈服强度 f_y	抗拉强度 f_u
			抗拉、抗压、抗弯 f	抗剪 f_v	端面承压（刨平顶紧）f_{ce}		
低合金高强度结构钢	Q390	≤16	345	200	415	390	490
		>16，≤40	330	190		370	
		>40，≤63	310	180		350	
		>63，≤100	295	170		330	
	Q420	≤16	375	215	440	420	520
		>16，≤40	355	205		400	
		>40，≤63	320	185		380	
		>63，≤100	305	175		360	
	Q460	≤16	410	235	470	460	550
		>16，≤40	390	225		440	
		>40，≤63	355	205		420	
		>63，≤100	340	195		400	
建筑结构用钢板	Q345GJ	>16，≤50	325	190	415	345	490
		>50，≤100	300	175		335	

注：1. 表中直径指实心棒材直径，厚度系指计算点的钢材或钢管壁厚度，对轴心受拉和轴心受压构件系指截面中较厚板件的厚度。

2. 冷弯型材和冷弯钢管，其强度设计值应按国家现行有关标准的规定采用。

2）结构设计用无缝钢管的强度指标按表 2-5 采用。

表 2-5　结构设计无缝钢管的强度指标　（单位：N/mm²）

钢材牌号	壁厚/mm	强度设计值			屈服强度 f_y	抗拉强度 f_u
		抗拉、抗压、抗弯 f	抗剪 f_v	端面承压（刨平顶紧）f_{ce}		
Q235	≤16	215	125	320	235	375
	>16，≤30	205	120		225	
	>30	195	115		215	
Q345	≤16	305	175	400	345	470
	>16，≤30	290	170		325	
	>30	260	150		295	
Q390	≤16	345	200	415	390	490
	>16，≤30	330	190		370	
	>30	310	180		350	
Q420	≤16	375	220	445	420	520
	>16，≤30	355	205		400	
	>30	340	195		380	

（续）

钢材牌号	壁厚/mm	强度设计值			服强度 f_y	抗拉强度 f_u
		抗拉、抗压、抗弯 f	抗剪 f_v	端面承压（刨平顶紧）f_{ce}		
Q460	≤16	410	240	470	460	550
	>16，≤30	390	225		440	
	>30	355	205		420	

3）铸钢件的强度设计值按表 2-6 采用。

4）焊缝的强度指标按表 2-7 采用。

表 2-6 铸钢件的强度设计值 （单位：N/mm²）

类别	钢号	铸件厚度 /mm	抗拉、抗压和抗弯 f	抗剪 f_v	端面承压（刨平顶紧）f_{ce}
非焊接结构用铸钢件	ZG230-450	≤100	180	105	290
	ZG270-500		210	120	325
	ZG310-570		240	140	370
焊接结构用铸钢件	ZG230-450H	≤100	180	105	290
	ZG270-480H		210	120	310
	ZG300-500H		235	135	325
	ZG340-550H		265	150	355

注：表中强度设计值仅适用于本表规定的厚度。

表 2-7 焊缝的强度指标 （单位：N/mm²）

焊接方法和焊条型号	构件钢材		对接焊缝强度设计值				角焊缝强度设计值	对接焊缝抗拉强度 f_u^w	角焊缝抗拉、抗压和抗剪强度 f_u^f
	牌号	厚度或直径	抗压 f_c^w	焊缝质量为下列等级时，抗拉 f_t^w		抗剪 f_v^w	抗拉、抗压和抗剪 f_f^w		
				一级、二级	三级				
自动焊、半自动焊和 E43 型焊条手工焊	Q235	≤16	215	215	185	125	160	415	240
		>16，≤40	205	205	175	120			
		>40，≤100	200	200	170	115			
自动焊、半自动焊和 E50、E55 型焊条手工焊	Q345	≤16	305	305	260	175	200	480（E50） 540（E55）	280（E50） 315（E55）
		>16，≤40	295	295	250	170			
		>40，≤63	290	290	245	165			
		>63，≤80	280	280	240	160			
		>80，≤100	270	270	230	155			
	Q390	≤16	345	345	295	200	200（E50） 220（E55）		
		>16，≤40	330	330	280	190			
		>40，≤63	310	310	265	180			
		>63，≤100	295	295	250	170			

（续）

焊接方法和焊条型号	构件钢材		对接焊缝强度设计值				角焊缝强度设计值	对接焊缝抗拉强度 f_u^w	角焊缝抗拉、抗压和抗剪强度 f_u^f
	牌号	厚度或直径	抗压 f_c^w	焊缝质量为下列等级时，抗拉 f_t^w		抗剪 f_v^w	抗拉、抗压和抗剪 f_f^w		
				一级、二级	三级				
自动焊、半自动焊和 E55、E60 型焊条手工焊	Q420	≤16	375	375	320	215	220(E55) 240(E60)	540(E55) 590(E60)	315(E55) 340(E60)
		>16，≤40	355	355	300	205			
		>40，≤63	320	320	270	185			
		>63，≤100	305	305	260	175			
	Q460	≤16	410	410	350	235	220(E55) 240(E60)	540(E55) 590(E60)	315(E55) 340(E60)
		>16，≤40	390	390	330	225			
		>40，≤63	355	355	300	205			
		>63，≤100	340	340	290	195			
自动焊、半自动焊和 E50、E55 型焊条手工焊	Q345GJ	>16，≤35	310	310	265	180	200	480(E50) 540(E55)	280(E50) 315(E55)
		>35，≤50	290	290	245	170			
		>50，≤100	285	285	240	165			

注：1. 手工焊用焊条、自动焊和半自动焊所采用的焊丝和焊剂，应保证其熔敷金属的力学性能不低于母材的性能。

2. 焊缝质量等级应符合国家现行标准《钢结构焊接规范》GB 50661—2011 的规定，其检验方法应符合国家现行标准《钢结构工程施工质量验收规范》GB 50205—2001 的规定。其中厚度小于 6mm 钢材的对接焊缝，不应采用超声波探伤确定焊缝质量等级。

3. 对接焊缝在受压区的抗弯强度设计值取 f_c^w，在受拉区的抗弯强度设计值取 f_t^w。

4. 表中厚度系指计算点的钢材厚度，对轴心受拉和轴心受压构件系指截面中较厚板件的厚度。

5. 计算下列情况的连接时，表中规定的强度设计值应乘以相应的折减系数；几种情况同时存在时，其折减系数应连乘。

（1）施工条件较差的高空安装焊缝应乘以系数 0.9。

（2）进行无垫板的单面施焊对接焊缝的连接计算应乘折减系数 0.85。

5）螺栓连接的强度指标按表 2-8 采用。

表 2-8　螺栓连接的强度指标　　（单位：N/mm²）

螺栓的性能等级、锚栓和构件钢材的牌号		普通螺栓						锚栓	承压型连接或网架用高强度螺栓			高强度螺栓的抗拉强度 f_u^b
		C 级螺栓			A 级、B 级螺栓							
		抗拉 f_t^b	抗剪 f_v^b	承压 f_c^b	抗拉 f_t^b	抗剪 f_v^b	承压 f_c^b	抗拉 f_t^a	抗拉 f_t^b	抗剪 f_v^b	承压 f_c^b	
普通螺栓	4.6 级、4.8 级	170	140	—	—	—	—	—	—	—	—	—
	5.6 级	—	—	—	210	190	—	—	—	—	—	—
	8.8 级	—	—	—	400	320	—	—	—	—	—	—
锚栓	Q235	—	—	—	—	—	—	140	—	—	—	—
	Q345	—	—	—	—	—	—	180	—	—	—	—
	Q390	—	—	—	—	—	—	185	—	—	—	—

（续）

螺栓的性能等级、锚栓和构件钢材的牌号		普通螺栓						锚栓	承压型连接或网架用高强度螺栓			高强度螺栓的抗拉强度 f_u^b
		C级螺栓			A级、B级螺栓							
		抗拉 f_t^b	抗剪 f_v^b	承压 f_c^b	抗拉 f_t^b	抗剪 f_v^b	承压 f_c^b	抗拉 f_t^a	抗拉 f_t^b	抗剪 f_v^b	承压 f_c^b	
承压型连接高强度螺栓	8.8级	—	—	—	—	—	—	—	400	250	—	830
	10.9级	—	—	—	—	—	—	—	500	310	—	1040
螺栓球节点用高强度螺栓	9.8级	—	—	—	—	—	—	—	385	—	—	—
	10.9级	—	—	—	—	—	—	—	430	—	—	—
构件钢材牌号	Q235	—	—	305	—	—	405	—	—	—	470	—
	Q345	—	—	385	—	—	510	—	—	—	590	—
	Q390	—	—	400	—	—	530	—	—	—	615	—
	Q420	—	—	425	—	—	560	—	—	—	655	—
	Q460	—	—	450	—	—	595	—	—	—	695	—
	Q345GJ	—	—	400	—	—	530	—	—	—	615	—

注：1. A级螺栓用于 $d \leqslant 24$mm 和 $L \leqslant 10d$ 或 $L \leqslant 150$mm（按较小值）的螺栓；B级螺栓用于 $d > 24$mm 和 $L > 10d$ 或 $L > 150$mm（按较小值）的螺栓；d 为公称直径，L 为螺栓公称长度。

2. A、B级螺栓孔的精度和孔壁表面粗糙度，C级螺栓孔的允许偏差和孔壁表面粗糙度，均应符合国家现行标准《钢结构工程施工质量验收规范》（GB 50205—2001）的要求。

3. 用于螺栓球节点网架的高强度螺栓，M12~M36为10.9级，M39~M64为9.8级。

6）铆钉连接的强度设计值按表2-9采用。

表2-9　铆钉连接的强度设计值　　（单位：N/mm²）

铆钉钢号和构件钢材牌号		抗拉（钉头拉脱）f_t^r	抗剪 f_v^r		承压 f_c^r	
			Ⅰ类孔	Ⅱ类孔	Ⅰ类孔	Ⅱ类孔
铆钉	BL2或BL3	120	185	155	—	—
构件钢材牌号	Q235	—	—	—	450	365
	Q345	—	—	—	565	460
	Q390	—	—	—	590	480

注：1. 属于下列情况者为Ⅰ类孔：

（1）在装配好的构件上按设计孔径钻成的孔。

（2）在单个零件和构件上按设计孔径分别用钻模钻成的孔。

（3）在单个零件上先钻成或冲成较小的孔径，然后在装配好的构件上再扩钻至设计孔径的孔。

2. 在单个零件上一次冲成或不用钻模钻成设计孔径的孔属于Ⅱ类孔。

3. 计算下列情况的连接时，上表规定的强度设计值应乘以相应的折减系数；几种情况同时存在时，其折减系数应连乘。

（1）施工条件较差的铆钉连接乘以系数0.9。

（2）沉头和半沉头铆钉连接乘以系数0.8。

7）钢材和铸钢件的物理性能指标应按表2-10采用。

表2-10　钢材和铸钢件的物理性能指标

钢材种类	弹性模量 E/（N/mm²）	切变模量 G/（N/mm²）	线膨胀系数 α（以每℃计）	质量密度 ρ/（kg/m³）
钢材和铸钢件	206×10^3	79×10^3	12×10^{-6}	7850

2.3　结构分析与稳定性设计

1）结构整体初始几何缺陷模式可按最低阶整体屈曲模态采用。框架及支撑结构整体初始几何缺陷代表值的最大值 Δ_0（见图2-1）可取为 $H/250$，H 为结构总高度。框架及支撑结构整体初始几何缺陷代表值也可按式（2-2）确定（见图2-1）；或可通过在每层柱顶施加假想水平力 H_{ni} 等效考虑，假想水平力可按式（2-3）计算，施加方向应考虑荷载的最不利组合（见图2-2）。

$$\Delta_i=\frac{h_i}{250}\sqrt{0.2+\frac{1}{n_s}} \tag{2-2}$$

$$H_{ni}=\frac{G_i}{250}\sqrt{0.2+\frac{1}{n_s}} \tag{2-3}$$

式中　Δ_i——所计算第 i 楼层的初始几何缺陷代表值（mm）；

n_s——结构总层数，当 $\sqrt{0.2+1/n_s}<2/3$ 时，取此根号值为2/3；当 $\sqrt{0.2+1/n_s}>1$ 时，取此根号值为1.0；

h_i——所计算楼层的高度（mm）；

G_i——第 i 楼层的总重力荷载设计值（N）。

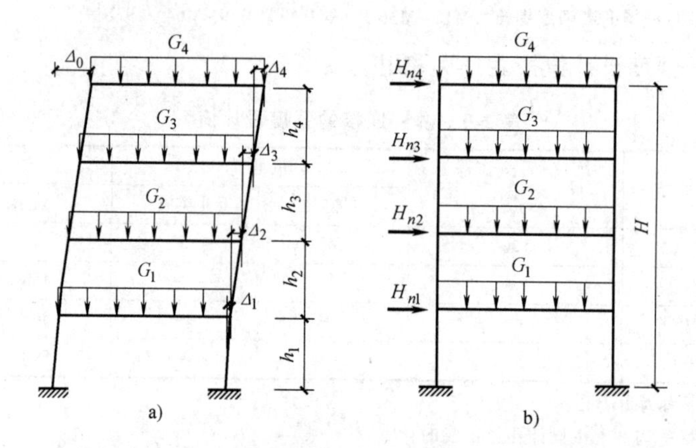

图2-1　框架结构整体初始几何缺陷代表值及等效水平力

a）框架整体初始几何缺陷代表值　b）框架结构等效水平力

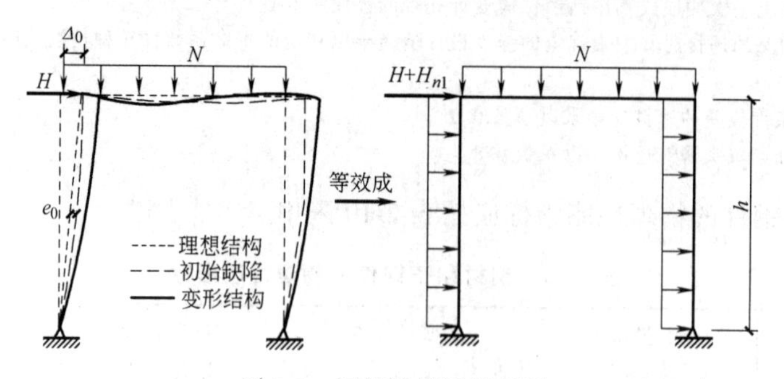

图2-2　框架结构计算模型

h—层高　H—水平力　H_{n1}—假想水平力　e_0—构件中点处的初始变形值

2）构件的初始缺陷代表值可由式（2-4）计算确定，该缺陷值包括了残余应力的影响（见图2-3a）。构件的初始缺陷也可采用假想均布荷载进行等效简化计算，假想均布荷载由式（2-5）确定（见图2-3b）。

$$\delta_0 = e_0 \sin\frac{\pi x}{l} \tag{2-4}$$

$$q_0 = \frac{8N_k e_0}{l^2} \tag{2-5}$$

式中　δ_0——离构件端部 x 处的初始变形值（mm）；

e_0——构件中点处的初始变形值（mm）；

x——离构件端部的距离（mm）；

l——构件的总长度（mm）；

q_0——等效分布荷载（N/mm）；

$\frac{e_0}{l}$——构件初始弯曲缺陷值，当采用直接分析不考虑材料弹塑性发展时，按表2-11取构件综合缺陷代表值；

N_k——构件承受的轴力标准值（N）。

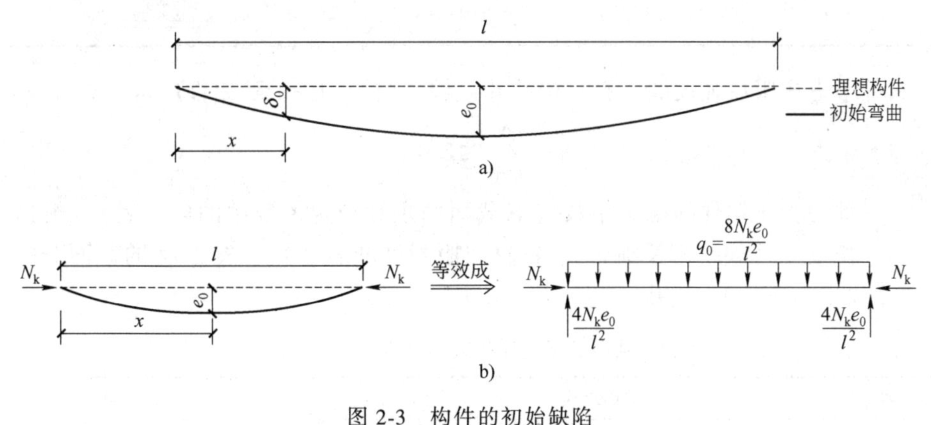

图2-3　构件的初始缺陷

a）等效几何缺陷　b）假想均布荷载

表2-11　构件综合缺陷代表值

柱子曲线	二阶分析采用的 $\frac{e_0}{l}$ 值
a类	1/400
b类	1/350
c类	1/300
d类	1/250

2.4　轴心受力构件

1）轴心受拉构件和轴心受压构件，当其组成板件在节点或拼接处并非全部直接传力时，应对危险截面的面积乘以有效截面系数 η，不同构件截面形式和连接方式的 η 值应符合表 2-12 的规定。

表 2-12　轴心受力构件节点或拼接处危险截面有效截面系数

构件截面形式	连接形式	η	图例
角钢	单边连接	0.85	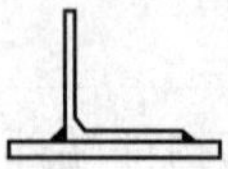
工字形、H 形	翼缘连接	0.90	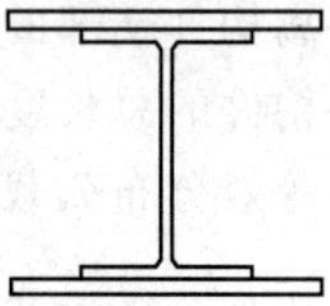
	腹板连接	0.70	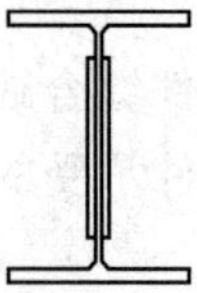

2）除可考虑屈服后强度的实腹式构件外，轴心受压构件的稳定性应按下式计算：

$$\frac{N}{\varphi Af}\leqslant 1.0 \tag{2-6}$$

式中　φ——轴心受压构件的稳定系数（取截面两主轴稳定系数中的较小者），根据构件的长细比（或换算长细比）、钢材屈服强度和表 2-13、表 2-14 的截面分类，按表 2-15～表 2-19 采用。

表 2-13　轴心受压构件的截面分类（板厚 t<40mm）

截面形式		对 x 轴	对 y 轴
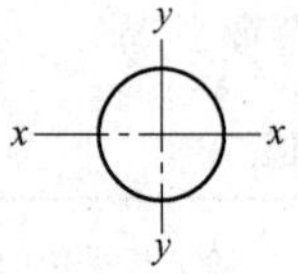 轧制		a 类	a 类
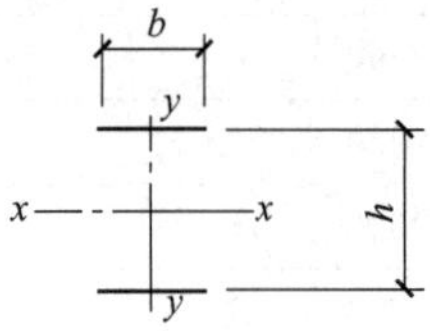 轧制	$b/h\leqslant 0.8$	a 类	b 类
	$b/h>0.8$	a^* 类	b^* 类
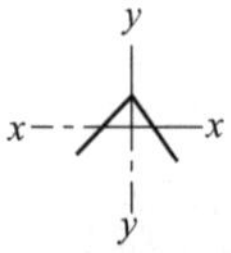 轧制等边角钢		a^* 类	a^* 类

（续）

截面形式		对 x 轴	对 y 轴
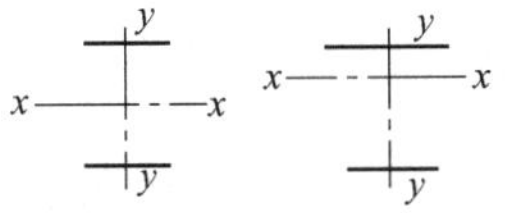 焊接，翼缘为焰切边	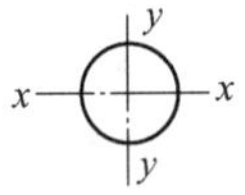 焊接	b类	b类
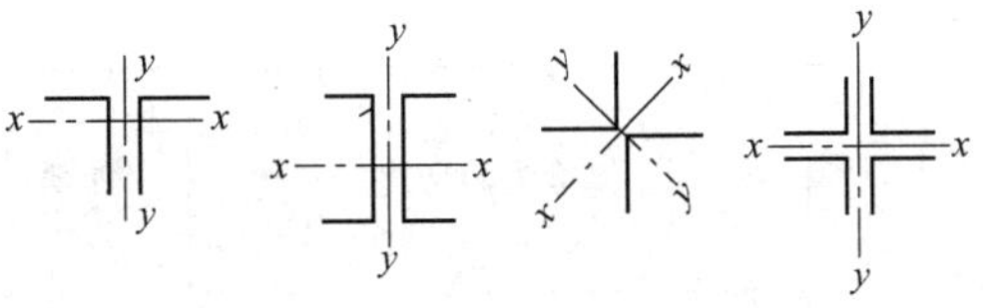 轧制			
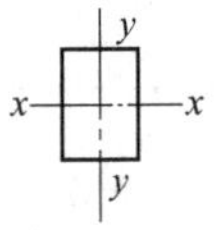 轧制、焊接（板件宽厚比>20）	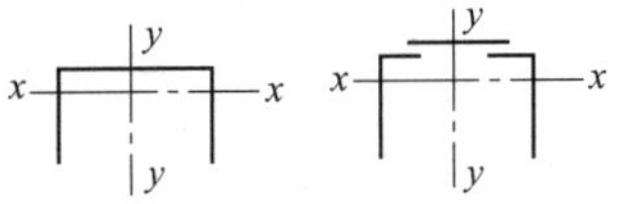 轧制或焊接		
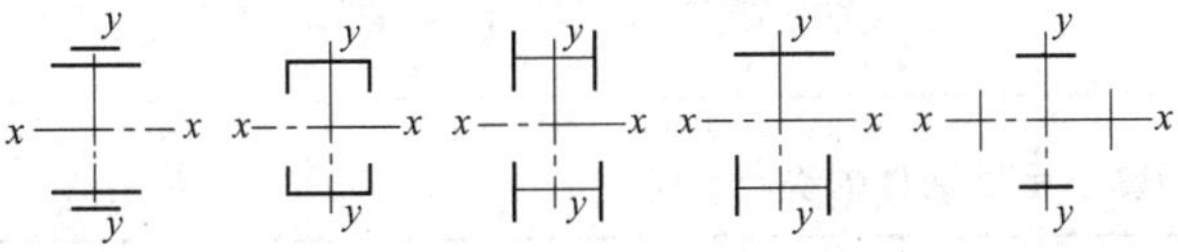 焊接	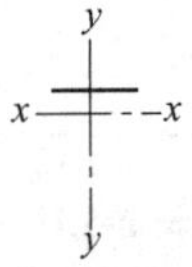 轧制截面和翼缘为焰切边的焊接截面		
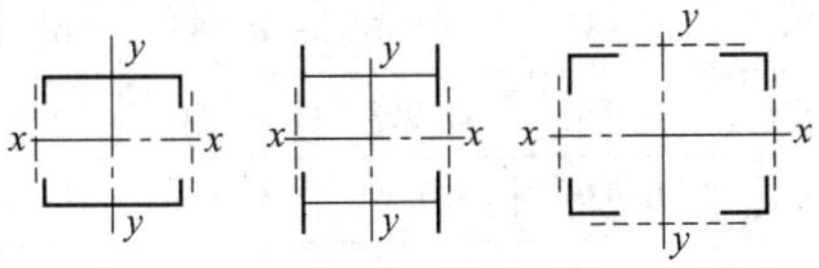 格构式	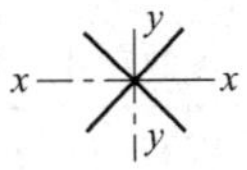 焊接，板件边缘焰切		
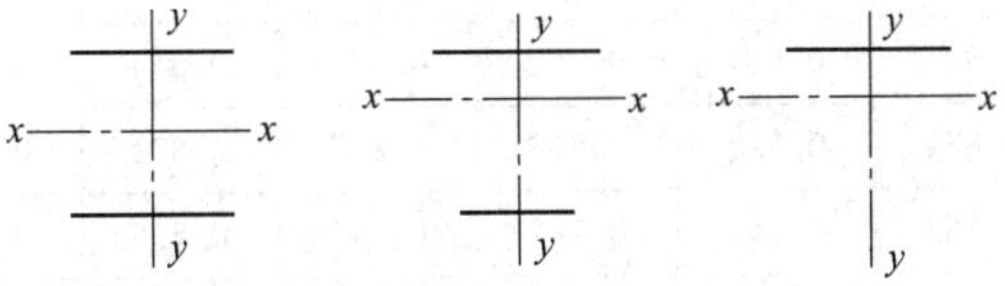 焊接，翼缘为轧制或剪切边		b类	c类
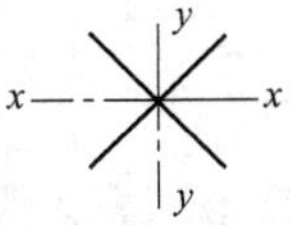 焊接，板件边缘轧制或剪切	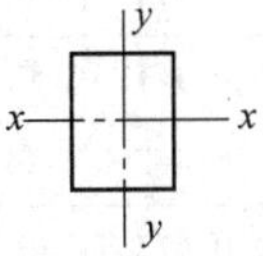 轧制、焊接（板件宽厚比≤20）	c类	c类

注：1. a^* 类含义为 Q235 钢取 b 类，Q345、Q390、Q420 和 Q460 取 a 类；b^* 类含义为 Q235 钢取 c 类，Q345、Q390、Q420 和 Q460 取 b 类。

2. 无对称轴且剪心和形心不重合的截面，其截面分类可按有对称轴的类似截面确定，如不等边角钢采用等边角钢的类别；当无类似截面，可取 c 类。

表 2-14　轴心受压构件的截面分类（板厚 $t \geqslant 40$mm）

截面形式		对 x 轴	对 y 轴
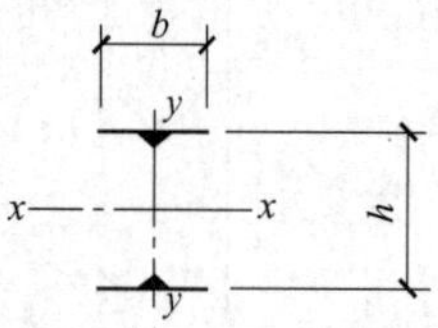 轧制工字形或 H 形截面	$t<80$mm	b 类	c 类
	$t \geqslant 80$mm	c 类	d 类
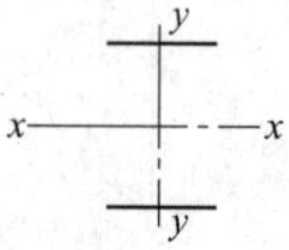 焊接工字形截面	翼缘为焰切边	b 类	b 类
	翼缘为轧制或剪切边	c 类	d 类
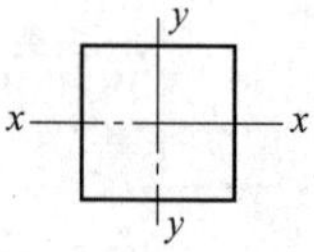 焊接箱形截面	板件宽厚比>20	b 类	b 类
	板件宽厚比≤20	c 类	c 类

表 2-15　a 类截面轴心受压构件的稳定系数 φ

λ/ε_k	0	1	2	3	4	5	6	7	8	9
0	1.000	1.000	1.000	1.000	0.999	0.999	0.998	0.998	0.997	0.996
10	0.995	0.994	0.993	0.992	0.991	0.989	0.988	0.986	0.985	0.983
20	0.981	0.979	0.977	0.976	0.974	0.972	0.970	0.968	0.966	0.964
30	0.963	0.961	0.959	0.957	0.954	0.952	0.950	0.948	0.946	0.944
40	0.941	0.939	0.937	0.934	0.932	0.929	0.927	0.924	0.921	0.918
50	0.916	0.913	0.910	0.907	0.903	0.900	0.897	0.893	0.890	0.886
60	0.883	0.879	0.875	0.871	0.867	0.862	0.858	0.854	0.849	0.844
70	0.839	0.834	0.829	0.824	0.818	0.813	0.807	0.801	0.795	0.789
80	0.783	0.776	0.770	0.763	0.756	0.749	0.742	0.735	0.728	0.721
90	0.713	0.706	0.698	0.691	0.683	0.676	0.668	0.660	0.653	0.645
100	0.637	0.630	0.622	0.614	0.607	0.599	0.592	0.584	0.577	0.569
110	0.562	0.555	0.548	0.541	0.534	0.527	0.520	0.513	0.507	0.500
120	0.494	0.487	0.481	0.475	0.469	0.463	0.457	0.451	0.445	0.439
130	0.434	0.428	0.423	0.417	0.412	0.407	0.402	0.397	0.392	0.387
140	0.382	0.378	0.373	0.368	0.364	0.360	0.355	0.351	0.347	0.343
150	0.339	0.335	0.331	0.327	0.323	0.319	0.316	0.312	0.308	0.305
160	0.302	0.298	0.295	0.292	0.288	0.285	0.282	0.279	0.276	0.273
170	0.270	0.267	0.264	0.261	0.259	0.256	0.253	0.250	0.248	0.245

（续）

λ/ε_k	0	1	2	3	4	5	6	7	8	9
180	0.243	0.240	0.238	0.235	0.233	0.231	0.228	0.226	0.224	0.222
190	0.219	0.217	0.215	0.213	0.211	0.209	0.207	0.205	0.203	0.201
200	0.199	0.197	0.196	0.194	0.192	0.190	0.188	0.187	0.185	0.183
210	0.182	0.180	0.178	0.177	0.175	0.174	0.172	0.171	0.169	0.168
220	0.166	0.165	0.163	0.162	0.161	0.159	0.158	0.157	0.155	0.154
230	0.153	0.151	0.150	0.149	0.148	0.147	0.145	0.144	0.143	0.142
240	0.141	0.140	0.139	0.137	0.136	0.135	0.134	0.133	0.132	0.131

注：见表2-18注。

表2-16　b类截面轴心受压构件的稳定系数 φ

λ/ε_k	0	1	2	3	4	5	6	7	8	9
0	1.000	1.000	1.000	0.999	0.999	0.998	0.997	0.996	0.995	0.994
10	0.992	0.991	0.989	0.987	0.985	0.983	0.981	0.978	0.976	0.973
20	0.970	0.967	0.963	0.960	0.957	0.953	0.950	0.946	0.943	0.939
30	0.936	0.932	0.929	0.925	0.921	0.918	0.914	0.910	0.906	0.903
40	0.899	0.895	0.891	0.886	0.882	0.878	0.874	0.870	0.865	0.861
50	0.856	0.852	0.847	0.842	0.837	0.833	0.828	0.823	0.818	0.812
60	0.807	0.802	0.796	0.791	0.785	0.780	0.774	0.768	0.762	0.757
70	0.751	0.745	0.738	0.732	0.726	0.720	0.713	0.707	0.701	0.694
80	0.687	0.681	0.674	0.668	0.661	0.654	0.648	0.641	0.634	0.628
90	0.621	0.614	0.607	0.601	0.594	0.587	0.581	0.574	0.568	0.561
100	0.555	0.548	0.542	0.535	0.529	0.523	0.517	0.511	0.504	0.498
110	0.492	0.487	0.481	0.475	0.469	0.464	0.458	0.453	0.447	0.442
120	0.436	0.431	0.426	0.421	0.416	0.411	0.406	0.401	0.396	0.392
130	0.387	0.383	0.378	0.374	0.369	0.365	0.361	0.357	0.352	0.348
140	0.344	0.340	0.337	0.333	0.329	0.325	0.322	0.318	0.314	0.311
150	0.308	0.304	0.301	0.297	0.294	0.291	0.288	0.285	0.282	0.279
160	0.276	0.273	0.270	0.267	0.264	0.262	0.259	0.256	0.253	0.251
170	0.248	0.246	0.243	0.241	0.238	0.236	0.234	0.231	0.229	0.227
180	0.225	0.222	0.220	0.218	0.216	0.214	0.212	0.210	0.208	0.206
190	0.204	0.202	0.200	0.198	0.196	0.195	0.193	0.191	0.189	0.188
200	0.186	0.184	0.183	0.181	0.179	0.178	0.176	0.175	0.173	0.172
210	0.170	0.169	0.167	0.166	0.164	0.163	0.162	0.160	0.159	0.158
220	0.156	0.155	0.154	0.152	0.151	0.150	0.149	0.147	0.146	0.145
230	0.144	0.143	0.142	0.141	0.139	0.138	0.137	0.136	0.135	0.134
240	0.133	0.132	0.131	0.130	0.129	0.128	0.127	0.126	0.125	0.124
250	0.123	—	—	—	—	—	—	—	—	—

注：见表2-18注。

表 2-17　c 类截面轴心受压构件的稳定系数 φ

λ/ε_k	0	1	2	3	4	5	6	7	8	9
0	1.000	1.000	1.000	0.999	0.999	0.998	0.997	0.996	0.995	0.993
10	0.992	0.990	0.988	0.986	0.983	0.981	0.978	0.976	0.973	0.970
20	0.966	0.959	0.953	0.947	0.940	0.934	0.928	0.921	0.915	0.909
30	0.902	0.896	0.890	0.883	0.877	0.871	0.865	0.858	0.852	0.845
40	0.839	0.833	0.826	0.820	0.813	0.807	0.800	0.794	0.787	0.781
50	0.774	0.768	0.761	0.755	0.748	0.742	0.735	0.728	0.722	0.715
60	0.709	0.702	0.695	0.689	0.682	0.675	0.669	0.662	0.656	0.649
70	0.642	0.636	0.629	0.623	0.616	0.610	0.603	0.597	0.591	0.584
80	0.578	0.572	0.565	0.559	0.553	0.547	0.541	0.535	0.529	0.523
90	0.517	0.511	0.505	0.499	0.494	0.488	0.483	0.477	0.471	0.467
100	0.462	0.458	0.453	0.449	0.445	0.440	0.436	0.432	0.427	0.423
110	0.419	0.415	0.411	0.407	0.402	0.398	0.394	0.390	0.386	0.383
120	0.379	0.375	0.371	0.367	0.363	0.360	0.356	0.352	0.349	0.345
130	0.342	0.338	0.335	0.332	0.328	0.325	0.322	0.318	0.315	0.312
140	0.309	0.306	0.303	0.300	0.297	0.294	0.291	0.288	0.285	0.282
150	0.279	0.277	0.274	0.271	0.269	0.266	0.263	0.261	0.258	0.256
160	0.253	0.251	0.248	0.246	0.244	0.241	0.239	0.237	0.235	0.232
170	0.230	0.228	0.226	0.224	0.222	0.220	0.218	0.216	0.214	0.212
180	0.210	0.208	0.206	0.204	0.203	0.201	0.199	0.197	0.195	0.194
190	0.192	0.190	0.189	0.187	0.185	0.184	0.182	0.181	0.179	0.178
200	0.176	0.175	0.173	0.172	0.170	0.169	0.167	0.166	0.165	0.163
210	0.162	0.161	0.159	0.158	0.157	0.155	0.154	0.153	0.152	0.151
220	0.149	0.148	0.147	0.146	0.145	0.144	0.142	0.141	0.140	0.139
230	0.138	0.137	0.136	0.135	0.134	0.133	0.132	0.131	0.130	0.129
240	0.128	0.127	0.126	0.125	0.124	0.123	0.123	0.122	0.121	0.120
250	0.119	—	—	—	—	—	—	—	—	—

注：见表 2-18 注。

表 2-18　d 类截面轴心受压构件的稳定系数 φ

λ/ε_k	0	1	2	3	4	5	6	7	8	9
0	1.000	1.000	0.999	0.999	0.998	0.996	0.994	0.992	0.990	0.987
10	0.984	0.981	0.978	0.974	0.969	0.965	0.960	0.955	0.949	0.944
20	0.937	0.927	0.918	0.909	0.900	0.891	0.883	0.874	0.865	0.857
30	0.848	0.840	0.831	0.823	0.815	0.807	0.798	0.790	0.782	0.774
40	0.766	0.758	0.751	0.743	0.735	0.727	0.720	0.712	0.705	0.697
50	0.690	0.682	0.675	0.668	0.660	0.653	0.646	0.639	0.632	0.625
60	0.618	0.611	0.605	0.598	0.591	0.585	0.578	0.571	0.565	0.559

（续）

λ/ε_k	0	1	2	3	4	5	6	7	8	9
70	0.552	0.546	0.540	0.534	0.528	0.521	0.516	0.510	0.504	0.498
80	0.492	0.487	0.481	0.476	0.470	0.465	0.459	0.454	0.449	0.444
90	0.439	0.434	0.429	0.424	0.419	0.414	0.409	0.405	0.401	0.397
100	0.393	0.390	0.386	0.383	0.380	0.376	0.373	0.369	0.366	0.363
110	0.359	0.356	0.353	0.350	0.346	0.343	0.340	0.337	0.334	0.331
120	0.328	0.325	0.322	0.319	0.316	0.313	0.310	0.307	0.304	0.301
130	0.298	0.296	0.293	0.290	0.288	0.285	0.282	0.280	0.277	0.275
140	0.272	0.270	0.267	0.265	0.262	0.260	0.257	0.255	0.253	0.250
150	0.248	0.246	0.244	0.242	0.239	0.237	0.235	0.233	0.231	0.229
160	0.227	0.225	0.223	0.221	0.219	0.217	0.215	0.213	0.211	0.210
170	0.208	0.206	0.204	0.202	0.201	0.199	0.197	0.196	0.194	0.192
180	0.191	0.189	0.187	0.186	0.184	0.183	0.181	0.180	0.178	0.177
190	0.175	0.174	0.173	0.171	0.170	0.168	0.167	0.166	0.164	0.163
200	0.162	—	—	—	—	—	—	—	—	—

注：当构件的 λ/ε_k 值超出表 2-15～表 2-18 范围时，轴心受压构件的稳定系数应按下列公式计算：

当 $\lambda_n=\frac{\lambda}{\pi}\sqrt{f_y/E}\leq 0.215$ 时：

$$\varphi=1-\alpha_1\lambda_n^2$$

当 $\lambda_n>0.215$ 时：

$$\varphi=\frac{1}{2\lambda_n^2}\left[(\alpha_2+\alpha_3\lambda_n+\lambda_n^2)-\sqrt{(\alpha_2+\alpha_3\lambda_n+\lambda_n^2)^2-4\lambda_n^2}\right]$$

式中 α_1、α_2、α_3——系数，应根据表 2-13 和表 2-14 的截面分类，按表 2-19 采用。

表 2-19 系数 α_1、α_2、α_3

截面类别		α_1	α_2	α_3
a 类		0.41	0.986	0.152
b 类		0.65	0.965	0.3
c 类	$\lambda_n\leq 1.05$	0.73	0.906	0.595
	$\lambda_n>1.05$		1.216	0.302
d 类	$\lambda_n\leq 1.05$	1.35	0.868	0.915
	$\lambda_n>1.05$		1.375	0.432

3）实腹式构件的长细比 λ 应根据其失稳模式，由下列公式确定：

① 截面形心与剪心重合的构件。

a. 当计算弯曲屈曲时，长细比按下式计算：

$$\lambda_x=\frac{l_{0x}}{i_x} \tag{2-7}$$

$$\lambda_y=\frac{l_{0y}}{i_y} \tag{2-8}$$

式中 l_{0x}、l_{0y}——分别为构件对截面主轴 x 和 y 的计算长度（mm）；

i_x、i_y——分别为构件截面对主轴 x 和 y 的回转半径（mm）。

b. 当计算扭转屈曲时，长细比按下式计算：

$$\lambda_z=\sqrt{\frac{I_0}{I_t/25.7+I_w/l_w^2}} \tag{2-9}$$

式中　I_0、I_t、I_w——分别为构件毛截面对剪心的极惯性矩（mm^4）、自由扭转常数（mm^4）和扇性惯性矩（mm^4），对十字形截面可近似取 $I_w=0$；

l_w——扭转屈曲的计算长度，两端铰支且端截面可自由翘曲者，取几何长度 l；两端嵌固且端部截面的翘曲完全受到约束者，取 $0.5l$（mm）。

双轴对称十字形截面板件宽厚比不超过 $15\varepsilon_k$ 者，可不计算扭转屈曲。

② 截面为单轴对称的构件。

a. 计算绕非对称主轴的弯曲屈曲时，长细比应由式（2-7）、式（2-8）计算确定。计算绕对称轴主轴的弯扭屈曲时，长细比应按下式计算确定：

$$\lambda_{yz}=\frac{1}{\sqrt{2}}\left[(\lambda_y^2+\lambda_z^2)+\sqrt{(\lambda_y^2+\lambda_z^2)^2-4\left(1-\frac{y_s^2}{i_0^2}\right)\lambda_y^2\lambda_z^2}\right]^{\frac{1}{2}} \tag{2-10}$$

式中　y_s——截面形心至剪心的距离（mm）；

i_0——截面对剪心的极回转半径（mm），单轴对称截面 $i_0^2=y_s^2+i_x^2+i_y^2$；

λ_z——扭转屈曲换算长细比，由式（2-9）确定。

b. 双角钢组合 T 形截面构件绕对称轴的换算长细比 λ_{yz} 可用下列简化公式确定：

ⓘ 等边双角钢（见图 2-4a）。

当 $\lambda_y \geqslant \lambda_z$ 时：

$$\lambda_{yz}=\lambda_y\left[1+0.16\left(\frac{\lambda_z}{\lambda_y}\right)^2\right] \tag{2-11}$$

当 $\lambda_y<\lambda_z$ 时：

$$\lambda_{yz}=\lambda_z\left[1+0.16\left(\frac{\lambda_y}{\lambda_z}\right)^2\right] \tag{2-12}$$

$$\lambda_z=3.9\frac{b}{t} \tag{2-13}$$

ⓘⓘ 长肢相并的不等边双角钢（见图 2-4b）。

当 $\lambda_y \geqslant \lambda_z$ 时：

$$\lambda_{yz}=\lambda_y\left[1+0.25\left(\frac{\lambda_z}{\lambda_y}\right)^2\right] \tag{2-14}$$

当 $\lambda_y<\lambda_z$ 时：

$$\lambda_{yz}=\lambda_z\left[1+0.25\left(\frac{\lambda_y}{\lambda_z}\right)^2\right] \tag{2-15}$$

$$\lambda_z=5.1\frac{b_2}{t} \tag{2-16}$$

ⓘⓘⓘ 短肢相并的不等边双角钢（见图 2-4c）。

当 $\lambda_y \geq \lambda_z$ 时：

$$\lambda_{yz}=\lambda_y\left[1+0.06\left(\frac{\lambda_z}{\lambda_y}\right)^2\right] \tag{2-17}$$

当 $\lambda_y<\lambda_z$ 时：

$$\lambda_{yz}=\lambda_y\left[1+0.06\left(\frac{\lambda_y}{\lambda_z}\right)^2\right] \tag{2-18}$$

$$\lambda_z=3.7\frac{b_1}{t} \tag{2-19}$$

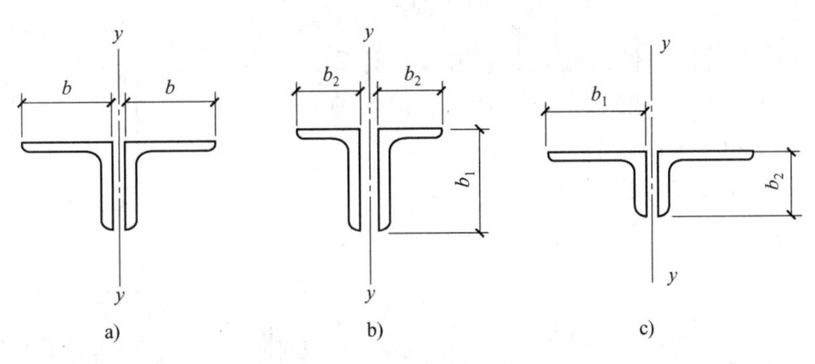

图 2-4　双角钢组合 T 形截面

a）等边双角钢　b）长肢相并的不等边双角钢　c）短肢相并的不等边双角钢

b—等边角钢肢宽度　b_1—不等边角钢长肢宽度　b_2—不等边角钢短肢宽度

③ 截面无对称轴且剪心和形心不重合的构件，应采用式（2-20）计算换算长细比：

$$\lambda_{xyz}=\pi\sqrt{\frac{EA}{N_{xyz}}} \tag{2-20}$$

式中　N_{xyz}——弹性完善杆的弯扭屈曲临界力（N），应按下式计算：

$$(N_x-N_{xyz})(N_y-N_{xyz})(N_z-N_{xyz})-N_{xyz}^2(N_x-N_{xyz})\left(\frac{y_s}{i_0}\right)^2-N_{xyz}^2(N_y-N_{xyz})\left(\frac{x_s}{i_0}\right)^2=0 \tag{2-21}$$

x_s、y_s——截面剪心的坐标（mm）；

i_0——截面对剪心的极回转半径（mm），应按下式计算：

$$i_0^2=i_x^2+i_y^2+x_s^2+y_s^2 \tag{2-22}$$

N_x、N_y、N_z——分别为绕 x 轴和 y 轴的弯曲屈曲临界力和扭转屈曲临界力（N），应按下列公式计算：

$$N_x=\frac{\pi^2 EA}{\lambda_x^2} \tag{2-23}$$

$$N_y=\frac{\pi^2 EA}{\lambda_y^2} \tag{2-24}$$

$$N_z=\frac{1}{i_0^2}\left(\frac{\pi^2 EI_w}{l_w^2}+GI_t\right) \tag{2-25}$$

E、G——分别为钢材弹性模量和剪变模量（N/mm²）。

④ 不等边角钢轴心受压构件的换算长细比可用下列简化公式确定（图2-5）：
当 $\lambda_v \geqslant \lambda_z$ 时：

$$\lambda_{xyz}=\lambda_v\left[1+0.25\left(\frac{\lambda_z}{\lambda_v}\right)^2\right] \tag{2-26}$$

当 $\lambda_v<\lambda_z$ 时：

$$\lambda_{xyz}=\lambda_z\left[1+0.25\left(\frac{\lambda_v}{\lambda_z}\right)^2\right] \tag{2-27}$$

$$\lambda_z=4.21\frac{b_1}{t} \tag{2-28}$$

4）格构式轴心受压构件的稳定性应按2）计算，对实轴的长细比应按式（2-7）或式（2-8）计算，对虚轴（见图2-6a的 x 轴和图2-6b、c的 x 轴和 y 轴）应取换算长细比。换算长细比应按下列公式计算：

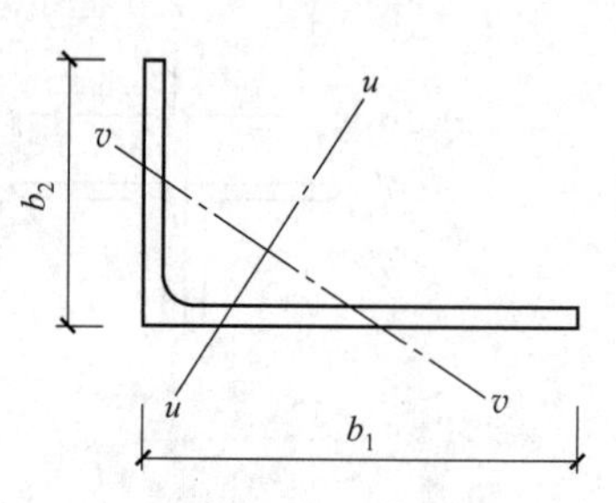

图2-5 不等边角钢
注：v 轴为角钢的弱轴，b_1 为角钢的长肢宽度。

① 双肢组合构件（见图2-6a）。
当缀件为缀板时：

$$\lambda_{0x}=\sqrt{\lambda_x^2+\lambda_1^2} \tag{2-29}$$

当缀件为缀条时：

$$\lambda_{0x}=\sqrt{\lambda_x^2+27\frac{A}{A_{1x}}} \tag{2-30}$$

式中 λ_x——整个构件对 x 轴的长细比；
λ_1——分肢对最小刚度轴1-1的长细比，其计算长度取为：焊接时，为相邻两缀板的净距离；螺栓连接时，为相邻两缀板边缘螺栓的距离；
A_{1x}——构件截面中垂直于 x 轴的各斜缀条毛截面面积之和（mm^2）。

② 四肢组合构件（见图2-6b）。
当缀件为缀板时：

$$\lambda_{0x}=\sqrt{\lambda_x^2+\lambda_1^2} \tag{2-31}$$

$$\lambda_{0y}=\sqrt{\lambda_y^2+\lambda_1^2} \tag{2-32}$$

当缀件为缀条时：

$$\lambda_{0x}=\sqrt{\lambda_x^2+40\frac{A}{A_{1x}}} \tag{2-33}$$

$$\lambda_{0y}=\sqrt{\lambda_y^2+40\frac{A}{A_{1y}}} \tag{2-34}$$

式中 λ_y——整个构件对 y 轴的长细比；
A_{1y}——构件截面中垂直于 y 轴的各斜缀条毛截面面积之和（mm^2）。

③ 缀件为缀条的三肢组合构件（见图2-6c）。

$$\lambda_{0x}=\sqrt{\lambda_x^2+\frac{42A}{A_1(1.5-\cos^2\theta)}} \tag{2-35}$$

$$\lambda_{0y}=\sqrt{\lambda_y^2+\frac{42A}{A_1\cos^2\theta}} \tag{2-36}$$

式中 A_1——构件截面中各斜缀条毛截面面积之和（mm^2）；

θ——构件截面内缀条所在平面与 x 轴的夹角（°）。

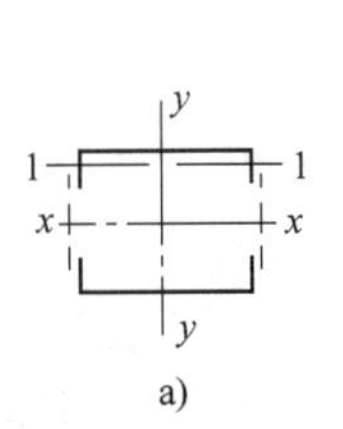

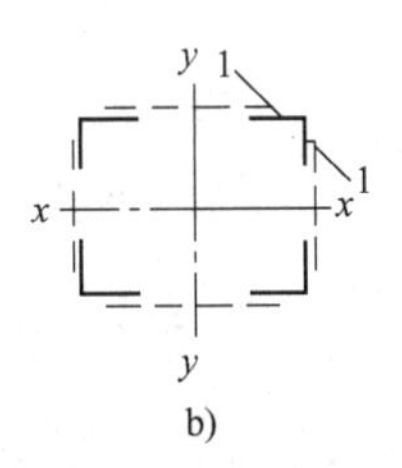

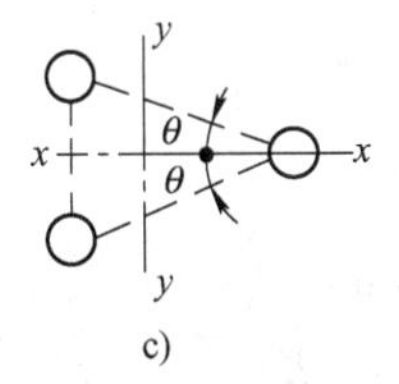

图 2-6 格构式组合构件截面

a）双肢组合构件 b）四肢组合构件 c）三肢组合构件

5）两端铰支的梭形圆管或方管状截面轴心受压构件（见图 2-7）的稳定性应按式（2-6）计算。其中 A 取端截面的截面面积 A_1，稳定系数 φ 按下列换算长细比 λ_e 确定：

$$\lambda_e=\frac{l_0/i_1}{(1+\gamma)^{3/4}} \tag{2-37}$$

式中 i_1——端截面回转半径（mm）；

l_0——构件计算长度（mm），按下式计算：

$$l_0=\frac{l}{2}\left[1+(1+0.853\gamma)^{-1}\right] \tag{2-38}$$

γ——构件楔率，按下式计算：

$$\gamma=(D_2-D_1)/D_1 \text{ 或 } (b_2-b_1)/b_1 \tag{2-39}$$

D_2、b_2——分别为跨中截面圆管外径和方管边长（mm）；

D_1、b_1——分别为端截面圆管外径和方管边长（mm）。

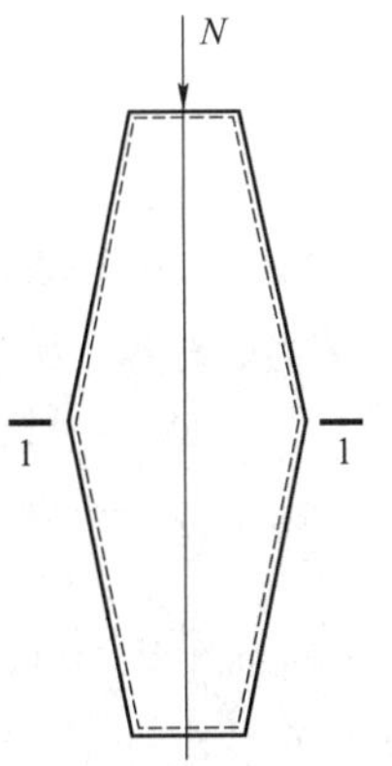

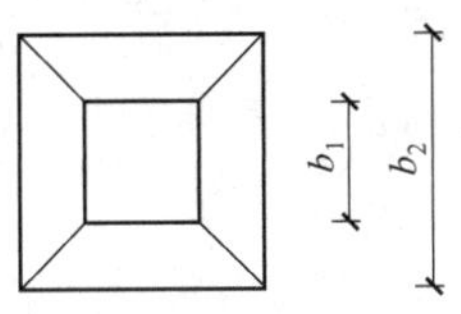

1—1

图 2-7 梭形管状轴心受压构件

6）钢管梭形格构柱的跨中截面应设置横隔。横隔可采用水平放置的钢板且与周边缀管焊接，也可采用水平放置的钢管并使跨中截面成为稳定截面。两端铰支的三肢钢管梭形格构柱应按式（2-6）计算整体稳定。稳定系数 φ 依据下列公式计算的换算长细比确定：

$$\lambda_0=\pi\sqrt{\frac{3A_sE}{N_{cr}}} \tag{2-40}$$

式中 A_s——单根分肢的截面面积（mm^2）；

N_{cr}——屈曲临界力（N），按下列公式计算：

$$N_{cr}=\min(N_{cr,s}, N_{cr,a}) \tag{2-41}$$

$N_{cr,s}$、$N_{cr,a}$——分别为对称屈曲模态与反对称屈曲模态对应的屈曲临界力（N），应按下列方法计算。

① $N_{cr,s}$ 按下列公式计算：

$$N_{cr,s}=N_{cr0,s}\Big/\left(1+\frac{N_{cr0,s}}{K_{v,s}}\right) \tag{2-42}$$

$$N_{cr0,s}=\frac{\pi^2 EI_0}{L^2}(1+0.72\eta_1+0.28\eta_2) \tag{2-43}$$

② $N_{cr,a}$ 按下列公式计算：

$$N_{cr,a}=N_{cr0,a}\Big/\left(1+\frac{N_{cr0,a}}{K_{v,a}}\right) \tag{2-44}$$

$$N_{cr0,a}=\frac{4\pi^2 EI_0}{L^2}(1+0.48\eta_1+0.12\eta_2) \tag{2-45}$$

式中　$K_{v,s}$、$K_{v,a}$——分别为对称屈曲与反对称屈曲对应的截面抗剪刚度（N），应按下列公式计算：

$$K_{v,s}=1\Big/\left(\frac{l_{s0}b_0}{18EI_d}+\frac{5l_{s0}^2}{144EI_s}\right) \tag{2-46}$$

$$K_{v,a}=1\Big/\left(\frac{l_{s0}b_m}{18EI_d}+\frac{5l_{s0}^2}{144EI_s}\right) \tag{2-47}$$

l_{s0}——梭形柱节间高度（mm）；

I_d、I_s——横缀杆和弦杆的惯性矩（mm^4）；

E——材料的弹性模量（N/mm^2）；

η_1、η_2——与截面惯性矩有关的计算系数，三肢时按下列公式计算：

$$\eta_1=(4I_m-I_1-3I_0)/I_0 \tag{2-48}$$

$$\eta_2=2(I_0+I_1-2I_m)/I_0 \tag{2-49}$$

I_0、I_m、I_1——分别为钢管梭形格构柱柱端、1/4 跨处以及跨中截面对应的惯性矩（见图 2-8）（mm^4），应按下列公式计算：

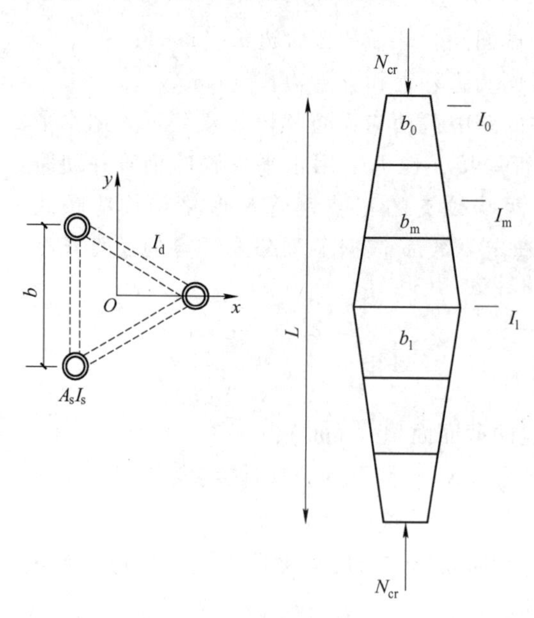

图 2-8　钢管梭形格构柱

$$I_0=3I_s+0.5b_0^2A_s \tag{2-50}$$

$$I_m=3I_s+0.5b_m^2A_s \tag{2-51}$$

$$I_1=3I_s+0.5b_1^2A_s \tag{2-52}$$

b_0、b_m、b_1——分别为梭形柱柱端、1/4 跨处和跨中截面的边长（mm）；

A_s——单个分肢的截面面积（mm^2）。

7）确定桁架弦杆和单系腹杆的长细比时，其计算长度 l_0 应按表 2-20 的规定采用；采用相贯焊接连接的钢管桁架，其构件计算长度 l_0 可按表 2-21 的规定取值；除钢管结构外，无节点板的腹杆计算长度在任意平面内均取其值等于几何长度。桁架再分式腹杆体系的受压主斜杆及 K 形腹杆体系的竖杆等，在桁架平面内的计算长度则取节点中心间距离。

表 2-20　桁架弦杆和单系腹杆的计算长度 l_0

弯曲方向	弦杆	腹杆	
		支座斜杆和支座竖杆	其他腹杆
桁架平面内	l	l	$0.8l$
桁架平面外	l_1	l	l
斜平面	—	l	$0.9l$

注：1. l 为构件的几何长度（节点中心间距离）；l_1 为桁架弦杆侧向支承点之间的距离。

2. 斜平面系指与桁架平面斜交的平面，适用于构件截面两主轴均不在桁架平面内的单角钢腹杆和双角钢十字形截面腹杆。

表 2-21　钢管桁架构件计算长度 l_0

桁架类别	弯曲方向	弦杆	腹杆	
			支座斜杆和支座竖杆	其他腹杆
平面桁架	平面内	$0.9l$	l	$0.8l$
	平面外	l_1	l	l
立体桁架		$0.9l$	l	$0.8l$

注：1. l_1 为平面外无支撑长度；l 是杆件的节间长度。

2. 对端部缩头或压扁的圆管腹杆，其计算长度取 l。

3. 对于立体桁架，弦杆平面外的计算长度取 $0.9l$，同时应以 $0.9l_1$ 按格构式压杆验算其稳定性。

8）当桁架弦杆侧向支承点之间的距离为节间长度的 2 倍（见图 2-9）且两节间的弦杆轴心压力不相同时，该弦杆在桁架平面外的计算长度，应按下式确定（但不应小于 $0.5l_1$）：

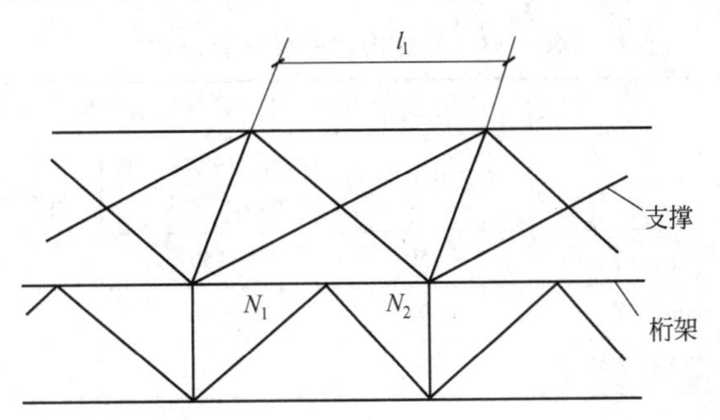

图 2-9　弦杆轴心压力在侧向支承点间有变化的桁架简图

$$l_0=l_1\left(0.75+0.25\frac{N_2}{N_1}\right) \tag{2-53}$$

式中　N_1——较大的压力，计算时取正值（N）；

N_2——较小的压力或拉力，计算时压力取正值，拉力取负值（N）。

9）验算容许长细比时，可不考虑扭转效应，计算单角钢受压构件的长细比时，应采用角钢的最小回转半径，但计算在交叉点相互连接的交叉杆件平面外的长细比时，可采用与角钢肢边平行轴的回转半径。轴心受压构件的容许长细比宜符合下列规定：

① 跨度等于或大于 60m 的桁架，其受压弦杆、端压杆和直接承受动力荷载的受压腹杆的长细比不宜大于 120；

② 轴心受压构件的长细比不宜超过表 2-22 规定的容许值，但当杆件内力设计值不大于承载能力的 50%时，容许长细比可取 200。

表 2-22　受压构件的容许长细比

构件名称	容许长细比
轴心受压柱、桁架和天窗架中的压杆	150
柱的缀条、吊车梁或吊车桁架以下的柱间支撑	150
支撑	200
用以减小受压构件计算长度的杆件	200

10）验算容许长细比时，在直接或间接承受动力荷载的结构中，计算单角钢受拉构件的长细比时，应采用角钢的最小回转半径，但计算在交叉点相互连接的交叉杆件平面外的长细比时，可采用与角钢肢边平行轴的回转半径。受拉构件的容许长细比宜符合下列规定：

① 除对腹杆提供平面外支点的弦杆外，承受静力荷载的结构受拉构件，可仅计算竖向平面内的长细比；

② 中级、重级工作制吊车桁架下弦杆的长细比不宜超过 200；

③ 在设有夹钳或刚性料耙等硬钩起重机的厂房中，支撑的长细比不宜超过 300；

④ 受拉构件在永久荷载与风荷载组合作用下受压时，其长细比不宜超过 250；

⑤ 跨度等于或大于 60m 的桁架，其受拉弦杆和腹杆的长细比，承受静力荷载或间接承受动力荷载时不宜超过 300，直接承受动力荷载时不宜超过 250；

⑥ 受拉构件的长细比不宜超过表 2-23 规定的容许值。柱间支撑按拉杆设计时，竖向荷载作用下柱子的轴力应按无支撑时考虑。

表 2-23　受拉构件的容许长细比

构件名称	承受静力荷载或间接承受动力荷载的结构			直接承受动力荷载的结构
	一般建筑结构	对腹杆提供平面外支点的弦杆	有重级工作制起重机的厂房	
桁架的构件	350	250	250	250
吊车梁或吊车桁架以下柱间支撑	300	—	200	—
除张紧的圆钢外的其他拉杆、支撑、系杆等	400	—	350	—

11）桁架受压弦杆的横向支撑系统中系杆和支承斜杆应能承受下式给出的节点支撑力

（见图 2-10）：

$$F=\frac{\sum N}{42\sqrt{m+1}}\left(0.6+\frac{0.4}{n}\right) \tag{2-54}$$

式中　$\sum N$——被撑各桁架受压弦杆最大压力之和（N）；

m——纵向系杆道数（支撑系统节间数减去 1）；

n——支撑系统所撑桁架数。

12）塔架主杆与主斜杆之间的辅助杆（见图 2-11）应能承受下列公式给出的节点支撑力：

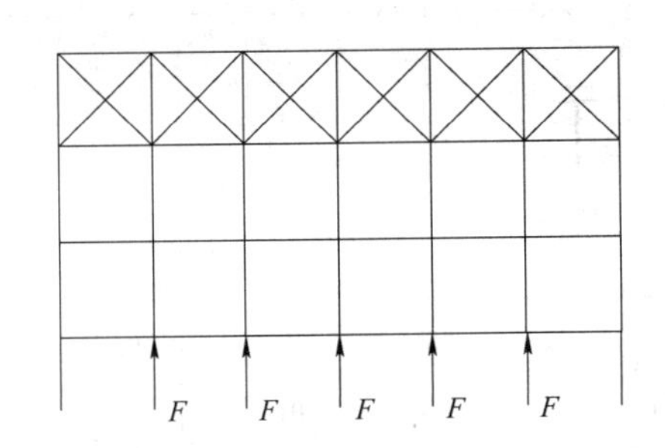

图 2-10　桁架受压弦杆横向支撑系统的节点支撑

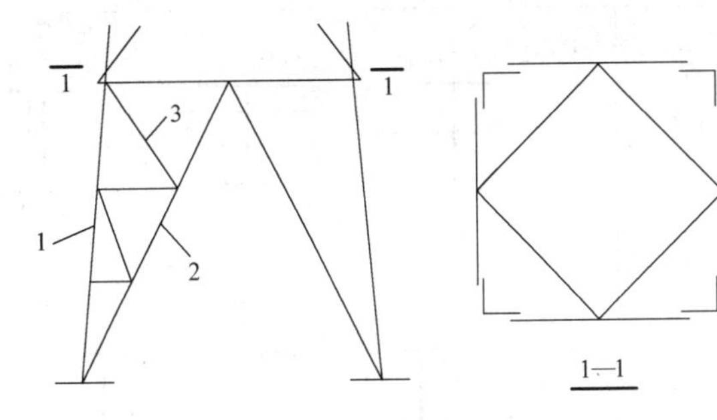

图 2-11　塔架下端示意图

1—主杆　2—主斜杆　3—辅助杆

当节间数不超过 4 时

$$F=N/80 \tag{2-55}$$

当节间数大于 4 时

$$F=N/100 \tag{2-56}$$

式中　N——主杆压力设计值（N）。

2.5　拉弯、压弯构件

1）弯矩作用在两个主平面内的拉弯构件和压弯构件，其截面强度应符合下列规定：

① 除圆管截面外，弯矩作用在两个主平面内的拉弯构件和压弯构件，其截面强度应按式（2-57）计算：

$$\frac{N}{A_n}\pm\frac{M_x}{\gamma_x W_{nx}}\pm\frac{M_y}{\gamma_y W_{ny}}\leqslant f \tag{2-57}$$

② 弯矩作用在两个主平面内的圆形截面拉弯构件和压弯构件，其截面强度应按式（2-58）计算：

$$\frac{N}{A_n}+\frac{\sqrt{M_x^2+M_y^2}}{\gamma_m W_n}\leqslant f \tag{2-58}$$

式中　N——同一截面处轴心压力设计值（N）；

M_x、M_y——分别为同一截面处对 x 轴和 y 轴的弯矩设计值（N · mm）；

γ_x、γ_y——截面塑性发展系数，根据其受压板件的内力分布情况确定其截面板件宽厚比等级，当截面板件宽厚比等级不满足 S3 级要求时，取 1.0；满足 S3 级要求时，可按表2-24采用；需要验算疲劳强度的拉弯、压弯构件时，宜取1.0；

γ_m——圆形构件的截面塑性发展系数。对于实腹圆形截面取1.2，当圆管截面板件宽厚比等级不满足S3级要求时，取1.0；满足S3级要求时，取1.15；需要验算疲劳强度的拉弯、压弯构件时，宜取1.0；

A_n——构件的净截面面积（mm^2）；

W_n——构件的净截面模量（mm^3）。

表2-24　截面塑性发展系数 γ_x、γ_y 值

序号	截面形式	γ_x	γ_y
1	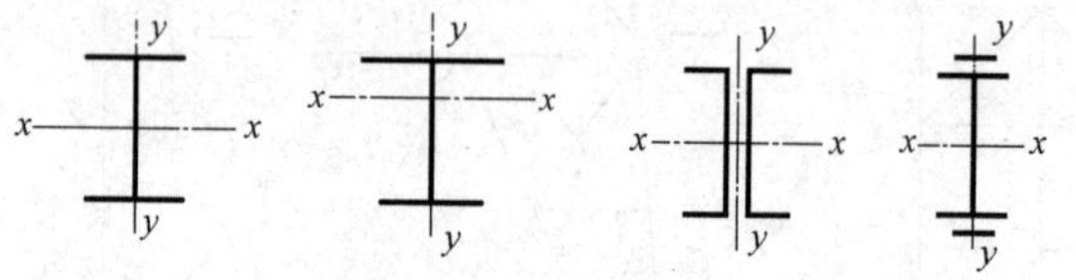	1.05	1.2
2	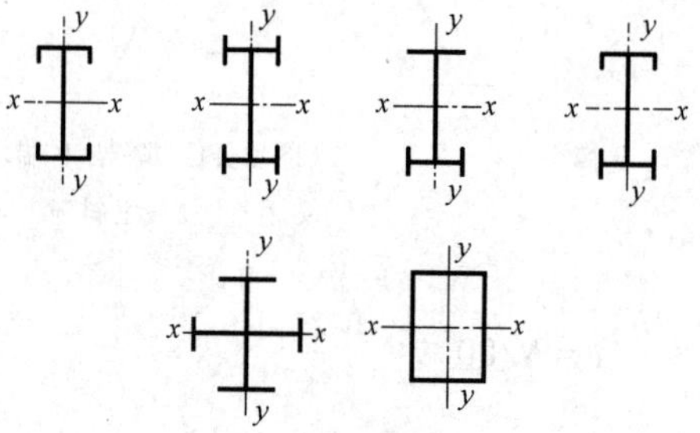		1.05
3	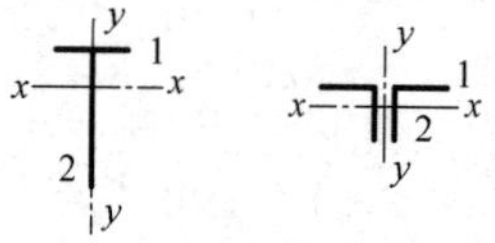	$\gamma_{x1}=1.05$ $\gamma_{x2}=1.2$	1.2
4	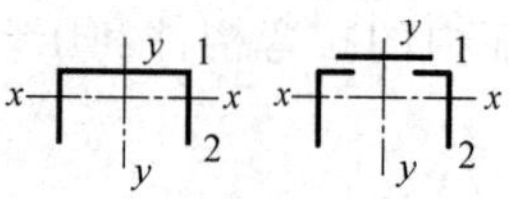		1.05
5	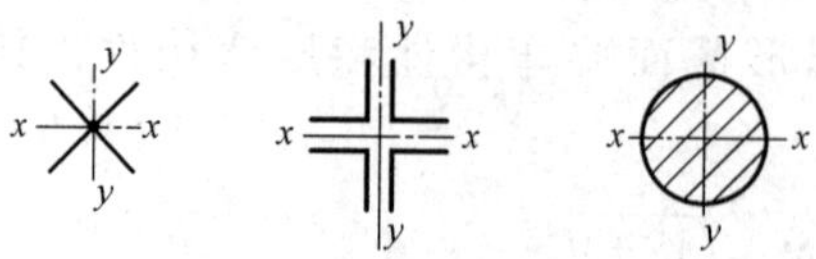	1.2	1.2
6	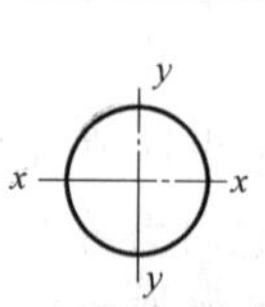	1.15	1.15

（续）

序号	截面形式	γ_x	γ_y
7		1.0	1.05
8			1.0

2）弯矩作用在两个主平面内的双肢格构式压弯构件，其稳定性应按下列规定计算：

① 按整体计算：

$$\frac{N}{\varphi_x A f}+\frac{\beta_{mx} M_x}{W_{1x}\left(1-\frac{N}{N_{Ex}'}\right) f}+\frac{\beta_{ty} M_y}{W_{1y} f} \leqslant 1.0 \tag{2-59}$$

式中　W_{1y}——在 M_y 作用下，对较大受压纤维的毛截面模量（mm^3）。

② 按分肢计算：

在 N 和 M_x 作用下，将分肢作为桁架弦杆计算其轴心力，M_y 按公式（2-60）和公式（2-61）分配给两分肢（见图 2-12），然后按《钢结构设计标准》（GB 50017—2017）第 8.2.1 条的规定计算分肢稳定性。

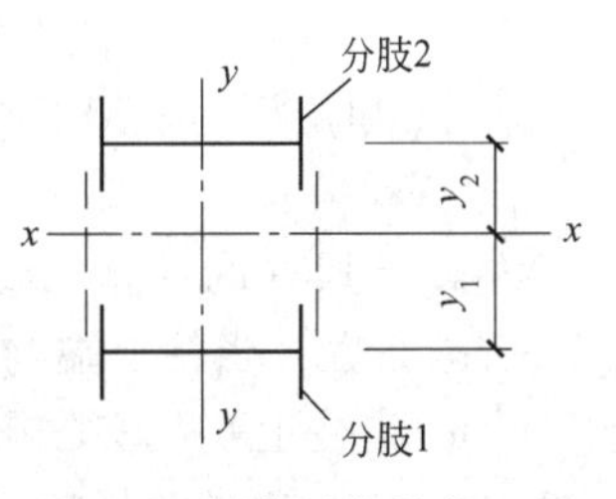

图 2-12　格构式构件截面

分肢 1：

$$M_{y1}=\frac{I_1/y_1}{I_1/y_1+I_2/y_2} \cdot M_y \tag{2-60}$$

分肢 2：

$$M_{y2}=\frac{I_2/y_2}{I_1/y_1+I_2/y_2} \cdot M_y \tag{2-61}$$

式中　I_1、I_2——分肢 1、分肢 2 对 y 轴的惯性矩（mm^4）；

y_1、y_2——M_y 作用的主轴平面至分肢 1、分肢 2 的轴线距离（mm）。

3）单层厂房框架下端刚性固定的带牛腿等截面柱在框架平面内的计算长度应按下列公式确定：

$$H_0=\alpha_N\left[\sqrt{\frac{4+7.5K_b}{1+7.5K_b}}-\alpha_K\left(\frac{H_1}{H}\right)^{1+0.8K_b}\right] H \tag{2-62}$$

式中　H_1、H——分别为柱在牛腿表面以上的高度和柱总高度（见图 2-13）（m）；

K_b——与柱连接的横梁线刚度之和与柱线刚度之比，按公式（2-63）计算：

$$K_b=\frac{\sum\left(I_{bi}/l_i\right)}{I_c/H} \tag{2-63}$$

α_K——和比值 K_b 有关的系数，应按下列方法计算：

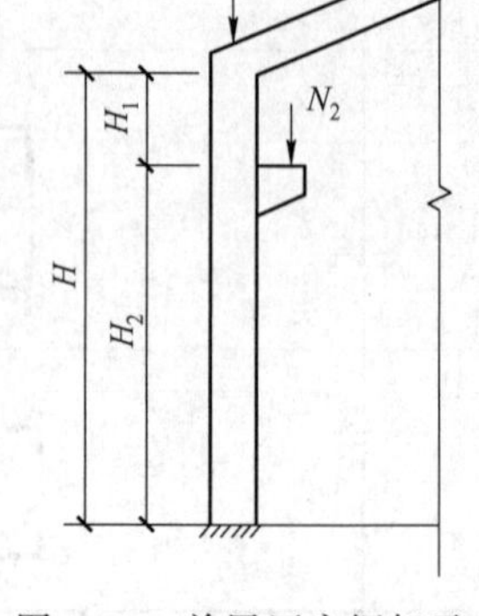

图 2-13　单层厂房框架示意

当 $K_b<0.2$ 时：

$$\alpha_K=1.5-2.5K_b \tag{2-64}$$

当 $0.2\leqslant K_b<2.0$ 时：

$$\alpha_K=1.0 \tag{2-65}$$

$$\gamma=\frac{N_1}{N_2} \tag{2-66}$$

α_N——考虑压力变化的系数，应按下列方法计算：

当 $\gamma\leqslant0.2$ 时：

$$\alpha_N=1.0 \tag{2-67}$$

当 $\gamma>0.2$ 时：

$$\alpha_N=1+\frac{H_1}{H_2}\cdot\frac{(\gamma-0.2)}{1.2} \tag{2-68}$$

γ——柱上、下段压力比。

N_1、N_2——分别为上、下段柱的轴心压力设计值（N）；

I_{bi}、l_i——分别为第 i 根梁的截面惯性矩（mm^4）和跨度（mm）；

I_c——柱截面惯性矩（mm^4）。

4）单层厂房框架下端刚性固定的阶形柱，在框架平面内的计算长度应按下列规定确定：

① 单阶柱。

a. 下段柱的计算长度系数 μ_2：当柱上端与横梁铰接时，应按表 2-25 的数值乘以表 2-26 的折减系数；当柱上端与桁架型横梁刚接时，应按表 2-27 的数值乘以表 2-26 的折减系数。

b. 当柱上端与实腹梁刚接时，下段柱的计算长度系数 μ_2，应按下列公式计算的系数 μ_2^1 乘以表 2-26 的折减系数，系数 μ_2^1 不应大于按柱上端与横梁铰接计算时得到的 μ_2 值，且不小于按柱上端与桁架型横梁刚接计算时得到的 μ_2 值。

$$K_1=\frac{I_1/H_1}{I_2/H_2} \tag{2-69}$$

$$\mu_2^1=\frac{\eta_1^2}{2(\eta_1+1)}\cdot\sqrt[3]{\frac{\eta_1-K_b}{K_b}}+(\eta_1-0.5)K_1+2 \tag{2-70}$$

$$\eta_1=\frac{H_1}{H_2}\sqrt{\frac{N_1}{N_2}\cdot\frac{I_2}{I_1}} \tag{2-71}$$

式中　I_1、H_1——阶形柱上段柱的惯性矩（mm^4）和柱高（mm）；

I_2、H_2——阶形柱下段柱的惯性矩（mm^4）和柱高（mm）；

K_1——阶形柱上段柱线刚度与下段柱线刚度的比值；

η_1——参数，根据式（2-71）计算。

c. 上段柱的计算长度系数 μ_1，应按式（2-72）计算：

$$\mu_1=\frac{\mu_2}{\eta_1} \tag{2-72}$$

② 双阶柱。

a. 下段柱的计算长度系数 μ_3：当柱上端与横梁铰接时，应取表 2-28 的数值乘以表 2-26 的折减系数；当柱上端与横梁刚接时，应取表 2-29 的数值乘以表 2-26 的折减系数。

表 2-25 柱上端为自由的单阶柱下段的计算长度系数 μ_2

简图	η_1	K_1																	
		0.06	0.08	0.10	0.12	0.14	0.16	0.18	0.20	0.22	0.24	0.26	0.28	0.3	0.4	0.5	0.6	0.7	0.8
		μ_2																	
I_1, H_1; I_2, H_2 $K_1=\frac{I_1}{I_2}\times\frac{H_2}{H_1}$; $\eta_1=\frac{H_1}{H_2}\sqrt{\frac{N_1}{N_2}\times\frac{I_2}{I_1}}$ N_1——上段柱的轴心力 N_2——下段柱的轴心力	0.2	2.00	2.01	2.01	2.01	2.01	2.01	2.01	2.02	2.02	2.02	2.02	2.02	2.02	2.03	2.04	2.05	2.06	2.07
	0.3	2.01	2.02	2.02	2.02	2.03	2.03	2.03	2.04	2.04	2.05	2.05	2.05	2.06	2.08	2.10	2.12	2.13	2.15
	0.4	2.02	2.03	2.04	2.04	2.05	2.06	2.07	2.07	2.08	2.09	2.09	2.10	2.11	2.14	2.18	2.21	2.25	2.28
	0.5	2.04	2.05	2.06	2.07	2.09	2.10	2.11	2.12	2.13	2.15	2.16	2.17	2.18	2.24	2.29	2.35	2.40	2.45
	0.6	2.06	2.08	2.10	2.12	2.14	2.16	2.18	2.19	2.21	2.23	2.25	2.26	2.28	2.36	2.44	2.52	2.59	2.66
	0.7	2.10	2.13	2.16	2.18	2.21	2.24	2.26	2.29	2.31	2.34	2.36	2.38	2.41	2.52	2.62	2.72	2.81	2.90
	0.8	2.15	2.20	2.24	2.27	2.31	2.34	2.38	2.41	2.44	2.47	2.50	2.53	2.56	2.70	2.82	2.94	3.06	3.16
	0.9	2.24	2.29	2.35	2.39	2.44	2.48	2.52	2.56	2.60	2.63	2.67	2.71	2.74	2.90	3.05	3.19	3.32	3.44
	1.0	2.36	2.43	2.48	2.54	2.59	2.64	2.69	2.73	2.77	2.82	2.86	2.90	2.94	3.12	3.29	3.45	3.59	3.74
	1.2	2.69	2.76	2.83	2.89	2.95	3.01	3.07	3.12	3.17	3.22	3.27	3.32	3.37	3.59	3.80	3.99	4.17	4.34
	1.4	3.07	3.14	3.22	3.29	3.36	3.42	3.48	3.55	3.61	3.66	3.72	3.78	3.83	4.09	4.33	4.56	4.71	4.97
	1.6	3.47	3.55	3.63	3.71	3.78	3.85	3.92	3.99	4.07	4.12	4.18	4.25	4.31	4.61	4.88	5.14	5.38	5.62
	1.8	3.88	3.97	4.05	4.13	4.21	4.29	4.37	4.44	4.52	4.59	4.66	4.73	4.80	5.13	5.44	5.73	6.00	6.26
	2.0	4.29	4.39	4.48	4.57	4.65	4.74	4.82	4.90	4.99	5.07	5.14	5.22	5.30	5.66	6.00	6.32	6.63	6.92
	2.2	4.71	4.81	4.91	5.00	5.10	5.19	5.28	5.37	5.46	5.54	5.63	5.71	5.80	6.19	6.57	6.92	7.26	7.58
	2.4	5.13	5.24	5.34	5.44	5.54	5.64	5.74	5.84	5.93	6.03	6.12	6.21	6.30	6.73	7.14	7.52	7.89	8.24
	2.6	5.55	5.66	5.77	5.88	5.99	6.10	6.20	6.31	6.41	6.51	6.61	6.71	6.80	7.27	7.71	8.13	8.52	8.90
	2.8	5.97	6.09	6.21	6.33	6.44	6.55	6.67	6.78	6.89	6.99	7.10	7.21	7.31	7.81	8.28	8.73	9.16	9.57
	3.0	6.39	6.52	6.64	6.77	6.89	7.01	7.13	7.25	7.37	7.48	7.59	7.71	7.82	8.35	8.86	9.34	9.80	10.24

注：表中的计算长度系数 μ_2 值按下式计算

$$\eta_1 K_1 \tan\frac{\pi}{\mu_2}\tan\frac{\pi\eta_1}{\mu_2}-1=0。$$

表 2-26　单层厂房阶形柱计算长度的折减系数

厂房类型				折减系数
单跨或多跨	纵向温度区段内一个柱列的柱子数	屋面情况	厂房两侧是否有通长的屋盖纵向水平支撑	
单跨	等于或少于 6 个	—	—	0.9
	多于 6 个	非大型混凝土屋面板的屋面	无纵向水平支撑	
			有纵向水平支撑	0.8
		大型混凝土屋面板的屋面	—	
多跨	—	非大型混凝土屋面板的屋面	无纵向水平支撑	
			有纵向水平支撑	0.7
		大型混凝土屋面板的屋面	—	

表 2-27　柱上端可移动但不转动的单阶柱下段的计算长度系数 μ_2

简图	η_1	K_1																
		0.06	0.08	0.10	0.12	0.14	0.16	0.18	0.20	0.22	0.24	0.26	0.28	0.3	0.4	0.5	0.6	0.7	0.8
		μ_2																
	0.2	1.96	1.94	1.93	1.91	1.90	1.89	1.88	1.86	1.85	1.84	1.83	1.82	1.81	1.76	1.72	1.68	1.65	1.62
	0.3	1.96	1.94	1.93	1.92	1.91	1.89	1.88	1.87	1.86	1.85	1.84	1.83	1.82	1.77	1.73	1.70	1.66	1.63
	0.4	1.96	1.95	1.94	1.92	1.91	1.90	1.89	1.88	1.87	1.86	1.85	1.84	1.83	1.79	1.75	1.72	1.68	1.66
	0.5	1.96	1.95	1.94	1.93	1.92	1.91	1.90	1.89	1.88	1.87	1.86	1.85	1.85	1.81	1.77	1.74	1.71	1.69
	0.6	1.97	1.96	1.95	1.94	1.93	1.92	1.91	1.90	1.90	1.89	1.88	1.87	1.87	1.83	1.80	1.78	1.75	1.73
	0.7	1.97	1.97	1.96	1.95	1.94	1.94	1.93	1.92	1.92	1.91	1.90	1.90	1.89	1.86	1.84	1.82	1.80	1.78
	0.8	1.98	1.98	1.97	1.96	1.96	1.95	1.95	1.94	1.94	1.93	1.93	1.93	1.92	1.90	1.88	1.87	1.86	1.84
	0.9	1.99	1.99	1.98	1.98	1.98	1.97	1.97	1.97	1.97	1.96	1.96	1.96	1.95	1.94	1.93	1.92	1.92	1.92
	1.0	2.00	2.00	2.00	2.00	2.00	2.00	2.00	2.00	2.00	2.00	2.00	2.00	2.00	2.00	2.00	2.00	2.00	2.00
	1.2	2.03	2.04	2.04	2.05	2.06	2.07	2.07	2.08	2.08	2.09	2.10	2.10	2.11	2.13	2.15	2.17	2.18	2.20
	1.4	2.07	2.09	2.11	2.12	2.14	2.16	2.17	2.18	2.20	2.21	2.22	2.23	2.24	2.29	2.33	2.37	2.40	2.42
	1.6	2.13	2.16	2.19	2.22	2.25	2.27	2.30	2.32	2.34	2.36	2.37	2.39	2.41	2.48	2.54	2.59	2.63	2.67
	1.8	2.22	2.27	2.31	2.35	2.39	2.42	2.45	2.48	2.50	2.53	2.55	2.57	2.59	2.69	2.76	2.83	2.88	2.93
	2.0	2.35	2.41	2.46	2.50	2.55	2.59	2.62	2.66	2.69	2.72	2.75	2.77	2.80	2.91	3.00	3.18	3.14	3.20
	2.2	2.51	2.57	2.63	2.68	2.73	2.77	2.81	2.85	2.89	2.92	2.95	2.98	3.01	3.14	3.25	3.33	3.41	3.47
	2.4	2.68	2.75	2.81	2.87	2.92	2.97	3.01	3.05	3.09	3.13	3.17	3.20	3.24	3.38	3.50	3.59	3.68	3.75
	2.6	2.87	2.94	3.00	3.06	3.12	3.17	3.22	3.27	3.31	3.35	3.39	3.43	3.46	3.62	3.75	3.86	3.95	4.03
	2.8	3.06	3.14	3.20	3.27	3.33	3.38	3.43	3.48	3.53	3.58	3.62	3.66	3.70	3.87	4.01	4.13	4.23	4.32
	3.0	3.26	3.34	3.41	3.47	3.54	3.60	3.65	3.70	3.75	3.80	3.85	3.89	3.93	4.12	4.27	4.40	4.51	4.61

I_1　H_1　I_2　H_2

$K_1=\frac{I_1}{I_2}\times\frac{H_2}{H_1}$;

$\eta_1=\frac{H_1}{H_2}\sqrt{\frac{N_1}{N_2}\times\frac{I_2}{I_1}}$

N_1——上段柱的轴心力

N_2——下段柱的轴心力

注：表中的计算长度系数 μ_2 值按下式计算

$$\tan\frac{\pi\eta_1}{\mu_2}+\eta_1 K_1\tan\frac{\pi}{\mu_2}=0。$$

表 2-28　柱上端为自由的双阶柱下段的计算长度系数 μ_3

简图	η_1	η_2	$K_1=0.05$										
			K_2										
			0.2	0.3	0.4	0.5	0.6	0.7	0.8	0.9	1.0	1.1	1.2
			μ_3										
$K_1=\frac{I_1}{I_3}\cdot\frac{H_3}{H_1}$ $K_2=\frac{I_2}{I_3}\cdot\frac{H_3}{H_2}$ $\eta_1=\frac{H_1}{H_3}\sqrt{\frac{N_1}{N_3}\cdot\frac{I_3}{I_1}}$ $\eta_2=\frac{H_2}{H_3}\sqrt{\frac{N_2}{N_3}\cdot\frac{I_3}{I_2}}$ N_1—上段柱的轴心力 N_2—中段柱的轴心力 N_3—下段柱的轴心力	0.2	0.2	2.02	2.03	2.04	2.05	2.05	2.06	2.07	2.08	2.09	2.10	2.10
		0.4	2.08	2.11	2.15	2.19	2.22	2.25	2.29	2.32	2.35	2.39	2.42
		0.6	2.20	2.29	2.37	2.45	2.52	2.60	2.67	2.73	2.80	2.87	2.93
		0.8	2.42	2.57	2.71	2.83	2.95	3.06	3.17	3.27	3.37	3.47	3.56
		1.0	2.75	2.95	3.13	3.30	3.45	3.60	3.74	3.87	4.00	4.13	4.25
		1.2	3.13	3.38	3.60	3.80	4.00	4.18	4.35	4.51	4.67	4.82	4.97
	0.4	0.2	2.04	2.05	2.05	2.06	2.07	2.08	2.09	2.09	2.10	2.11	2.12
		0.4	2.10	2.14	2.17	2.20	2.24	2.27	2.31	2.34	2.37	2.40	2.43
		0.6	2.24	2.32	2.40	2.47	2.54	2.62	2.68	2.75	2.82	2.88	2.94
		0.8	2.47	2.60	2.73	2.85	2.97	3.08	3.19	3.29	3.38	3.48	3.57
		1.0	2.79	2.98	3.15	3.32	3.47	3.62	3.75	3.89	4.02	4.14	4.26
		1.2	3.18	3.41	3.62	3.82	4.01	4.19	4.36	4.52	4.68	4.83	4.98
	0.6	0.2	2.09	2.09	2.10	2.10	2.11	2.12	2.12	2.13	2.14	2.15	2.15
		0.4	2.17	2.19	2.22	2.25	2.28	2.31	2.34	2.38	2.41	2.44	2.47
		0.6	2.32	2.38	2.45	2.52	2.59	2.66	2.72	2.79	2.85	2.91	2.97
		0.8	2.56	2.67	2.79	2.90	3.01	3.11	3.22	3.32	3.41	3.50	3.60
		1.0	2.88	3.04	3.20	3.36	3.50	3.65	3.78	3.91	4.04	4.16	4.26
		1.2	3.26	3.46	3.66	3.86	4.04	4.22	4.38	4.55	4.70	4.85	5.00
	0.8	0.2	2.29	2.24	2.22	2.21	2.21	2.22	2.22	2.22	2.23	2.23	2.24
		0.4	2.37	2.34	2.34	2.36	2.38	2.40	2.43	2.45	2.48	2.51	2.54
		0.6	2.52	2.52	2.56	2.61	2.67	2.73	2.79	2.85	2.91	2.96	3.02
		0.8	2.74	2.79	2.88	2.98	3.08	3.17	3.27	3.36	3.46	3.55	3.63
		1.0	3.04	3.15	3.28	3.42	3.56	3.69	3.82	3.95	4.07	4.19	4.31
		1.2	3.39	3.55	3.73	3.91	4.08	4.25	4.42	4.58	4.73	4.88	5.02
	1.0	0.2	2.69	2.57	2.51	2.48	2.46	2.45	2.45	2.44	2.44	2.44	2.44
		0.4	2.75	2.64	2.60	2.59	2.59	2.59	2.60	2.62	2.63	2.65	2.67
		0.6	2.86	2.78	2.77	2.79	2.83	2.87	2.91	2.96	3.01	3.06	3.10
		0.8	3.04	3.01	3.05	3.11	3.19	3.27	3.35	3.44	3.52	3.61	3.69
		1.0	3.29	3.32	3.41	3.52	3.64	3.76	3.89	4.01	4.13	4.24	4.35
		1.2	3.60	3.69	3.83	3.99	4.15	4.31	4.47	4.62	4.77	4.92	5.06

（续）

简图	η_1	η_2	$K_1=0.05$										
			K_2										
			0.2	0.3	0.4	0.5	0.6	0.7	0.8	0.9	1.0	1.1	1.2
			μ_3										
	1.2	0.2	3.16	3.00	2.92	2.87	2.84	2.81	2.80	2.79	2.78	2.77	2.77
		0.4	3.21	3.05	2.98	2.94	2.92	2.90	2.90	2.90	2.90	2.91	2.92
		0.6	3.30	3.15	3.10	3.08	3.08	3.10	3.12	3.15	3.18	3.22	3.26
		0.8	3.43	3.32	3.30	3.33	3.37	3.43	3.49	3.56	3.63	3.71	3.78
		1.0	3.62	3.57	3.60	3.68	3.77	3.87	3.98	4.09	4.20	4.31	4.42
		1.2	3.88	3.88	3.98	4.11	4.25	4.39	4.54	4.68	4.83	4.97	5.10
	1.4	0.2	3.66	3.46	3.36	3.29	3.25	3.23	3.20	3.19	3.18	3.17	3.16
		0.4	3.70	3.50	3.40	3.35	3.31	3.29	3.27	3.26	3.26	3.26	3.26
		0.6	3.77	3.58	3.49	3.45	3.43	3.42	3.42	3.43	3.45	3.47	3.49
		0.8	3.87	3.70	3.64	3.63	3.64	3.67	3.70	3.75	3.81	3.86	3.92
		1.0	4.02	3.89	3.87	3.90	3.96	4.04	4.12	4.22	4.31	4.41	4.51
		1.2	4.23	4.15	4.19	4.27	4.39	4.51	4.64	4.77	4.91	5.04	5.17

简图	η_1	η_2	$K_1=0.10$										
			K_2										
			0.2	0.3	0.4	0.5	0.6	0.7	0.8	0.9	1.0	1.1	1.2
			μ_3										
	0.2	0.2	2.03	2.03	2.04	2.05	2.06	2.07	2.08	2.08	2.09	2.10	2.11
		0.4	2.09	2.12	2.16	2.19	2.23	2.26	2.29	2.33	2.36	2.39	2.42
		0.6	2.21	2.30	2.38	2.46	2.53	2.60	2.67	2.74	2.81	2.87	2.93
		0.8	2.44	2.58	2.71	2.84	2.96	3.07	3.17	3.28	3.37	3.47	3.56
		1.0	2.76	2.96	3.14	3.30	3.46	3.60	3.74	3.88	4.01	4.13	4.25
		1.2	3.15	3.39	3.61	3.81	4.00	4.18	4.35	4.52	4.68	4.83	4.98
	0.4	0.2	2.07	2.07	2.08	2.08	2.09	2.10	2.11	2.12	2.12	2.13	2.14
		0.4	2.14	2.17	2.20	2.23	2.26	2.30	2.33	2.36	2.39	2.42	2.46
		0.6	2.28	2.36	2.43	2.50	2.57	2.64	2.71	2.77	2.84	2.90	2.96
		0.8	2.53	2.65	2.77	2.88	3.00	3.10	3.21	3.31	3.40	3.50	3.59
		1.0	2.85	3.02	3.19	3.34	3.49	3.64	3.77	3.91	4.03	4.16	4.28
		1.2	3.24	3.45	3.65	3.85	4.03	4.21	4.38	4.54	4.70	4.85	4.99

简图：I_1 H_1 I_2 H_2 I_3 H_3

$$K_1=\frac{I_1}{I_3}\cdot\frac{H_3}{H_1}$$

$$K_2=\frac{I_2}{I_3}\cdot\frac{H_3}{H_2}$$

$$\eta_1=\frac{H_1}{H_3}\sqrt{\frac{N_1}{N_3}\cdot\frac{I_3}{I_1}}$$

$$\eta_2=\frac{H_2}{H_3}\sqrt{\frac{N_2}{N_3}\cdot\frac{I_3}{I_2}}$$

N_1—上段柱的轴心力

N_2—中段柱的轴心力

N_3—下段柱的轴心力

（续）

简图	η_1	η_2	$K_1=0.10$										
			K_2										
			0.2	0.3	0.4	0.5	0.6	0.7	0.8	0.9	1.0	1.1	1.2
			μ_3										
	0.6	0.2	2.22	2.19	2.18	2.17	2.18	2.18	2.19	2.19	2.20	2.20	2.21
		0.4	2.31	2.30	2.31	2.33	2.35	2.38	2.41	2.44	2.47	2.49	2.52
		0.6	2.48	2.49	2.54	2.60	2.66	2.72	2.78	2.84	2.90	2.96	3.02
		0.8	2.72	2.78	2.87	2.97	3.07	3.17	3.27	3.36	3.46	3.55	3.64
		1.0	3.04	3.15	3.28	3.42	3.56	3.70	3.83	3.95	4.08	4.20	4.31
		1.2	3.40	3.56	3.74	3.91	4.09	4.26	4.42	4.58	4.73	4.88	5.03
	0.8	0.2	2.63	2.49	2.43	2.40	2.38	2.37	2.37	2.36	2.36	2.37	2.37
		0.4	2.71	2.59	2.55	2.54	2.54	2.55	2.57	2.59	2.61	2.63	2.65
		0.6	2.86	2.76	2.76	2.78	2.82	2.86	2.91	2.96	3.01	3.07	3.12
		0.8	3.06	3.02	3.06	3.13	3.20	3.29	3.37	3.46	3.54	3.63	3.71
		1.0	3.33	3.35	3.44	3.55	3.67	3.79	3.90	4.03	4.15	4.26	4.37
		1.2	3.65	3.73	3.86	4.02	4.18	4.34	4.49	4.64	4.79	4.94	5.08
	1.0	0.2	3.18	2.95	2.84	2.77	2.73	2.70	2.68	2.67	2.66	2.65	2.65
		0.4	3.24	3.03	2.93	2.88	2.85	2.84	2.84	2.84	2.85	2.86	2.87
		0.6	3.36	3.16	3.09	3.07	3.08	3.09	3.12	3.15	3.19	3.23	3.27
		0.8	3.52	3.37	3.34	3.36	3.41	3.46	3.53	3.60	3.67	3.75	3.82
		1.0	3.74	3.64	3.67	3.74	3.83	3.93	4.03	4.14	4.25	4.35	4.46
		1.2	4.00	3.97	4.05	4.17	4.31	4.45	4.59	4.73	4.87	5.01	5.14
	1.2	0.2	3.77	3.47	3.32	3.23	3.17	3.12	3.09	3.07	3.05	3.04	3.03
		0.4	3.82	3.53	3.39	3.31	3.26	3.22	3.20	3.19	3.19	3.19	3.19
		0.6	3.91	3.64	3.51	3.45	3.42	3.42	3.42	3.43	3.45	3.48	3.50
		0.8	4.04	3.80	3.71	3.68	3.69	3.72	3.76	3.81	3.86	3.92	3.98
		1.0	4.21	4.02	3.97	3.99	4.05	4.12	4.20	4.29	4.39	4.48	4.58
		1.2	4.43	4.30	4.31	4.38	4.48	4.60	4.72	4.85	4.98	5.11	5.24
	1.4	0.2	4.37	4.01	3.82	3.71	3.63	3.58	3.54	3.51	3.49	3.47	3.45
		0.4	4.41	4.06	3.88	3.77	3.70	3.66	3.63	3.60	3.59	3.58	3.57
		0.6	4.48	4.15	3.98	3.89	3.83	3.80	3.79	3.78	3.79	3.80	3.81
		0.8	4.59	4.28	4.13	4.07	4.04	4.04	4.06	4.08	4.12	4.16	4.21
		1.0	4.74	4.45	4.35	4.32	4.34	4.38	4.43	4.50	4.58	4.66	4.74
		1.2	4.92	4.69	4.63	4.65	4.72	4.80	4.90	5.10	5.13	5.24	5.36

简图说明：I_1、I_2、I_3；H_1、H_2、H_3

$K_1=\frac{I_1}{I_3}\cdot\frac{H_3}{H_1}$

$K_2=\frac{I_2}{I_3}\cdot\frac{H_3}{H_2}$

$\eta_1=\frac{H_1}{H_3}\sqrt{\frac{N_1}{N_3}\cdot\frac{I_3}{I_1}}$

$\eta_2=\frac{H_2}{H_3}\sqrt{\frac{N_2}{N_3}\cdot\frac{I_3}{I_2}}$

N_1—上段柱的轴心力

N_2—中段柱的轴心力

N_3—下段柱的轴心力

（续）

简图	η_1	η_2	$K_1=0.20$										
			K_2										
			0.2	0.3	0.4	0.5	0.6	0.7	0.8	0.9	1.0	1.1	1.2
			μ_3										
	0.2	0.2	2.04	2.04	2.05	2.06	2.07	2.08	2.08	2.09	2.10	2.11	2.12
		0.4	2.10	2.13	2.17	2.20	2.24	2.27	2.30	2.34	2.37	2.40	2.43
		0.6	2.23	2.31	2.39	2.47	2.54	2.61	2.68	2.75	2.82	2.88	2.94
		0.8	2.46	2.60	2.73	2.85	2.97	3.08	3.18	3.29	3.38	3.48	3.57
		1.0	2.79	2.98	3.15	3.32	3.47	3.61	3.75	3.89	4.02	4.14	4.26
		1.2	3.18	3.41	3.62	3.82	4.01	4.19	4.36	4.52	4.68	4.83	4.98
	0.4	0.2	2.15	2.13	2.13	2.14	2.14	2.15	2.15	2.16	2.17	2.17	2.18
		0.4	2.24	2.24	2.26	2.29	2.32	2.35	2.38	2.41	2.44	2.47	2.50
		0.6	2.40	2.44	2.50	2.56	2.63	2.69	2.76	2.82	2.88	2.94	3.00
		0.8	2.66	2.74	2.84	2.95	3.05	3.15	3.25	3.35	3.44	3.53	3.62
		1.0	2.98	3.12	3.25	3.40	3.54	3.68	3.81	3.94	4.07	4.19	4.30
		1.2	3.35	3.53	3.71	3.90	4.08	4.25	4.41	4.57	4.73	4.87	5.02
	0.6	0.2	2.57	2.42	2.37	2.34	2.33	2.32	2.32	2.32	2.32	2.32	2.33
		0.4	2.67	2.54	2.50	2.50	2.51	2.52	2.54	2.56	2.58	2.61	2.63
		0.6	2.83	2.74	2.73	2.76	2.80	2.85	2.90	2.96	3.01	3.06	3.12
		0.8	3.06	3.01	3.05	3.12	3.20	3.29	3.38	3.46	3.55	3.63	3.72
		1.0	3.34	3.35	3.44	3.56	3.68	3.80	3.92	4.04	4.15	4.27	4.38
		1.2	3.67	3.74	3.88	4.03	4.19	4.35	4.50	4.65	4.80	4.94	5.08
	0.8	0.2	3.25	2.96	2.82	2.74	2.69	2.66	2.64	2.62	2.61	2.61	2.60
		0.4	3.33	3.05	2.93	2.87	2.84	2.83	2.83	2.83	2.84	2.85	2.87
		0.6	3.45	3.21	3.12	3.10	3.10	3.12	3.14	3.18	3.22	3.26	3.30
		0.8	3.63	3.44	3.39	3.41	3.45	3.51	3.57	3.64	3.71	3.79	3.86
		1.0	3.86	3.73	3.73	3.80	3.88	3.98	4.08	4.18	4.29	4.39	4.50
		1.2	4.13	4.07	4.13	4.24	4.36	4.50	4.64	4.78	4.91	5.05	5.18
	1.0	0.2	4.00	3.60	3.39	3.26	3.18	3.13	3.08	3.05	3.03	3.01	3.00
		0.4	4.06	3.67	3.48	3.37	3.30	3.26	3.23	3.21	3.21	3.20	3.20
		0.6	4.15	3.79	3.63	3.54	3.50	3.48	3.49	3.50	3.51	3.54	3.57
		0.8	4.29	3.97	3.84	3.80	3.79	3.81	3.85	3.90	3.95	4.01	4.07
		1.0	4.48	4.21	4.13	4.13	4.17	4.23	4.31	4.39	4.48	4.57	4.66
		1.2	4.70	4.49	4.47	4.52	4.60	4.71	4.82	4.94	5.07	5.19	5.31

$K_1=\frac{I_1}{I_3}\cdot\frac{H_3}{H_1}$

$K_2=\frac{I_2}{I_3}\cdot\frac{H_3}{H_2}$

$\eta_1=\frac{H_1}{H_3}\sqrt{\frac{N_1}{N_3}\cdot\frac{I_3}{I_1}}$

$\eta_2=\frac{H_2}{H_3}\sqrt{\frac{N_2}{N_3}\cdot\frac{I_3}{I_2}}$

N_1—上段柱的轴心力

N_2—中段柱的轴心力

N_3—下段柱的轴心力

（续）

简图：

$K_1=\frac{I_1}{I_3}\cdot\frac{H_3}{H_1}$

$K_2=\frac{I_2}{I_3}\cdot\frac{H_3}{H_2}$

$\eta_1=\frac{H_1}{H_3}\sqrt{\frac{N_1}{N_3}\cdot\frac{I_3}{I_1}}$

$\eta_2=\frac{H_2}{H_3}\sqrt{\frac{N_2}{N_3}\cdot\frac{I_3}{I_2}}$

N_1—上段柱的轴心力

N_2—中段柱的轴心力

N_3—下段柱的轴心力

η_1	η_2	$K_1=0.20$										
		K_2										
		0.2	0.3	0.4	0.5	0.6	0.7	0.8	0.9	1.0	1.1	1.2
		μ_3										
1.2	0.2	4.76	4.26	4.00	3.83	3.72	3.65	3.59	3.54	3.51	3.48	3.46
	0.4	4.81	4.32	4.07	3.91	3.82	3.75	3.70	3.67	3.65	3.63	3.62
	0.6	4.89	4.43	4.19	4.05	3.98	3.93	3.91	3.89	3.89	3.90	3.91
	0.8	5.00	4.57	4.36	4.26	4.21	4.20	4.21	4.23	4.26	4.30	4.34
	1.0	5.15	4.76	4.59	4.53	4.53	4.55	4.60	4.66	4.73	4.80	4.88
	1.2	5.34	5.00	4.88	4.87	4.91	4.98	5.07	5.17	5.27	5.38	5.49
1.4	0.2	5.53	4.94	4.62	4.42	4.29	4.19	4.12	4.06	4.02	3.98	3.95
	0.4	5.57	4.99	4.68	4.49	4.36	4.27	4.21	4.16	4.13	4.10	4.08
	0.6	5.64	5.07	4.78	4.60	4.49	4.42	4.38	4.35	4.33	4.32	4.32
	0.8	5.74	5.19	4.92	4.77	4.69	4.64	4.62	4.62	4.63	4.65	4.67
	1.0	5.86	5.35	5.12	5.00	4.95	4.94	4.96	4.99	5.03	5.09	5.15
	1.2	6.02	5.55	5.36	5.29	5.28	5.31	5.37	5.44	5.52	5.61	5.71

η_1	η_2	$K_1=0.30$										
		K_2										
		0.2	0.3	0.4	0.5	0.6	0.7	0.8	0.9	1.0	1.1	1.2
		μ_3										
0.2	0.2	2.05	2.05	2.06	2.07	2.08	2.09	2.09	2.10	2.11	2.12	2.13
	0.4	2.12	2.15	2.18	2.21	2.25	2.28	2.31	2.35	2.38	2.41	2.44
	0.6	2.25	2.33	2.41	2.48	2.56	2.63	2.69	2.76	2.83	2.89	2.95
	0.8	2.49	2.62	2.75	2.87	2.98	3.09	3.20	3.30	3.39	3.49	3.58
	1.0	3.82	3.00	3.17	3.33	3.48	3.63	3.76	3.90	4.02	4.15	4.27
	1.2	3.20	3.43	3.64	3.83	4.02	4.20	4.37	4.53	4.69	4.84	4.99
0.4	0.2	2.26	2.21	2.20	2.19	2.19	2.20	2.20	2.21	2.21	2.22	2.23
	0.4	2.36	2.33	2.33	2.35	2.38	2.40	2.43	2.46	2.49	2.51	2.54
	0.6	2.54	2.54	2.58	2.63	2.69	2.75	2.81	2.87	2.93	2.99	3.04
	0.8	2.79	2.83	2.91	3.01	3.10	3.20	3.30	3.39	3.48	3.57	3.66
	1.0	3.11	3.20	3.32	3.46	3.59	3.72	3.85	3.98	4.10	4.22	4.33
	1.2	3.47	3.60	3.77	3.95	4.12	4.28	4.45	4.60	4.75	4.90	5.04

（续）

简图	η_1	η_2	$K_1=0.30$										
			K_2										
			0.2	0.3	0.4	0.5	0.6	0.7	0.8	0.9	1.0	1.1	1.2
			μ_3										
	0.6	0.2	2.93	2.68	2.57	2.52	2.49	2.47	2.46	2.45	2.45	2.45	2.45
		0.4	3.02	2.79	2.71	2.67	2.66	2.66	2.67	2.69	2.70	2.72	2.74
		0.6	3.17	2.98	2.93	2.93	2.95	2.98	3.02	3.07	3.11	3.16	3.21
		0.8	4.37	3.24	3.23	3.27	3.33	3.41	3.48	3.56	3.64	3.72	3.80
		1.0	3.63	3.56	3.60	3.69	3.79	3.90	4.01	4.12	4.23	4.34	4.45
		1.2	3.94	3.92	4.02	4.15	4.29	4.43	4.58	4.72	4.87	5.01	5.14
	0.8	0.2	3.78	3.38	3.18	3.06	2.98	2.93	2.89	2.86	2.84	2.83	2.82
		0.4	3.85	3.47	3.28	3.18	3.12	3.09	3.07	3.06	3.06	3.06	3.06
		0.6	3.96	3.61	3.46	3.39	3.36	3.35	3.36	3.38	3.41	3.44	3.47
		0.8	4.12	3.82	3.70	3.67	3.68	3.72	3.76	3.82	3.88	3.94	4.01
		1.0	4.32	4.07	4.01	4.03	4.08	4.16	4.24	4.33	4.43	4.52	4.62
		1.2	4.57	4.38	4.38	4.44	4.54	4.66	4.78	4.90	5.03	5.16	5.29
	1.0	0.2	4.68	4.15	3.86	3.69	3.57	3.49	3.43	3.38	3.35	3.32	3.30
		0.4	4.73	4.21	3.94	3.78	3.68	3.61	3.57	3.54	3.51	3.50	3.49
		0.6	4.82	4.33	4.08	3.95	3.87	3.83	3.80	3.80	3.80	3.81	3.83
		0.8	4.94	4.49	4.28	4.18	4.14	4.13	4.14	4.17	4.20	4.25	4.29
		1.0	5.10	4.70	4.53	4.48	4.48	4.51	4.56	4.62	4.70	4.77	4.85
		1.2	5.30	4.95	4.84	4.83	4.88	4.96	5.05	5.15	5.26	5.37	5.48
	1.2	0.2	5.58	4.93	4.57	4.35	4.20	4.10	4.01	3.95	3.90	3.86	3.83
		0.4	5.62	4.98	4.64	4.43	4.29	4.19	4.12	4.07	4.03	4.01	3.98
		0.6	5.70	5.08	4.75	4.56	4.44	4.37	4.32	4.29	4.27	4.26	4.26
		0.8	5.80	5.21	4.91	4.75	4.66	4.61	4.59	4.59	4.60	4.62	4.65
		1.0	5.93	5.38	5.12	5.00	4.95	4.94	4.95	4.99	5.03	5.09	5.15
		1.2	6.10	5.59	5.38	5.31	5.30	5.33	5.39	5.46	5.54	5.63	5.73
	1.4	0.2	6.49	5.72	5.30	5.03	4.85	4.72	4.62	4.54	4.48	4.43	4.38
		0.4	6.53	5.77	5.35	5.10	4.93	4.80	4.71	4.64	4.59	4.55	4.51
		0.6	6.59	5.85	5.45	5.21	5.05	4.95	4.87	4.82	4.78	4.76	4.74
		0.8	6.68	5.96	5.59	5.37	5.24	5.15	5.10	5.08	5.06	5.06	5.07
		1.0	6.79	6.10	5.76	5.58	5.48	5.43	5.41	5.41	5.44	5.47	5.51
		1.2	6.93	6.28	5.98	5.84	5.78	5.76	5.79	5.83	5.89	5.95	6.03

简图说明：I_1、I_2、I_3；H_1、H_2、H_3

$$K_1=\frac{I_1}{I_3}\cdot\frac{H_3}{H_1}$$

$$K_2=\frac{I_2}{I_3}\cdot\frac{H_3}{H_2}$$

$$\eta_1=\frac{H_1}{H_3}\sqrt{\frac{N_1}{N_3}\cdot\frac{I_3}{I_1}}$$

$$\eta_2=\frac{H_2}{H_3}\sqrt{\frac{N_2}{N_3}\cdot\frac{I_3}{I_2}}$$

N_1—上段柱的轴心力

N_2—中段柱的轴心力

N_3—下段柱的轴心力

注：表中的计算长度系数 μ_3 值按下式计算：

$$\frac{\eta_1K_1}{\eta_2K_2}\cdot\tan\frac{\pi\eta_1}{\mu_3}\cdot\tan\frac{\pi\eta_2}{\mu_3}+\eta_1K_1\cdot\tan\frac{\pi\eta_1}{\mu_3}\cdot\tan\frac{\pi}{\mu_3}+\eta_2K_2\cdot\tan\frac{\pi\eta_2}{\mu_3}\cdot\tan\frac{\pi}{\mu_3}-1=0。$$

表 2-29　柱顶可移动但不转动的双阶柱下段的计算长度系数 μ_3

简图	η_1	η_2	$K_1=0.05$										
			K_2										
			0.2	0.3	0.4	0.5	0.6	0.7	0.8	0.9	1.0	1.1	1.2
			μ_3										
I_1 H_1 I_2 H_2 I_3 H_3 $K_1=\frac{I_1}{I_3}\cdot\frac{H_3}{H_1}$ $K_2=\frac{I_2}{I_3}\cdot\frac{H_3}{H_2}$ $\eta_1=\frac{H_1}{H_3}\sqrt{\frac{N_1}{N_3}\cdot\frac{I_3}{I_1}}$ $\eta_2=\frac{H_2}{H_3}\sqrt{\frac{N_2}{N_3}\cdot\frac{I_3}{I_2}}$ N_1—上段柱的轴心力 N_2—中段柱的轴心力 N_3—下段柱的轴心力	0.2	0.2	1.99	1.99	2.00	2.00	2.01	2.02	2.02	2.03	2.04	2.05	2.06
		0.4	2.03	2.06	2.09	2.12	2.16	2.19	2.22	2.25	2.29	2.32	2.35
		0.6	2.12	2.20	2.28	2.36	2.43	2.50	2.57	2.64	2.71	2.77	2.83
		0.8	2.28	2.43	2.57	2.70	2.82	2.94	3.04	3.15	3.25	3.34	3.43
		1.0	2.53	2.76	2.96	3.13	3.59	3.44	3.59	3.72	3.85	3.98	4.10
		1.2	2.86	3.15	3.39	3.61	3.80	3.99	4.16	4.33	4.49	4.64	4.79
	0.4	0.2	1.99	1.99	2.00	2.01	2.01	2.02	2.03	2.04	2.04	2.05	2.06
		0.4	2.03	2.06	2.09	2.13	2.16	2.19	2.23	2.26	2.29	2.32	2.35
		0.6	2.12	2.20	2.28	2.36	2.44	2.51	2.58	2.64	2.71	2.77	2.84
		0.8	2.29	2.44	2.58	2.71	2.83	2.94	3.05	3.15	3.25	3.35	3.44
		1.0	2.54	2.77	2.96	3.14	3.30	3.45	3.59	3.73	3.85	3.98	4.10
		1.2	2.87	3.15	3.40	2.61	3.81	3.99	4.17	4.33	4.49	4.65	4.79
	0.6	0.2	1.99	1.98	2.00	2.01	2.02	2.03	2.04	2.04	2.05	2.06	2.07
		0.4	2.04	2.07	2.10	2.14	2.17	2.20	2.23	2.27	2.30	2.33	2.36
		0.6	2.13	2.21	2.29	2.37	2.45	2.52	2.59	2.65	2.72	2.78	2.84
		0.8	2.30	2.45	2.59	2.72	2.84	2.95	3.06	3.16	3.26	3.35	3.44
		1.0	2.56	2.78	2.97	3.15	3.31	3.46	3.60	3.73	3.86	3.99	4.11
		1.2	2.89	3.17	3.41	3.62	3.82	4.00	4.17	4.34	4.50	4.65	4.80
	0.8	0.2	2.00	2.01	2.02	2.02	2.03	2.04	2.05	2.05	2.06	2.07	2.08
		0.4	2.05	2.08	2.12	2.15	2.18	2.21	2.25	2.28	2.31	2.34	2.37
		0.6	2.15	2.23	2.31	2.39	2.46	2.53	2.60	2.67	2.73	2.79	2.85
		0.8	2.32	2.47	2.61	2.73	2.85	2.96	3.07	3.17	3.27	3.36	3.45
		1.0	2.59	2.80	2.99	3.16	3.32	3.47	3.61	3.74	3.87	3.99	4.11
		1.2	2.92	3.19	3.42	3.63	3.83	4.01	4.18	4.35	4.51	4.66	4.81
	1.0	0.2	2.02	2.02	2.03	2.04	2.05	2.05	2.06	2.07	2.08	2.09	2.09
		0.4	2.07	2.10	2.14	2.17	2.20	2.23	2.26	2.30	2.33	2.36	2.39
		0.6	2.17	2.26	2.33	2.41	2.48	2.55	2.62	2.68	2.75	2.81	2.87
		0.8	2.36	2.50	2.63	2.76	2.87	2.98	3.08	3.19	3.28	3.38	3.47
		1.0	2.62	2.83	3.01	3.18	3.34	3.48	3.62	3.75	3.88	4.01	4.12
		1.2	2.95	3.21	3.44	3.65	3.82	4.02	4.20	4.36	4.52	4.67	4.81

（续）

简图

I_1 H_1 I_2 H_2 I_3 H_3

$$K_1=\frac{I_1}{I_3}\cdot\frac{H_3}{H_1}$$

$$K_2=\frac{I_2}{I_3}\cdot\frac{H_3}{H_2}$$

$$\eta_1=\frac{H_1}{H_3}\sqrt{\frac{N_1}{N_3}\cdot\frac{I_3}{I_1}}$$

$$\eta_2=\frac{H_2}{H_3}\sqrt{\frac{N_2}{N_3}\cdot\frac{I_3}{I_2}}$$

N_1—上段柱的轴心力

N_2—中段柱的轴心力

N_3—下段柱的轴心力

$K_1=0.05$

η_1	η_2	K_2=0.2	0.3	0.4	0.5	0.6	0.7	0.8	0.9	1.0	1.1	1.2
		μ_3										
1.2	0.2	2.04	2.05	2.06	2.06	2.07	2.08	2.09	2.09	2.10	2.11	2.12
	0.4	2.10	2.13	2.17	2.20	2.23	2.26	2.29	2.32	2.35	2.38	2.41
	0.6	2.22	2.29	2.37	2.44	2.51	2.58	2.64	2.71	2.77	2.83	2.89
	0.8	2.41	2.54	2.67	2.78	2.90	3.00	3.11	3.20	3.30	3.39	3.48
	1.0	2.68	2.87	3.04	3.21	3.36	3.50	3.64	3.77	3.90	4.02	4.14
	1.2	3.00	3.25	3.47	3.67	3.86	4.04	4.21	4.37	4.53	4.68	4.83
1.4	0.2	2.10	2.10	2.10	2.11	2.11	2.12	2.13	2.13	2.14	2.15	2.15
	0.4	2.17	2.19	2.21	2.24	2.27	2.30	2.33	2.36	2.39	2.41	2.44
	0.6	2.29	2.35	2.41	2.48	2.55	2.61	2.67	2.74	2.80	2.86	2.91
	0.8	2.48	2.60	2.71	2.82	2.93	3.03	3.13	3.23	3.32	3.41	3.50
	1.0	2.74	2.92	3.08	3.24	3.39	3.53	3.66	3.79	3.92	4.04	4.15
	1.2	3.06	3.29	3.50	3.70	3.89	4.06	4.23	4.39	4.55	4.70	4.84

$K_1=0.10$

η_1	η_2	K_2=0.2	0.3	0.4	0.5	0.6	0.7	0.8	0.9	1.0	1.1	1.2
		μ_3										
0.2	0.2	1.96	1.96	1.97	1.97	1.98	1.98	1.99	2.00	2.00	2.01	2.02
	0.4	2.00	2.02	2.05	2.08	2.11	2.14	2.17	2.20	2.23	2.26	2.29
	0.6	2.07	2.14	2.22	2.29	2.36	2.43	2.50	2.56	2.63	2.69	2.75
	0.8	2.20	2.35	2.48	2.61	2.73	2.84	2.94	3.05	3.14	3.24	3.33
	1.0	2.41	2.64	2.83	3.01	3.17	3.32	3.46	3.59	3.72	3.85	3.97
	1.2	2.70	2.99	3.23	3.45	3.65	3.84	4.01	4.18	4.34	4.49	4.64
0.4	0.2	1.96	1.97	1.97	1.98	1.98	1.99	2.00	2.00	2.01	2.02	2.03
	0.4	2.00	2.03	2.06	2.09	2.12	2.15	2.18	2.21	2.24	2.27	2.30
	0.6	2.08	2.15	2.23	2.30	2.37	2.44	2.51	2.57	2.64	2.70	2.76
	0.8	2.21	2.36	2.49	2.62	2.73	2.85	2.95	3.05	3.15	3.24	3.34
	1.0	2.43	2.65	2.84	3.02	3.18	3.33	3.47	3.60	3.73	3.85	3.97
	1.2	2.71	3.00	3.24	3.46	3.66	3.85	4.02	4.19	4.34	4.49	4.64

（续）

简图	η_1	η_2	$K_1=0.10$										
			K_2										
			0.2	0.3	0.4	0.5	0.6	0.7	0.8	0.9	1.0	1.1	1.2
			μ_3										
	0.6	0.2	1.97	1.98	1.98	1.99	2.00	2.00	2.01	2.02	2.02	2.03	2.04
		0.4	2.01	2.04	2.07	2.10	2.13	2.16	2.19	2.22	2.26	2.29	2.32
		0.6	2.09	2.17	2.24	2.32	2.39	2.46	2.52	2.59	2.65	2.71	2.77
		0.8	2.23	2.38	2.51	2.64	2.75	2.86	2.97	3.07	3.16	3.26	3.35
		1.0	2.45	2.68	2.86	3.03	3.19	3.34	3.48	3.61	3.74	3.86	3.98
		1.2	2.74	3.02	3.26	3.48	3.67	3.86	4.03	4.20	4.35	4.50	4.65
	0.8	0.2	1.99	1.99	2.00	2.01	2.01	2.02	2.03	2.04	2.04	2.05	2.06
		0.4	2.03	2.06	2.09	2.12	2.15	2.19	2.22	2.25	2.28	2.31	2.34
		0.6	2.12	2.19	2.27	2.34	2.41	2.48	2.55	2.61	2.67	2.73	2.79
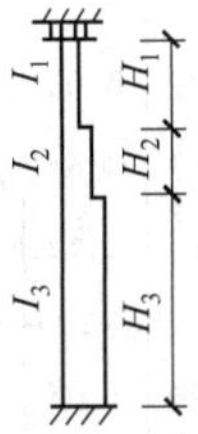		0.8	2.27	2.41	2.54	2.66	2.78	2.89	2.99	3.09	3.18	3.28	3.37
		1.0	2.49	2.70	2.89	3.06	3.21	3.36	3.50	3.63	3.76	3.88	4.00
		1.2	2.78	3.05	3.29	3.50	3.69	3.88	4.05	4.21	4.37	4.52	4.66
	1.0	0.2	2.01	2.02	2.03	2.04	2.04	2.05	2.06	2.07	2.07	2.08	2.09
		0.4	2.06	2.10	2.13	2.16	2.19	2.22	2.25	2.28	2.31	2.34	2.37
		0.6	2.16	2.24	2.31	2.38	2.45	2.51	2.58	2.64	2.70	2.76	2.82
		0.8	2.32	2.46	2.58	2.70	2.81	2.92	3.02	3.12	3.21	3.30	3.39
		1.0	2.55	2.75	2.93	3.09	3.25	3.39	3.53	3.66	3.78	3.90	4.02
		1.2	2.84	3.10	3.32	3.53	3.72	3.90	4.07	4.23	4.39	4.54	4.68
	1.2	0.2	2.07	2.08	2.08	2.09	2.09	2.10	2.11	2.11	2.12	2.13	2.13
		0.4	2.13	2.16	2.18	2.21	2.24	2.27	2.30	2.33	2.35	2.38	2.41
		0.6	2.24	2.30	2.37	2.43	2.50	2.56	2.63	2.68	2.74	2.80	2.86
		0.8	2.41	2.53	2.64	2.75	2.86	2.96	3.06	3.15	3.24	3.33	3.42
		1.0	2.64	2.82	2.98	3.14	3.29	3.43	3.56	3.69	3.81	3.93	4.04
		1.2	2.92	3.16	3.37	3.57	3.76	3.93	4.10	4.26	4.41	4.56	4.70
	1.4	0.2	2.20	2.18	2.17	2.17	2.17	2.18	2.18	2.19	2.19	2.20	2.20
		0.4	2.26	2.26	2.27	2.29	2.32	2.34	2.37	2.39	2.42	2.44	2.47
		0.6	2.37	2.41	2.46	2.51	2.57	2.63	2.68	2.74	2.80	2.85	2.91
		0.8	2.53	2.62	2.72	2.82	2.92	3.01	3.11	3.20	3.29	3.37	3.46
		1.0	2.75	2.90	3.05	3.20	3.34	3.47	3.60	3.72	3.84	3.96	4.07
		1.2	3.02	3.23	3.43	3.62	3.80	3.97	4.13	4.29	4.44	4.59	4.73

简图：I_1、I_2、I_3；H_1、H_2、H_3

$K_1=\frac{I_1}{I_3}\cdot\frac{H_3}{H_1}$

$K_2=\frac{I_2}{I_3}\cdot\frac{H_3}{H_2}$

$\eta_1=\frac{H_1}{H_3}\sqrt{\frac{N_1}{N_3}\cdot\frac{I_3}{I_1}}$

$\eta_2=\frac{H_2}{H_3}\sqrt{\frac{N_2}{N_3}\cdot\frac{I_3}{I_2}}$

N_1—上段柱的轴心力

N_2—中段柱的轴心力

N_3—下段柱的轴心力

（续）

简图	η_1	η_2	$K_1=0.20$										
			K_2										
			0.2	0.3	0.4	0.5	0.6	0.7	0.8	0.9	1.0	1.1	1.2
			μ_3										
I_1 H_1 I_2 H_2 I_3 H_3 $K_1=\frac{I_1}{I_3}\cdot\frac{H_3}{H_1}$ $K_2=\frac{I_2}{I_3}\cdot\frac{H_3}{H_2}$ $\eta_1=\frac{H_1}{H_3}\sqrt{\frac{N_1}{N_3}\cdot\frac{I_3}{I_1}}$ $\eta_2=\frac{H_2}{H_3}\sqrt{\frac{N_2}{N_3}\cdot\frac{I_3}{I_2}}$ N_1—上段柱的轴心力 N_2—中段柱的轴心力 N_3—下段柱的轴心力	0.2	0.2	1.94	1.93	1.93	1.93	1.93	1.93	1.94	1.94	1.95	1.95	1.96
		0.4	1.96	1.98	1.99	2.02	2.04	2.07	2.09	2.12	2.15	2.17	2.20
		0.6	2.02	2.07	2.13	2.19	2.26	2.32	2.38	2.44	2.50	2.56	2.62
		0.8	2.12	2.23	2.35	2.47	2.58	2.68	2.78	2.88	2.98	3.07	3.15
		1.0	2.28	2.47	2.65	2.82	2.97	3.12	3.26	3.39	3.51	3.63	3.75
		1.2	2.50	2.77	3.01	3.22	3.42	3.60	3.77	3.93	4.09	4.23	4.38
	0.4	0.2	1.93	1.93	1.93	1.93	1.94	1.94	1.95	1.95	1.96	1.96	1.97
		0.4	1.97	1.98	2.00	2.03	2.05	2.08	2.11	2.13	2.16	2.19	2.22
		0.6	2.03	2.08	2.14	2.21	2.27	2.33	2.40	2.46	2.52	2.58	2.63
		0.8	2.13	2.25	2.37	2.48	2.59	2.70	2.80	2.90	2.99	3.08	3.17
		1.0	2.29	2.49	2.67	2.83	2.99	3.13	3.27	3.40	3.53	3.64	3.76
		1.2	2.52	2.79	3.02	3.23	3.43	3.61	3.78	3.94	4.10	4.24	4.39
	0.6	0.2	1.95	1.95	1.95	1.95	1.96	1.96	1.97	1.97	1.98	1.98	1.99
		0.4	1.98	2.00	2.02	2.05	2.08	2.10	2.13	2.16	2.19	2.21	2.24
		0.6	2.04	2.10	2.17	2.23	2.30	2.36	2.42	2.48	2.54	2.60	2.66
		0.8	2.15	2.27	2.39	2.51	2.62	2.72	2.82	2.92	3.01	3.10	3.19
		1.0	2.32	2.52	2.70	2.86	3.01	3.16	3.29	3.42	3.55	3.66	3.78
		1.2	2.55	2.82	3.05	3.26	3.45	3.63	3.80	3.96	4.11	4.26	4.40
	0.8	0.2	1.97	1.97	1.98	1.98	1.99	1.99	2.00	2.01	2.01	2.02	2.03
		0.4	2.00	2.03	2.06	2.08	2.11	2.14	2.17	2.20	2.22	2.25	2.28
		0.6	2.08	2.14	2.21	2.27	2.34	2.40	2.46	2.52	2.58	2.64	2.69
		0.8	2.19	2.32	2.44	2.55	2.66	2.76	2.86	2.96	3.05	3.13	3.22
		1.0	2.37	2.57	2.74	2.90	3.05	3.19	3.33	3.45	3.58	3.69	3.81
		1.2	2.61	2.87	3.09	3.30	3.49	3.66	3.83	3.99	4.14	4.29	4.42
	1.0	0.2	2.01	2.02	2.03	2.03	2.04	2.05	2.05	2.06	2.07	2.07	2.08
		0.4	2.06	2.09	2.11	2.14	2.17	2.20	2.23	2.25	2.28	2.31	2.33
		0.6	2.14	2.21	2.27	2.34	2.40	2.46	2.52	2.58	2.63	2.69	2.74
		0.8	2.27	2.39	2.51	2.62	2.72	2.82	2.91	3.00	3.09	3.18	3.26
		1.0	2.46	2.64	2.81	2.96	3.10	3.24	3.37	3.50	3.61	3.73	3.84
		1.2	2.69	2.94	3.15	3.35	3.53	3.71	3.87	4.02	4.17	4.32	4.46

（续）

$K_1=0.20$

η_1	η_2	K_2=0.2	0.3	0.4	0.5	0.6	0.7	0.8	0.9	1.0	1.1	1.2
		μ_3										
1.2	0.2	2.13	2.12	2.12	2.13	2.13	2.14	2.14	2.15	2.15	2.16	2.16
	0.4	2.18	2.19	2.21	2.24	2.26	2.29	2.31	2.34	2.36	2.38	2.41
	0.6	2.27	2.32	2.37	2.43	2.49	2.54	2.60	2.65	2.70	2.76	2.81
	0.8	2.41	2.50	2.60	2.70	2.80	2.89	2.98	3.07	3.15	3.23	3.32
	1.0	2.59	2.74	2.89	3.04	3.17	3.30	3.43	3.55	3.66	3.78	3.89
	1.2	2.81	3.03	3.23	3.42	3.59	3.76	3.92	4.07	4.22	4.36	4.49
1.4	0.2	2.35	2.31	2.29	2.28	2.27	2.27	2.27	2.27	2.27	2.28	2.28
	0.4	2.40	2.37	2.37	2.38	2.39	2.41	2.43	2.45	2.47	2.49	2.51
	0.6	2.48	2.49	2.52	2.56	2.61	2.65	2.70	2.75	2.80	2.85	2.89
	0.8	2.60	2.66	2.73	2.82	2.90	2.98	3.07	3.15	3.23	3.31	3.38
	1.0	2.77	2.88	3.01	3.14	3.26	3.38	3.50	3.62	3.73	3.84	3.94
	1.2	2.97	3.15	3.33	3.50	3.67	3.83	3.98	4.13	4.27	4.41	4.54

$K_1=0.30$

η_1	η_2	K_2=0.2	0.3	0.4	0.5	0.6	0.7	0.8	0.9	1.0	1.1	1.2
		μ_3										
0.2	0.2	1.92	1.91	1.90	1.89	1.89	1.89	1.90	1.90	1.90	1.90	1.91
	0.4	1.95	1.95	1.96	1.97	1.99	2.01	2.04	2.06	2.08	2.11	2.13
	0.6	1.99	2.03	2.08	2.13	2.18	2.24	2.29	2.35	2.41	2.46	2.52
	0.8	2.07	2.16	2.27	2.37	2.47	2.57	2.66	2.75	2.84	2.93	3.01
	1.0	2.20	2.37	2.53	2.69	2.83	2.97	3.10	3.23	3.35	3.46	3.57
	1.2	2.39	2.63	2.85	3.05	3.24	3.42	3.58	3.74	3.89	4.03	4.17
0.4	0.2	1.92	1.91	1.91	1.90	1.90	1.91	1.91	1.91	1.92	1.92	1.92
	0.4	1.95	1.96	1.97	1.99	2.01	2.03	2.05	2.08	2.10	2.12	2.15
	0.6	2.00	2.04	2.09	2.14	2.20	2.26	2.31	2.37	2.42	2.48	2.53
	0.8	2.08	2.18	2.28	2.39	2.49	2.59	2.68	2.77	2.86	2.95	3.03
	1.0	2.22	2.39	2.55	2.71	2.85	2.99	3.12	3.24	3.36	3.48	3.59
	1.2	2.41	2.65	2.87	3.07	3.26	3.43	3.60	3.75	3.90	4.04	4.18

简图：

I_1 H_1 I_2 H_2 I_3 H_3

$$K_1=\frac{I_1}{I_3}\cdot\frac{H_3}{H_1}$$

$$K_2=\frac{I_2}{I_3}\cdot\frac{H_3}{H_2}$$

$$\eta_1=\frac{H_1}{H_3}\sqrt{\frac{N_1}{N_3}\cdot\frac{I_3}{I_1}}$$

$$\eta_2=\frac{H_2}{H_3}\sqrt{\frac{N_2}{N_3}\cdot\frac{I_3}{I_2}}$$

N_1—上段柱的轴心力

N_2—中段柱的轴心力

N_3—下段柱的轴心力

（续）

简图	η_1	η_2	$K_1=0.30$										
			K_2										
			0.2	0.3	0.4	0.5	0.6	0.7	0.8	0.9	1.0	1.1	1.2
			μ_3										
	0.6	0.2	1.93	1.93	1.92	1.92	1.93	1.93	1.93	1.94	1.94	1.95	1.95
		0.4	1.96	1.97	1.99	2.01	2.03	2.06	2.08	2.11	2.13	2.16	2.18
		0.6	2.02	2.06	2.12	2.17	2.23	2.29	2.35	2.40	2.46	2.51	2.57
		0.8	2.11	2.21	2.32	2.42	2.52	2.62	2.71	2.80	2.89	2.98	3.06
		1.0	2.25	2.42	2.59	2.74	2.88	3.02	3.15	3.27	3.39	3.50	3.61
		1.2	2.44	2.69	2.91	3.11	3.29	3.46	3.62	3.78	3.93	4.07	4.20
	0.8	0.2	1.96	1.95	1.96	1.96	1.97	1.97	1.98	1.98	1.99	1.99	2.00
		0.4	1.99	2.01	2.03	2.05	2.08	2.10	2.13	2.15	2.18	2.21	2.23
		0.6	2.05	2.10	2.16	2.22	2.28	2.34	2.40	2.45	2.51	2.56	2.81
		0.8	2.15	2.26	2.37	2.47	2.57	2.67	2.76	2.85	2.94	3.02	3.10
		1.0	2.30	2.48	2.64	2.79	2.93	3.07	3.19	3.31	3.43	3.54	3.65
		1.2	2.50	2.74	2.96	3.15	3.33	3.50	3.66	3.81	3.96	4.10	4.23
	1.0	0.2	2.01	2.02	2.02	2.03	2.04	2.04	2.05	2.06	2.06	2.07	2.07
		0.4	2.05	2.08	2.10	2.13	2.16	2.18	2.21	2.23	2.26	2.28	2.31
		0.6	2.13	2.19	2.25	2.30	2.36	2.42	2.47	2.53	2.58	2.63	2.68
		0.8	2.24	2.35	2.45	2.55	2.65	2.74	2.83	2.92	3.00	3.08	3.16
		1.0	2.40	2.57	2.72	2.86	3.00	3.13	3.25	3.37	3.48	3.59	3.70
		1.2	2.60	2.83	3.03	3.22	3.39	3.56	3.71	3.86	4.01	4.14	4.28
	1.2	0.2	2.17	2.16	2.16	2.16	2.16	2.16	2.17	2.17	2.18	2.18	2.19
		0.4	2.22	2.22	2.24	2.26	2.28	2.30	2.32	2.34	2.36	2.39	2.41
		0.6	2.29	2.33	2.38	2.43	2.48	2.53	2.58	2.62	2.67	2.72	2.77
		0.8	2.41	2.49	2.58	2.67	2.75	2.84	2.92	3.00	3.08	3.16	3.23
		1.0	2.56	2.69	2.83	2.96	3.09	3.21	3.33	3.44	3.55	3.66	3.76
		1.2	2.74	2.94	3.13	3.30	3.47	3.63	3.78	3.92	4.06	4.20	4.33
	1.4	0.2	2.45	2.40	2.37	2.35	2.35	2.34	2.34	2.34	2.34	2.34	2.34
		0.4	2.48	2.45	2.44	2.44	2.45	2.46	2.48	2.49	2.51	2.53	2.55
		0.6	2.55	2.54	2.56	2.60	2.63	2.67	2.71	2.75	2.80	2.84	2.88
		0.8	2.64	2.68	2.74	2.81	2.89	2.96	3.04	3.11	3.18	3.25	3.33
		1.0	2.77	2.87	2.98	3.09	3.20	3.32	3.43	3.53	3.64	3.74	3.84
		1.2	2.94	3.09	3.26	3.41	3.57	3.72	3.86	4.00	4.13	4.26	4.39

简图：I_1、I_2、I_3；H_1、H_2、H_3

$$K_1=\frac{I_1}{I_3}\cdot\frac{H_3}{H_1}$$

$$K_2=\frac{I_2}{I_3}\cdot\frac{H_3}{H_2}$$

$$\eta_1=\frac{H_1}{H_3}\sqrt{\frac{N_1}{N_3}\cdot\frac{I_3}{I_1}}$$

$$\eta_2=\frac{H_2}{H_3}\sqrt{\frac{N_2}{N_3}\cdot\frac{I_3}{I_2}}$$

N_1—上段柱的轴心力

N_2—中段柱的轴心力

N_3—下段柱的轴心力

注：表中的计算长度系数μ_3值按下式计算：

$$\frac{\eta_1 K_1}{\eta_2 K_2}\cdot \text{ctg}\frac{\pi\eta_1}{\mu_3}\cdot \text{ctg}\frac{\pi\eta_2}{\mu_3}+\frac{\eta_1 K_1}{(\eta_2 K_2)^2}\cdot \text{ctg}\frac{\pi\eta_1}{\mu_3}\cdot \text{ctg}\frac{\pi}{\mu_3}+\frac{1}{\eta_2 K_2}\cdot \text{ctg}\frac{\pi\eta_2}{\mu_3}\cdot \text{ctg}\frac{\pi}{\mu_3}-1=0。$$

b. 上段柱和中段柱的计算长度系数 μ_1 和 μ_2，应按下列公式计算：

$$\mu_1=\frac{\mu_3}{\eta_1} \tag{2-73}$$

$$\mu_2=\frac{\mu_3}{\eta_2} \tag{2-74}$$

2.6　连接

1）直角角焊缝应按下列规定进行强度计算。

① 在通过焊缝形心的拉力、压力或剪力作用下：

正面角焊缝（作用力垂直于焊缝长度方向）：

$$\sigma_f=\frac{N}{h_e l_w}\leqslant\beta_f f_f^w \tag{2-75}$$

侧面角焊缝（作用力平行于焊缝长度方向）：

$$\tau_f=\frac{N}{h_e l_w}\leqslant f_f^w \tag{2-76}$$

② 在各种力综合作用下，σ_f 和 τ_f 共同作用处：

$$\sqrt{\left(\frac{\sigma_f}{\beta_f}\right)^2+\tau_f^2}\leqslant f_f^w \tag{2-77}$$

式中　σ_f——按焊缝有效截面（$h_e l_w$）计算，垂直于焊缝长度方向的应力（N/mm^2）；

τ_f——按焊缝有效截面计算，沿焊缝长度方向的剪应力（N/mm^2）；

h_e——直角角焊缝的计算厚度（mm），当两焊件间距 $b\leqslant1.5$mm 时，$h_e=0.7h_f$；$1.5<b\leqslant5$mm 时，$h_e=0.7(h_f-b)$，h_f 为焊脚尺寸（图 2-14）；

l_w——角焊缝的计算长度（mm），对每条焊缝取其实际长度减去 $2h_f$；

f_f^w——角焊缝的强度设计值（N/mm^2）；

β_f——正面角焊缝的强度设计值增大系数：对承受静力荷载和间接承受动力荷载的结构，$\beta_f=1.22$；对直接承受动力荷载的结构，$\beta_f=1.0$。

2）两焊脚边夹角 $60°\leqslant\alpha\leqslant135°$ T 形连接的斜角角焊缝（图 2-15），其强度应按式（2-75）~式（2-77）计算，但取 $\beta_f=1.0$，其计算厚度 h_e（图 2-16）的计算应符合下列规定：

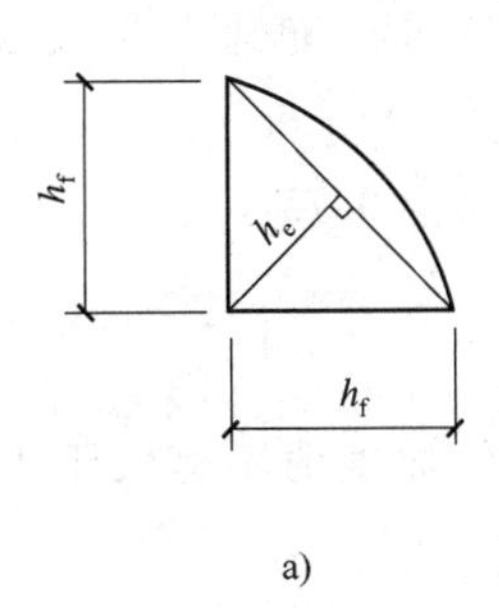

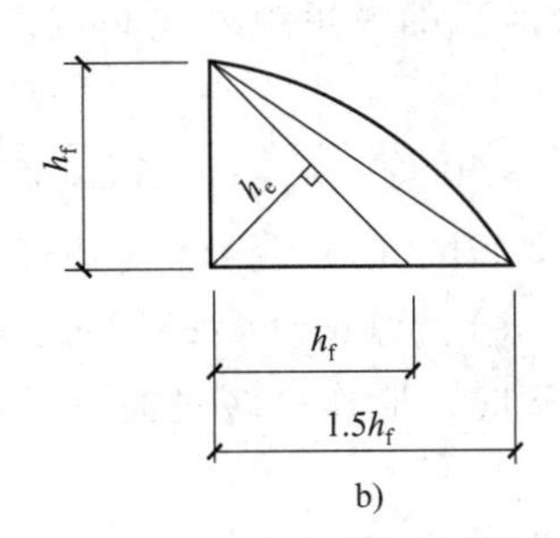

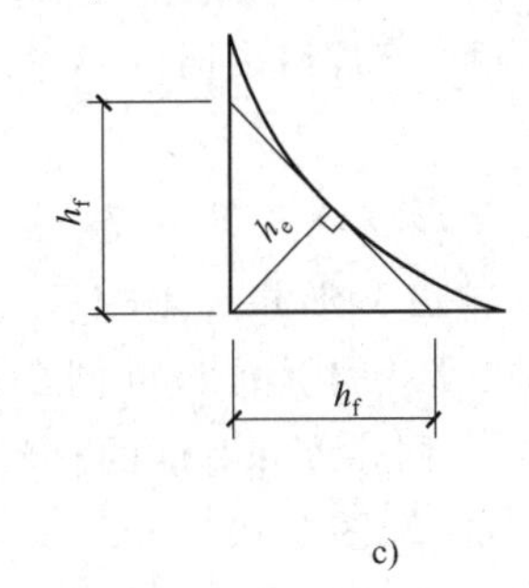

图 2-14　直角角焊缝截面

a）等边直角焊缝截面　b）不等边直角焊缝截面　c）等边凹形直角焊缝截面

① 当根部间隙 b、b_1 或 $b_2 \leqslant 1.5$mm 时，$h_e = h_f \cos\dfrac{\alpha}{2}$。

② 当根部间隙 b、b_1 或 $b_2 > 15$mm 但 $\leqslant 5$mm 时，$h_e = \left[h_f - \dfrac{b(\text{或 } b_1、b_2)}{\sin\alpha}\right]\cos\dfrac{\alpha}{2}$。

③ 当 $30° \leqslant \alpha \leqslant 60°$ 或 $\alpha < 30°$ 时，斜角角焊缝计算厚度 h_e 按现行国家标准《钢结构焊接规范》GB 50661—2011 的有关规定计算取值。

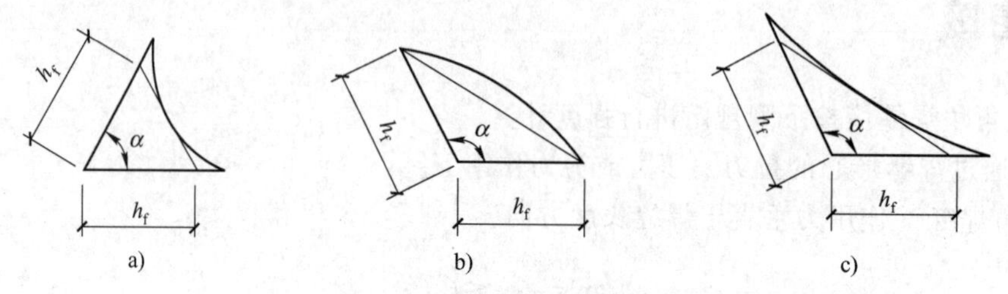

图 2-15　T 形连接的斜角角焊缝截面

a）凹形锐角焊缝截面　b）钝角焊缝截面　c）凹形钝角焊缝截面

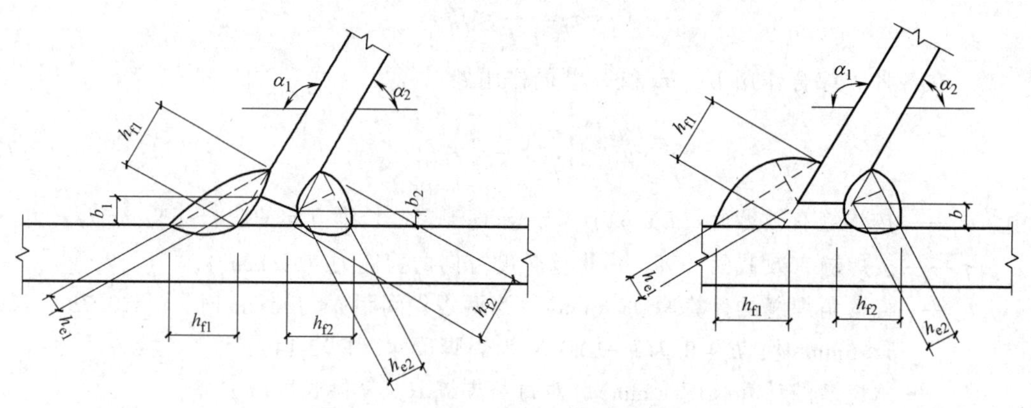

图 2-16　T 形连接的根部间隙和焊缝截面

3）部分熔透的对接焊接（见图 2-17）和 T 形对接与角接组合焊缝（见图 2-17c）的强度，应按式（2-75）~式（2-77）计算，当熔合线处焊缝截面边长等于或接近于最短距离 s 时，抗剪强度设计值应按角焊缝的强度设计值乘以 0.9。在垂直于焊缝长度方向的压力作用下，取 $\beta_f = 1.22$，其他情况取 $\beta_f = 1.0$，其计算厚度 h_e 宜按下列规定取值，其中 s 为坡口深度，即根部至焊缝表面（不考虑余高）的最短距离（mm）；α 为 V 形、单边 V 形或 K 形坡口角度：

① V 形坡口（图 2-17a）：当 $\alpha \geqslant 60°$ 时，$h_e = s$；当 $\alpha < 60°$ 时，$h_e = 0.75s$。

② 单边 V 形和 K 形坡口（图 2-17b、c）：当 $\alpha = (45 \pm 5)°$ 时，$h_e = s - 3$。

③ U 形和 J 形坡口（图 2-17d、e）：当 $\alpha = (45 \pm 5)°$ 时，$h_e = s$。

4）不同厚度和宽度的材料对接时，应作平缓过渡，其连接处坡度值不宜大于 1∶2.5（见图 2-18 和图 2-19）。

5）角焊缝的尺寸应符合下列规定：

① 角焊缝的最小计算长度应为其焊脚尺寸 h_f 的 8 倍，且不应小于 40mm；焊缝计算长

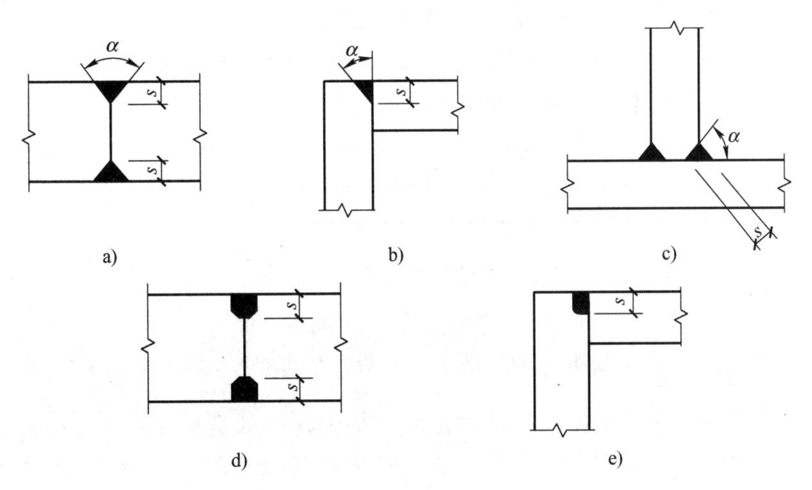

图 2-17 部分熔透的对接焊缝和 T 形对接与角接组合焊缝截面

a）V 形坡口 b）单边 V 形坡口 c）单边 K 形坡口 d）U 形坡口 e）J 形坡口

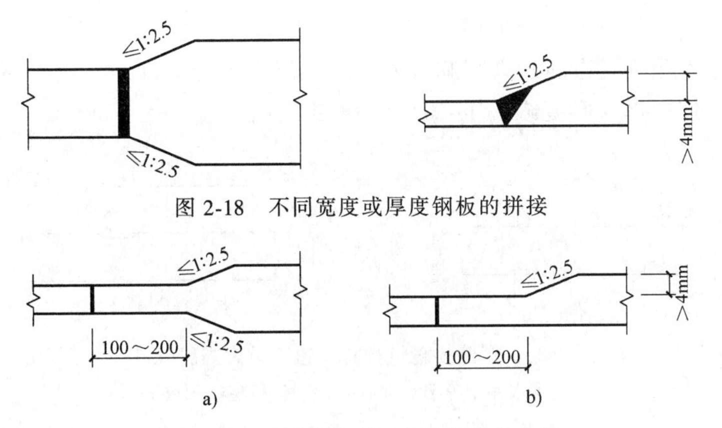

图 2-18 不同宽度或厚度钢板的拼接

图 2-19 不同宽度或厚度铸钢件的拼接

a）不同宽度对接 b）不同厚度对接

度应为扣除引弧、收弧长度后的焊缝长度。

② 断续角焊缝焊段的最小长度不应小于最小计算长度。

③ 角焊缝最小焊脚尺寸宜按表 2-30 取值，承受动荷载时角焊缝焊脚尺寸不宜小于 5mm。

④ 被焊构件中较薄板厚度不小于 25mm 时，宜采用开局部坡口的角焊缝。

⑤ 采用角焊缝焊接连接，不宜将厚板焊接到较薄板上。

表 2-30 角焊缝最小焊脚尺寸 （单位：mm）

母材厚度 t	角焊缝最小焊脚尺寸 h_f	母材厚度 t	角焊缝最小焊脚尺寸 h_f
$t\leqslant 6$	3	$12<t\leqslant 20$	6
$6<t\leqslant 12$	5	$t>20$	8

注：1. 采用不预热的非低氢焊接方法进行焊接时，t 等于焊接连接部位中较厚件厚度，宜采用单道焊缝；采用预热的非低氢焊接方法或低氢焊接方法进行焊接时，t 等于焊接连接部位中较薄件厚度。

2. 焊缝尺寸 h_f 不要求超过焊接连接部位中较薄件厚度的情况除外。

6）搭接连接角焊缝的尺寸及布置应符合下列规定：

① 传递轴向力的部件，其搭接连接最小搭接长度应为较薄件厚度的5倍，且不应小于25mm（见图2-20），并应施焊纵向或横向双角焊缝。

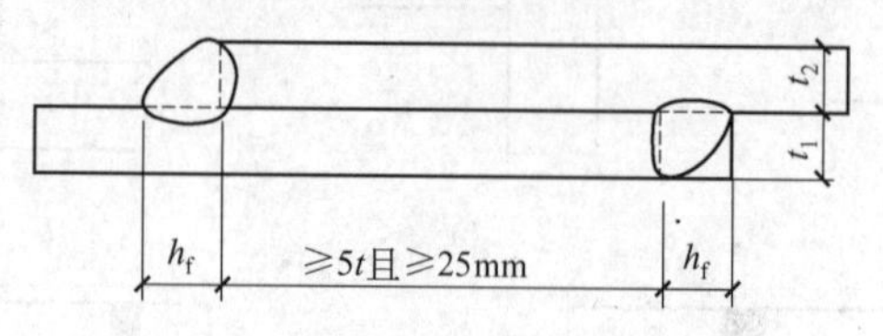

图2-20　搭接连接双角焊缝的要求

t—t_1 和 t_2 中较小者　h_f—焊脚尺寸，按设计要求

② 只采用纵向角焊缝连接型钢杆件端部时，型钢杆件的宽度不应大于200mm，当宽度大于200mm时，应加横向角焊缝或中间塞焊；型钢杆件每一侧纵向角焊缝的长度不应小于型钢杆件的宽度。

③ 型钢杆件搭接连接采用围焊时，在转角处应连续施焊。杆件端部搭接角焊缝作绕焊时，绕焊长度不应小于焊脚尺寸的2倍，并应连续施焊。

④ 搭接焊缝沿母材棱边的最大焊脚尺寸，当板厚不大于6mm时，应为母材厚度，当板厚大于6mm时，应为母材厚度减去1～2mm（图2-21）。

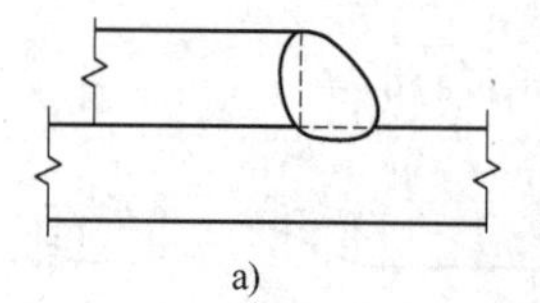

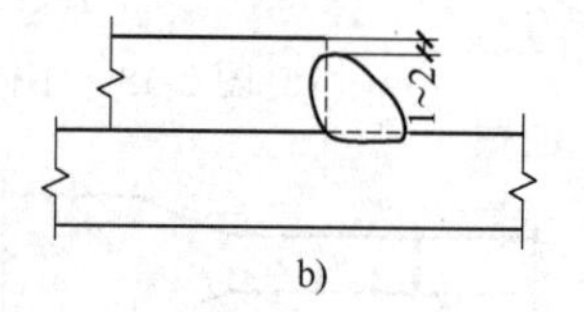

a)　　b)

图2-21　搭接焊缝沿母材棱边的最大焊脚尺寸

a）母材厚度小于等于6mm时　b）母材厚度大于6mm时

⑤ 用搭接焊缝传递荷载的套管连接可只焊一条角焊缝，其管材搭接长度 L 不应小于 $5(t_1+t_2)$，且不应小于25mm。搭接焊缝焊脚尺寸应符合设计要求（图2-22）。

7）高强度螺栓摩擦型连接应按下列规定计算：

① 在受剪连接中，每个高强度螺栓的承载力设计值按下式计算：

$$N_v^b = 0.9kn_f\mu P \tag{2-78}$$

式中　N_v^b——一个高强度螺栓的受剪承载力设计值（N）；

k——孔型系数，标准孔取1.0；大圆孔取0.85；内力与槽孔长向垂直时取0.7；内力与槽孔长向平行时取0.6；

n_f——传力摩擦面数目；

μ——摩擦面的抗滑移系数，按表2-31取值；

P——一个高强度螺栓的预拉力设计值（N），按表2-32取值。

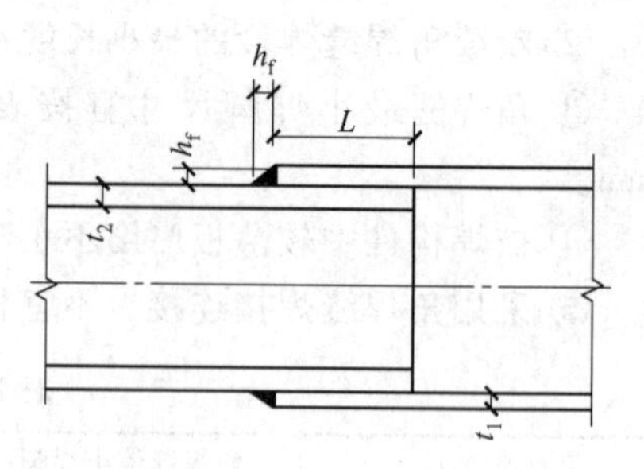

图2-22　管材套管连接的搭接焊缝最小长度

h_f—焊脚尺寸，按设计要求

表 2-31 钢材摩擦面的抗滑移系数 μ

连接处构件接触面的处理方法	构件的钢材牌号		
	Q235 钢	Q345 钢或 Q390 钢	Q420 钢或 Q460 钢
喷硬质硅砂或铸钢棱角砂	0.45	0.45	0.45
抛丸(喷砂)	0.40	0.40	0.40
钢丝刷清除浮锈或未经处理的干净轧制面	0.30	0.35	—

注：1. 钢丝刷除锈方向应与受力方向垂直。

2. 当连接构件采用不同钢材牌号时，μ 按相应较低强度者取值。

3. 采用其他方法处理时，其处理工艺及抗滑移系数值均需经试验确定。

表 2-32 一个高强度螺栓的预拉力设计值 P （单位：kN）

螺栓的承载性能等级	螺栓公称直径/mm					
	M16	M20	M22	M24	M27	M30
8.8 级	80	125	150	175	230	280
10.9 级	100	155	190	225	290	355

② 在螺栓杆轴方向受拉的连接中，每个高强度螺栓的承载力按下式计算：

$$N_t^b = 0.8P \tag{2-79}$$

③ 当高强度螺栓摩擦型连接同时承受摩擦面间的剪力和螺栓杆轴方向的外拉力时，其承载力应由下式计算：

$$\frac{N_v}{N_v^b}+\frac{N_t}{N_t^b}\leqslant 1 \tag{2-80}$$

式中 N_v、N_t——分别为某个高强度螺栓所承受的剪力和拉力（N）；

N_v^b、N_t^b——一个高强度螺栓的受剪、受拉承载力设计值（N）。

8）高强度螺栓连接的孔型尺寸匹配见表 2-33。

表 2-33 高强度螺栓连接的孔型尺寸匹配 （单位：mm）

螺栓公称直径			M12	M16	M20	M22	M24	M27	M30
孔型	标准孔	直径	13.5	17.5	22	24	26	30	33
	大圆孔	直径	16	20	24	28	30	35	38
	槽孔	短向	13.5	17.5	22	24	26	30	33
		长向	22	30	37	40	45	50	55

9）螺栓（铆钉）连接宜采用紧凑布置，其连接中心宜与被连接构件截面的重心相一致。螺栓或铆钉的间距、边距和端距容许值应符合表 2-34 的规定。

表 2-34 螺栓或铆钉的间距、边距和端距容许值

名称	位置和方向			最大容许间距(取两者的较小值)	最小容许间距
中心间距	外排(垂直内力方向或顺内力方向)			$8d_0$ 或 $12t$	$3d_0$
	中间排	垂直内力方向		$16d_0$ 或 $24t$	
		顺内力方向	构件受压力	$12d_0$ 或 $18t$	
			构件受拉力	$16d_0$ 或 $24t$	
	沿对角线方向			—	

（续）

名称	位置和方向			最大容许间距（取两者的较小值）	最小容许间距
中心至构件边缘距离	顺内力方向			$4d_0$ 或 $8t$	$2d_0$
	垂直内力方向	剪切边或手工切割边			$1.5d_0$
		轧制边、自动气割或锯削边	高强度螺栓		
			其他螺栓或铆钉		$1.2d_0$

注：1. d_0 为螺栓孔或铆钉的孔径，对槽孔为短向尺寸，t 为外层较薄板件的厚度。

2. 钢板边缘与刚性构件（如角钢、槽钢等）相连的高强度螺栓的最大间距，可按中间排的数值采用。

3. 计算螺栓孔引起的截面削弱时取 d+4mm 和 d_0 的较大者。

10）销轴连接的构造应符合下列规定（见图2-23）：

① 销轴孔中心应位于耳板的中心线上，其孔径与直径相差应不大于1mm。

② 耳板两侧宽厚比 b/t 不宜大于4，几何尺寸应符合下列规定：

$$a \geqslant \frac{4}{3}b_e \tag{2-81}$$

$$b_e = 2t+16 \leqslant b \tag{2-82}$$

式中　b——连接耳板两侧边缘与销轴孔边缘净距（mm）；

t——耳板厚度（mm）；

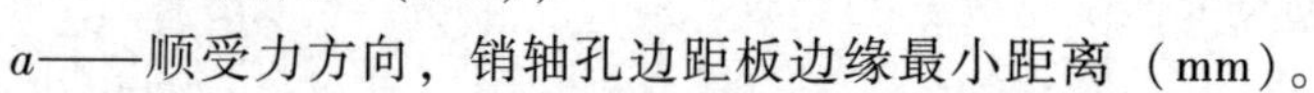

a——顺受力方向，销轴孔边距板边缘最小距离（mm）。

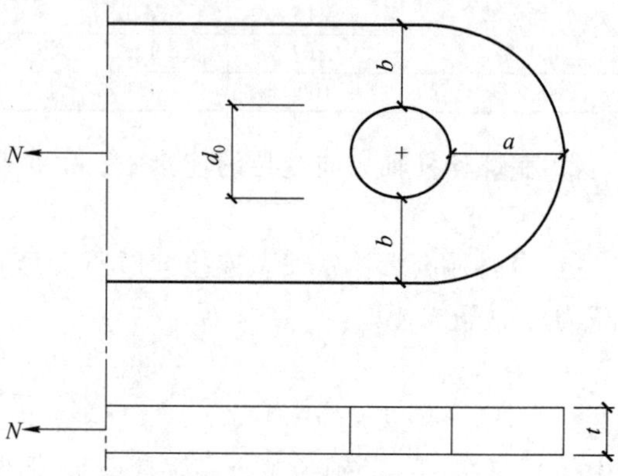

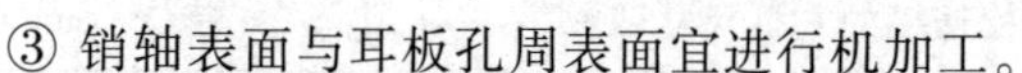

③ 销轴表面与耳板孔周表面宜进行机加工。

图2-23　销轴连接耳板

11）连接耳板应按下列公式进行抗拉、抗剪强度的计算：

① 耳板孔净截面处的抗拉强度

$$\sigma = \frac{N}{2tb_1} \leqslant f \tag{2-83}$$

$$b_1 = \min\left(2t + 16,\ b - \frac{d_0}{3}\right) \tag{2-84}$$

② 耳板端部截面抗拉（劈开）强度

$$\sigma = \frac{N}{2t\left(a - \dfrac{2d_0}{3}\right)} \leqslant f \tag{2-85}$$

③ 耳板抗剪强度

$$\tau = \frac{N}{2tZ} \leqslant f_v \tag{2-86}$$

$$Z=\sqrt{(a+d_0/2)^2-(d_0/2)^2} \quad (2\text{-}87)$$

式中 N——杆件轴向拉力设计值（N）；

b_1——计算宽度（mm）；

d_0——销轴孔径（mm）；

f——耳板抗拉强度设计值（N/mm^2）；

Z——耳板端部抗剪截面宽度（见图2-24）（mm）；

f_v——耳板钢材抗剪强度设计值（N/mm^2）。

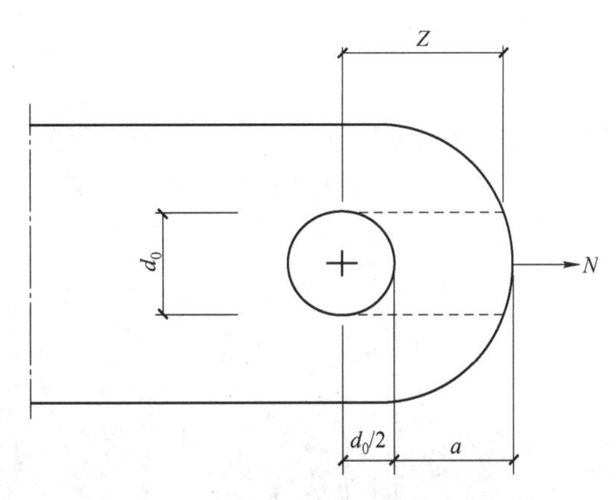

图 2-24 销轴连接耳板受剪面示意图

2.7 节点

1）连接节点处板件在拉、剪作用下的强度应按下列公式计算：

$$\frac{N}{\sum(\eta_i A_i)}\leqslant f \quad (2\text{-}88)$$

$$A_i=tl_i \quad (2\text{-}89)$$

$$\eta_i=\frac{1}{\sqrt{1+2\cos^2\alpha_i}} \quad (2\text{-}90)$$

式中 N——作用于板件的拉力（N）；

A_i——第 i 段破坏面的截面面积，当为螺栓连接时，应取净截面面积（mm^2）；

t——板件厚度（mm）；

l_i——第 i 破坏段的长度，应取板件中最危险的破坏线长度（见图2-25）(mm)；

η_i——第 i 段的拉剪折算系数；

α_i——第 i 段破坏线与拉力轴线的夹角。

2）桁架节点板（杆件轧制T形和双板焊接T形截面者除外）的强度除可按1）相关公式计算外，也可用有效宽度法按下式计算：

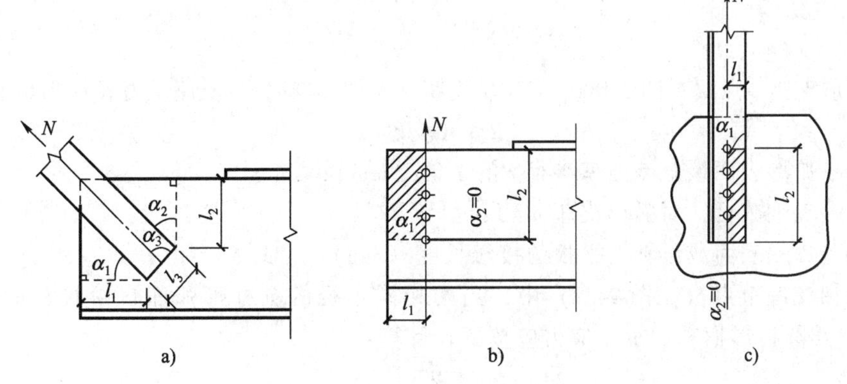

图 2-25 板件的拉、剪撕裂

a）焊缝连接 b）、c）螺栓连接

$$\sigma=\frac{N}{b_e t}\leqslant f \tag{2-91}$$

式中　b_e——板件的有效宽度（见图2-26）（mm）；当用螺栓（或铆钉）连接时，应减去孔径，孔径应取比螺栓（或铆钉）标称尺寸大4mm。

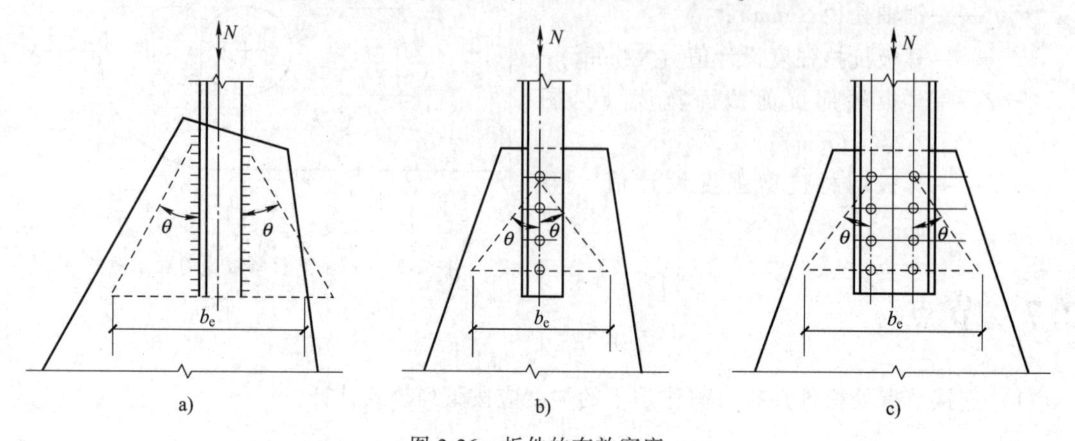

图2-26　板件的有效宽度

a）焊缝连接　b）、c）螺栓（铆钉）连接

θ—应力扩散角，焊接及单排螺栓时可取30°，多排螺栓时可取22°

3）杆件与节点板的连接焊缝（见图2-27）宜采用两面侧焊，也可以三面围焊，所有围焊的转角处必须连续施焊；弦杆与腹杆、腹杆与腹杆之间的间隙应不小于20mm，相邻角焊缝焊趾间净距不应小于5mm。

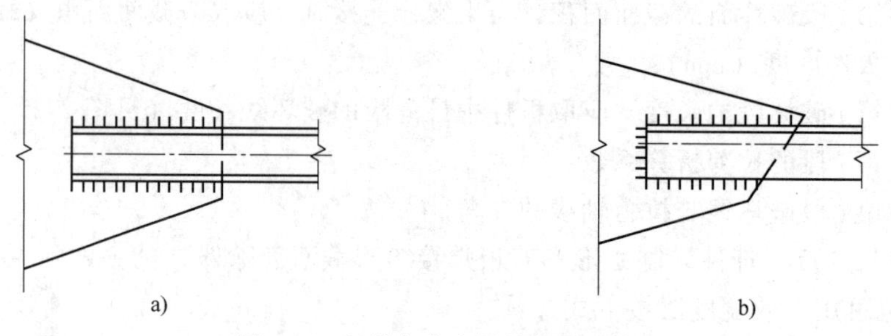

图2-27　杆件与节点板的焊缝连接

a）两面侧焊　b）三面围焊

4）弧形支座节点（见图2-28a）和辊轴支座（见图2-28b）的支座反力R应满足下式要求：

$$R\leqslant 40ndlf^2/E \tag{2-92}$$

式中　d——弧形表面接触点曲率半径r的2倍（mm）；

n——辊轴数目，对弧形支座$n=1$；

l——弧形表面或滚轴与平板的接触长度（mm）。

5）铰轴支座节点（见图2-29）中，当两相同半径的圆柱形弧面自由接触面的中心角$\theta\geqslant 90°$时，其圆柱形枢轴的承压应力应按下式计算：

$$\sigma=\frac{2R}{dl}\leqslant f \tag{2-93}$$

式中　d——枢轴直径（mm）；

l——枢轴纵向接触面长度（mm）。

6）外包式柱脚如图 2-30 所示。

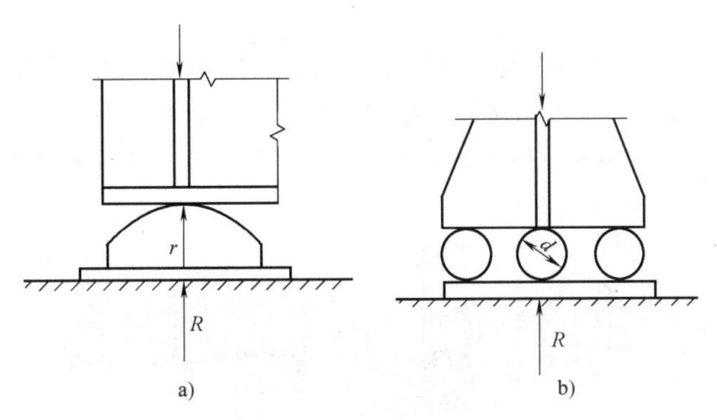

图 2-28　弧形支座与辊轴支座示意图

a）弧形支座　b）辊轴支座

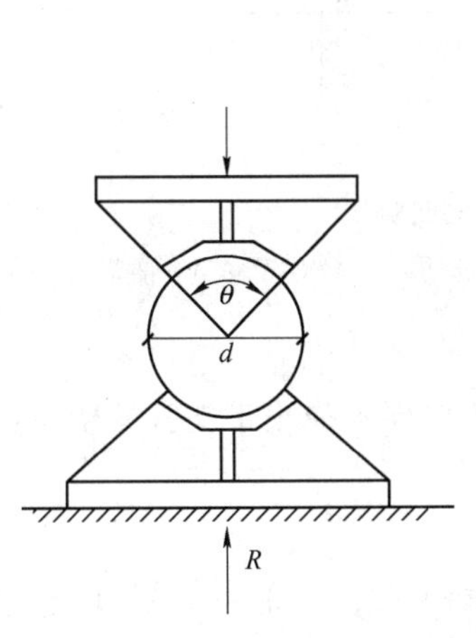

图 2-29　铰轴式支座示意图

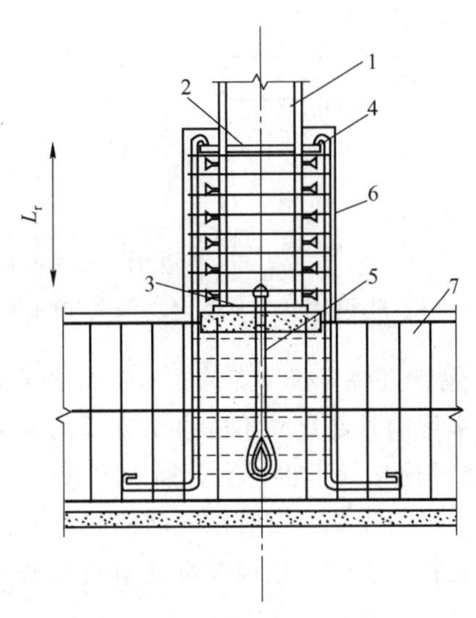

图 2-30　外包式柱脚

1—钢柱　2—水平加劲肋　3—柱底板

4—栓钉（可选）　5—锚栓　6—外包混凝土

7—基础梁　L_r—外包混凝土顶部箍筋至柱底板的距离

7）在插入式柱脚中，钢柱插入混凝土基础杯口的深度应符合表 2-35 的规定。

表 2-35　钢柱插入混凝土基础杯口的最小深度

柱截面形式	实腹柱	双肢格构柱（单杯口或双杯口）
最小插入深度 d_{min}	$1.5h_c$ 或 $1.5D$	$0.5h_c$ 和 $1.5b_c$（或 D）的较大值

注：1. 实腹 H 形柱或矩形管柱的 h_c 为截面高度（长边尺寸）；b_c 为柱截面宽度；D 为圆管柱的外径。

2. 格构柱的 h_c 为两肢垂直于虚轴方向最外边的距离，b_c 为沿虚轴方向的柱肢宽度。

3. 双肢格构柱柱脚插入混凝土基础杯口的最小深度不宜小于 500mm，亦不宜小于吊装时柱长度的 1/20。

2.8 钢管连接节点

1）采用无加劲直接焊接节点的钢管桁架，如节点偏心不超过式（2-94）限制时，在计算节点和受拉主管承载力时，可忽略因偏心引起的弯矩的影响，但受压主管应考虑此偏心弯矩 $M=\Delta N \cdot e$（ΔN 为节点两侧主管轴力之差值，e 为偏心矩，如图 2-31 所示）。

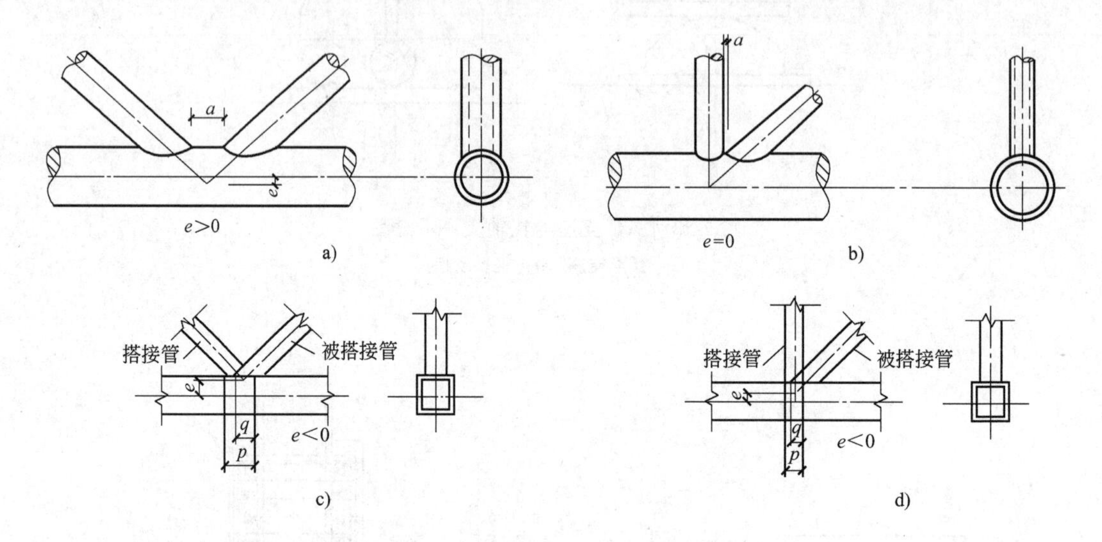

图 2-31 K 形和 N 形管节点的偏心和间隙

a）有间隙的 K 形节点 b）有间隙的 N 形节点 c）搭接的 K 形节点 d）搭接的 N 形节点

2）钢管直接焊接节点的构造应符合下列规定：

① 主管的外部尺寸不应小于支管的外部尺寸，主管的壁厚不应小于支管的壁厚，在支管与主管的连接处不得将支管插入主管内。

② 主管与支管或支管轴线间的夹角不宜小于 30°。

③ 支管与主管的连接节点处宜避免偏心；偏心不可避免时，其值不宜超过式（2-94）的限制：

$$-0.55 \leqslant e/D(\text{或 } e/h) \leqslant 0.25 \tag{2-94}$$

式中 e——偏心距，如图 2-31 所示；

D——圆管主管外径（mm）；

h——连接平面内的方（矩）形管主管截面高度（mm）。

④ 支管端部应使用自动切管机切割，支管壁厚小于 6mm 时可不切坡口。

⑤ 支管与主管的连接焊缝，除支管搭接符合本节 3）规定外，应沿全周连续焊接并平滑过渡；焊缝形式可沿全周采用角焊缝，或部分采用对接焊缝，部分采用角焊缝，其中在支管管壁与主管管壁之间的夹角大于或等于 120°的区域宜采用对接焊缝或带坡口的角焊缝，角焊缝的焊脚尺寸不宜大于支管壁厚的 2 倍；搭接支管周边焊缝宜为 2 倍支管壁厚。

⑥ 在主管表面焊接的相邻支管的间隙 a 不应小于两支管壁厚之和（见图 2-31a、b）。

3）支管搭接型的直接焊接节点的构造应符合下列要求：

① 支管搭接的平面K形或N形节点（见图2-32a、b），其搭接率$\eta_{ov}=q/p\times100\%$应满足$25\%\leqslant\eta_{ov}\leqslant100\%$，且应确保在搭接的支管之间的连接焊缝能可靠地传递内力。

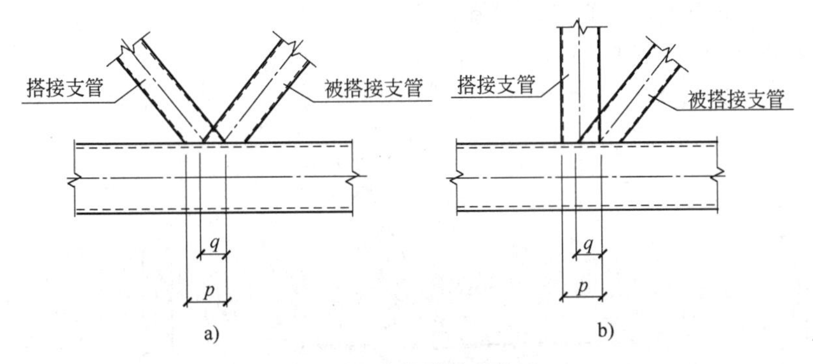

图2-32 支管搭接的构造

a）搭接的K形节点 b）搭接的N形节点

② 当互相搭接的支管外部尺寸不同时，外部尺寸较小者应搭接在尺寸较大者上；当支管壁厚不同时，较小壁厚者应搭接在较大壁厚者上；承受轴心压力的支管宜在下方。

4）无加劲直接焊接方式不能满足承载力要求时，可按下列规定在主管内设置横向加劲板：

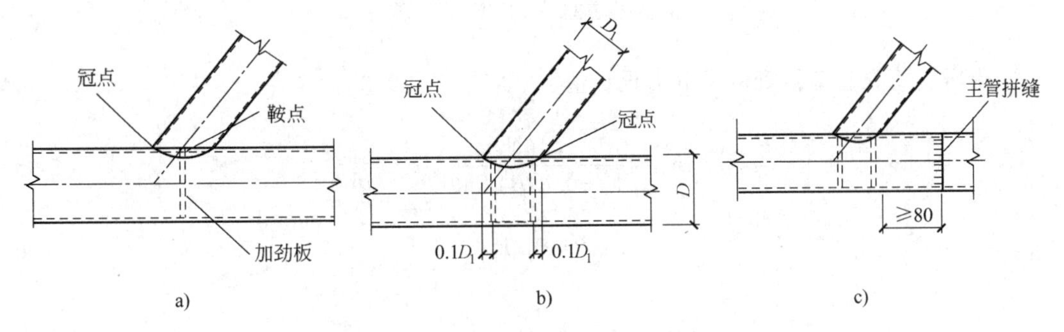

图2-33 支管为圆管时横向加劲板的位置

a）主管内设1道加劲板 b）主管内设2道加劲板 c）主管拼接焊缝位置

① 支管以承受轴力为主时，可在主管内设1道或2道加劲板（见图2-33a、b）；节点需满足抗弯连接要求时，应设2道加劲板；加劲板中面宜垂直于主管轴线；当主管为圆管，设置1道加劲板时，加劲板宜设置在支管与主管相贯面的鞍点处，设置2道加劲板时，加劲板宜设置在距相贯面冠点$0.1D_1$附近（见图2-33b），D_1为支管外径；主管为方管时，加劲肋宜设置2块（见图2-34）。

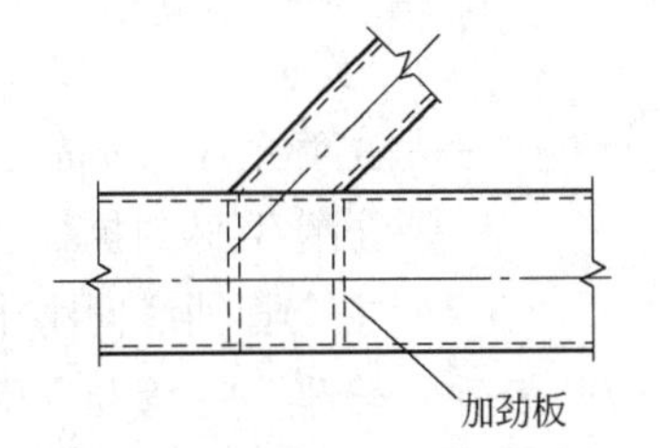

图2-34 支管为方管或矩形管时加劲板的位置

② 加劲板厚度不得小于支管壁厚，也不宜小于主管壁厚的2/3和主管内径的1/40；加劲板中央开孔时，环板宽度与板厚的比值不宜大于$15\varepsilon_k$。

③ 加劲板宜采用部分熔透焊缝焊接，主管为方管的加劲板靠支管一边与两侧边宜采用部分熔透焊接，与支管连接反向一边可不焊接。

④ 当主管直径较小，加劲板的焊接必须断开主管钢管时，主管的拼接焊缝宜设置在距

支管相贯焊缝最外侧冠点 80mm 以外处（见图 2-33c）。

5）无加劲直接焊接的平面节点，当支管按仅承受轴心力的构件设计时，支管在节点处的承载力设计值不得小于其轴心力设计值。

① 平面 X 形节点（见图 2-35）。

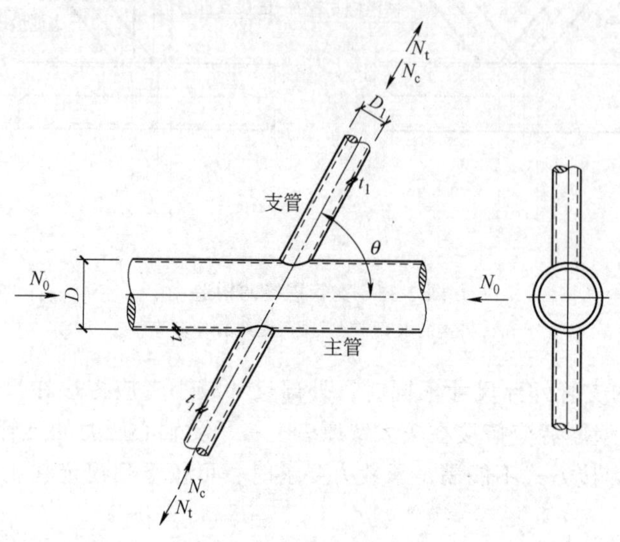

图 2-35 X 形节点

a. 受压支管在管节点处的承载力设计值 N_{cX} 应按下式计算：

$$N_{cX}=\frac{5.45}{(1-0.81\beta)\sin\theta}\psi_n t^2 f \tag{2-95}$$

$$\beta=D_i/D \tag{2-96}$$

$$\psi_n=1-0.3\frac{\sigma}{f_y}-0.3\left(\frac{\sigma}{f_y}\right)^2 \tag{2-97}$$

式中 ψ_n——参数，当节点两侧或者一侧主管受拉时，取 $\psi_n=1$，其余情况按式（2-97）计算；

t——主管壁厚（mm）；

f——主管钢材的抗拉、抗压和抗弯强度设计值（N/mm^2）；

θ——主支管轴线间小于直角的夹角（°）；

D、D_i——分别为主管和支管的外径（mm）；

f_y——主管钢材的屈服强度（N/mm^2）；

σ——节点两侧主管轴心压应力较小值的绝对值（N/mm^2）。

b. 受拉支管在管节点处的承载力设计值 N_{tX} 应按下式计算：

$$N_{tX}=0.78\left(\frac{D}{t}\right)^{0.2}N_{cX} \tag{2-98}$$

② 平面 T 形（或 Y 形）节点（见图 2-36 和图 2-37）。

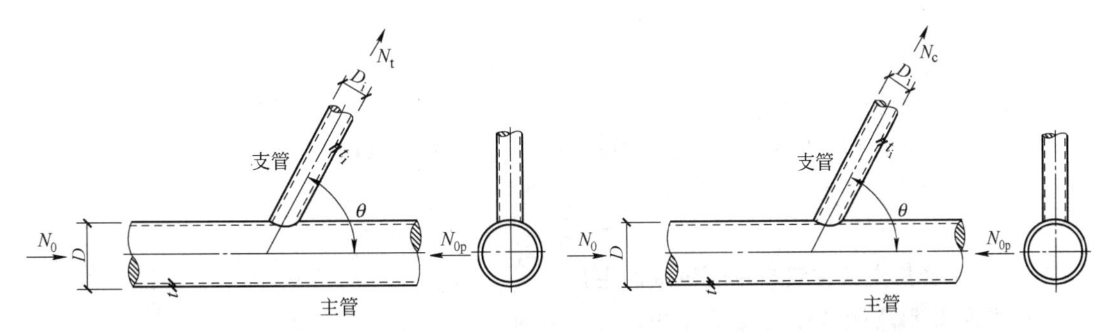

图 2-36 T 形（或 Y 形）受拉节点　　图 2-37 T 形（或 Y 形）受压节点

a. 受压支管在管节点处的承载力设计值 N_{cT} 应按下式计算：

$$N_{cT}=\frac{11.51}{\sin\theta}\left(\frac{D}{t}\right)^{0.2}\psi_n\psi_d t^2 f \tag{2-99}$$

当 $\beta \leqslant 0.7$ 时：

$$\psi_d=0.069+0.93\beta \tag{2-100}$$

当 $\beta>0.7$ 时：

$$\psi_d=2\beta-0.68 \tag{2-101}$$

b. 受拉支管在管节点处的承载力设计值 N_{tT} 应按下式计算：

当 $\beta \leqslant 0.6$ 时：

$$N_{tT}=1.4N_{cT} \tag{2-102}$$

当 $\beta>0.6$ 时：

$$N_{tT}=(2-\beta)N_{cT} \tag{2-103}$$

③ 平面 K 形间隙节点（见图 2-38）。

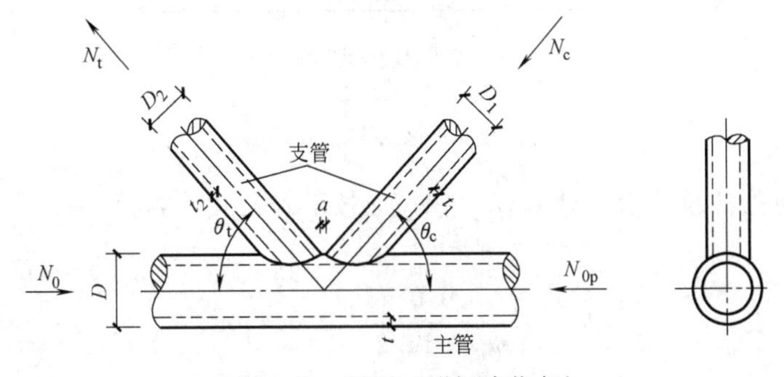

图 2-38 平面 K 形间隙节点

a. 受压支管在管节点处的承载力设计值 N_{cK} 按下式计算：

$$N_{cK}=\frac{11.51}{\sin\theta_c}\left(\frac{D}{t}\right)^{0.2}\psi_n\psi_d\psi_a t^2 f \tag{2-104}$$

$$\psi_a=1+\left(\frac{2.19}{1+7.5\frac{a}{D}}\right)\left(1-\frac{20.1}{6.6+\frac{D}{t}}\right)(1-0.77\beta) \tag{2-105}$$

式中 θ_c——受压支管轴线与主管轴线的夹角（°）；

ψ_a——参数，按式（2-105）计算；

ψ_d——参数，按式（2-100）或式（2-101）计算；

a——两支管之间的间隙（mm）。

b. 受拉支管在管节点处的承载力设计值 N_{tK} 应按下式计算：

$$N_{tK}=\frac{\sin\theta_c}{\sin\theta_t}N_{cK} \tag{2-106}$$

式中　θ_t——受拉支管轴线与主管轴线的夹角。

④ 平面 K 形搭接节点（见图 2-39）。

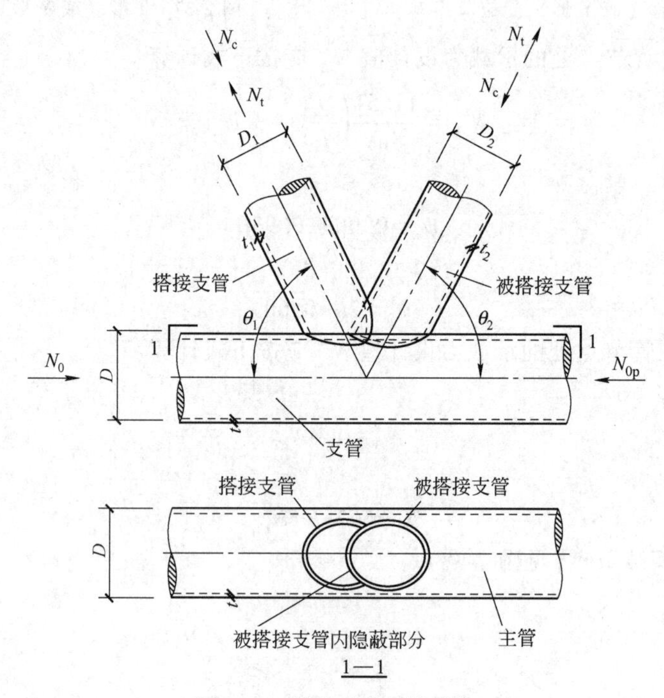

图 2-39　平面 K 形搭接节点

支管在管节点处的承载力设计值 N_{cK}、N_{tK} 应按下列公式计算：

受压支管：

$$N_{cK}=\left(\frac{29.0}{\psi_q+25.2}-0.074\right)A_c f \tag{2-107}$$

受拉支管：

$$N_{tk}=\left(\frac{29.0}{\psi_q+25.2}-0.074\right)A_t f \tag{2-108}$$

$$\psi_q=\beta^{\eta_{ov}}\gamma\tau^{0.8-\eta_{ov}} \tag{2-109}$$

$$\gamma=D/(2t) \tag{2-110}$$

$$\gamma=t_i/t \tag{2-111}$$

式中　ψ_q——参数；

A_c、A_t——分别为受压、受拉支管的截面面积（mm²）；

f——支管钢材的强度设计值（N/mm²）；

t_i——支管壁厚（mm）。

⑤ 平面 DY 形节点（见图 2-40）。

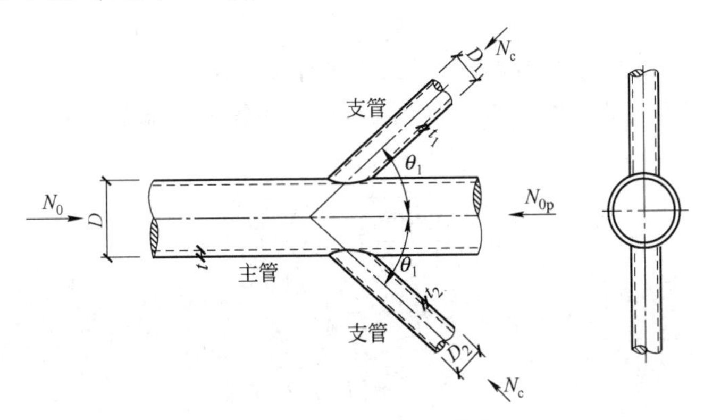

图 2-40 平面 DY 形节点

两受压支管在管节点处的承载力设计值 N_{cDY} 应按下式计算：

$$N_{cDY}=N_{cX} \tag{2-112}$$

式中 N_{cX}——X 形节点中受压支管极限承载力设计值（N）。

⑥ 平面 DK 形节点。

a. 荷载正对称节点（见图 2-41）

四支管同时受压时，支管在管节点处的承载力应按下列公式验算：

$$N_1\sin\theta_1+N_2\sin\theta_2\leqslant N_{cXi}\sin\theta_i \tag{2-113}$$

$$N_{cXi}\sin\theta_i=\max(N_{cX1}\sin\theta_1,\ N_{cX2}\sin\theta_2) \tag{2-114}$$

四支管同时受拉时，支管在管节点处的承载力应按下列公式验算：

$$N_1\sin\theta_1+N_2\sin\theta_2\leqslant N_{tXi}\sin\theta_i \tag{2-115}$$

$$N_{tXi}\sin\theta_i=\max(N_{tX1}\sin\theta_1,\ N_{tX2}\sin\theta_2) \tag{2-116}$$

式中 N_{cX1}、N_{cX2}——X 形节点中支管受压时节点承载力设计值（N）；

N_{tX1}、N_{tX2}——X 形节点中支管受拉时节点承载力设计值（N）。

b. 荷载反对称节点（见图 2-42）。

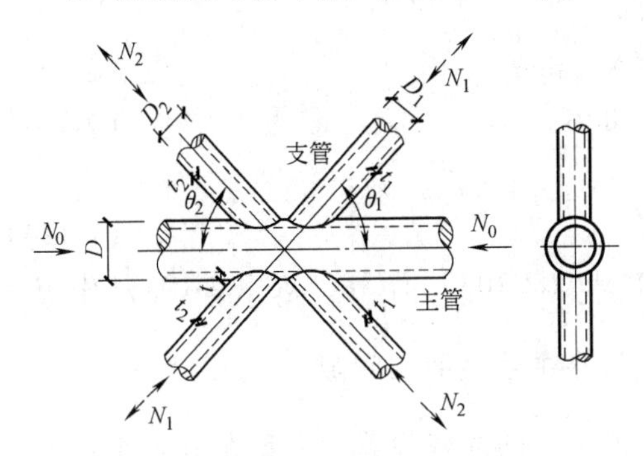

图 2-41 荷载正对称平面 *DK* 形节点

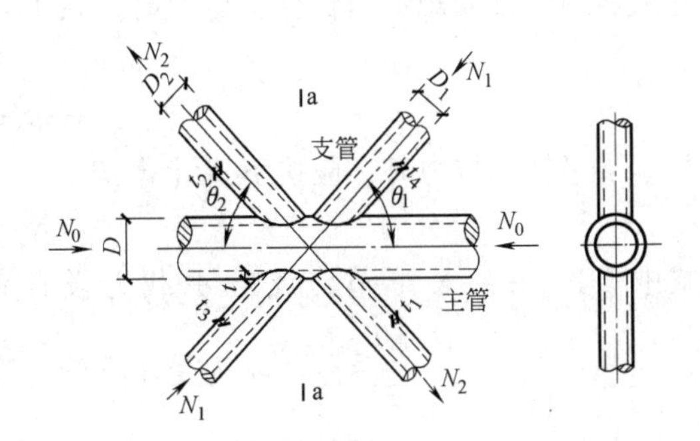

图 2-42 荷载反对称平面 *DK* 形节点

$$N_1 \leqslant N_{cK} \tag{2-117}$$

式中 N_{cK}——平面K形节点中受压支管承载力设计值（N）。

$$N_2 \leqslant N_{tK} \tag{2-118}$$

式中 N_{tK}——平面K形节点中受拉支管承载力设计值（N）。

对于荷载反对称作用的间隙节点（见图2-42），还需补充验算截面a-a的塑性剪切承载力：

$$\sqrt{\left(\frac{\sum N_i \sin\theta_i}{V_{p1}}\right)^2 + \left(\frac{N_a}{N_{p1}}\right)^2} \leqslant 1 \tag{2-119}$$

$$V_{p1} = \frac{2}{\pi} A f_v \tag{2-120}$$

$$N_{p1} = \pi(D-t)tf \tag{2-121}$$

式中 V_{p1}——主管剪切承载力设计值（N）；

A——主管截面面积（mm^2）；

f_v——主管钢材抗剪强度设计值（N/mm^2）；

N_{p1}——主管轴向承载力设计值（N）；

N_a——截面a-a处主管轴力设计值（N）。

⑦ 平面KT形（见图2-43）。

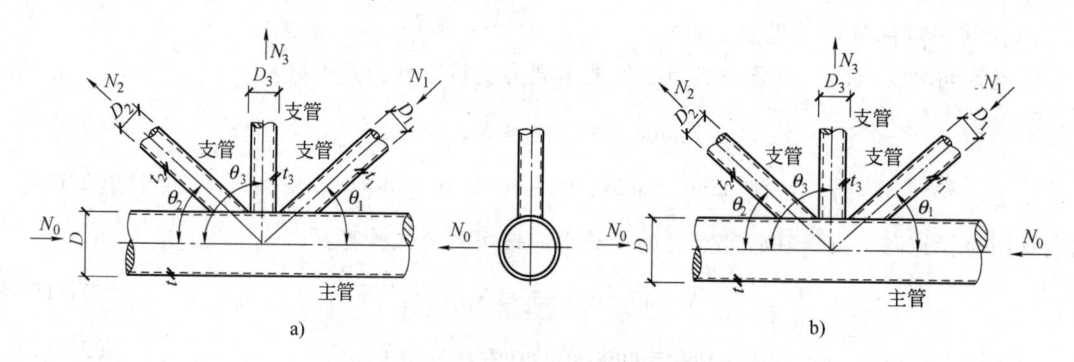

图2-43 平面KT形节点

a）N_1、N_3受压 b）N_2、N_3受拉

对有间隙的KT形节点，当竖杆不受力，可按没有竖杆的K形节点计算，其间隙值 a 取为两斜杆的趾间距；当竖杆受压力时，按下式计算：

$$N_1\sin\theta_1 + N_3\sin\theta_3 \leqslant N_{cK1}\sin\theta_1 \tag{2-122}$$

$$N_2\sin\theta_2 \leqslant N_{cK1}\sin\theta_1 \tag{2-123}$$

当竖杆受拉力时，应按下式计算：

$$N_1 \leqslant N_{cK1} \tag{2-124}$$

式中 N_{cK1}——K形节点支管承载力设计值，由式（2-104）计算，式（2-105）中 $\beta = \dfrac{D_1+D_2+D_3}{3D}$，$a$ 为受压支管与受拉支管在主管表面的间隙。

⑧ T、Y、X形和有间隙的K、N形、平面KT形节点的冲剪验算，支管在节点处的冲剪承载力设计值 N_{si} 应按照下式进行补充验算：

$$N_{si}=\pi\frac{1+\sin\theta_i}{2\sin^2\theta_i}tD_if_v \tag{2-125}$$

6）无加劲直接焊接的空间节点，当支管按仅承受轴力的构件设计时，支管在节点处的承载力设计值不得小于其轴心力设计值。

① 空间 TT 形节点（见图 2-44）。

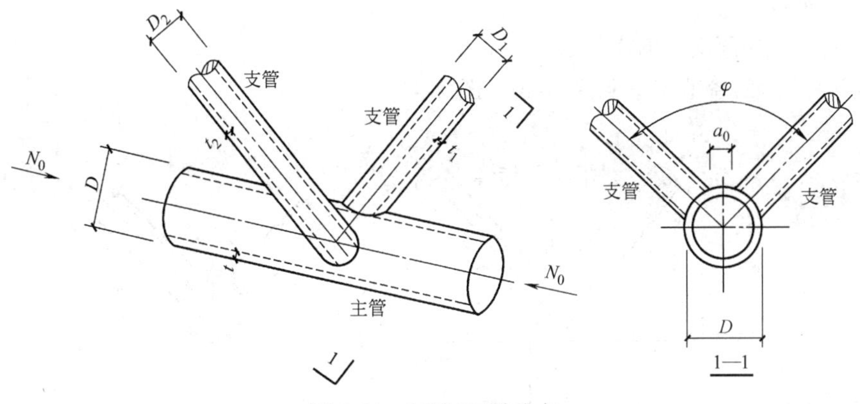

图 2-44 空间 *TT* 形节点

a. 受压支管在管节点处的承载力设计值 N_{cTT} 应按下式计算：

$$N_{cTT}=\psi_{a0}N_{cT} \tag{2-126}$$

$$\psi_{a0}=1.28-0.64\frac{a_0}{D}\leqslant 1.1 \tag{2-127}$$

式中 a_0——两支管的横向间隙。

b. 受拉支管在管节点处的承载力设计值 N_{tTT} 应按下式计算：

$$N_{tTT}=N_{cTT} \tag{2-128}$$

② 空间 KK 形节点（见图 2-45）。

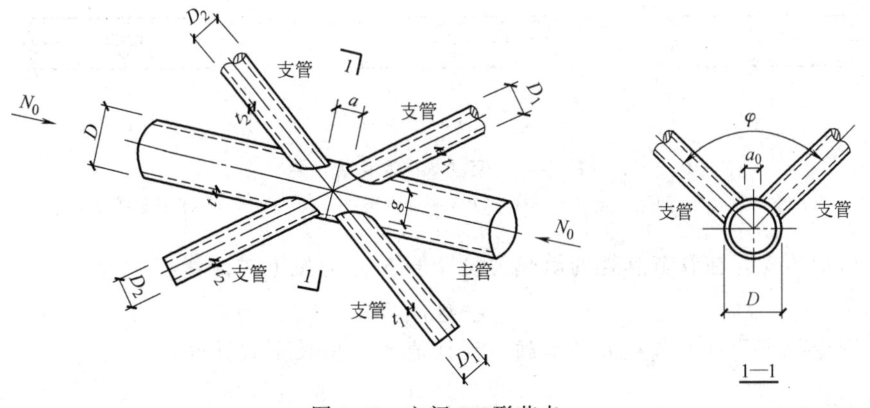

图 2-45 空间 *KK* 形节点

受压或受拉支管在空间管节点处的承载力设计值 N_{cKK} 或 N_{tKK} 应分别按平面 K 形节点相应支管承载力设计值 N_{cK} 或 N_{tK} 乘以空间调整系数 μ_{KK} 计算。

当支管为非全搭接型时：

$$\mu_{KK}=0.9 \tag{2-129}$$

当支管为全搭接型时：

$$\mu_{KK}=0.74\gamma^{0.1}\exp(0.6\zeta_t) \tag{2-130}$$

$$\zeta_t=\frac{q_0}{D} \tag{2-131}$$

式中　ζ_t——参数；

q_0——平面外两支管的搭接长度（mm）。

③ 空间 KT 形圆管节点（见图 2-46、图 2-47）。

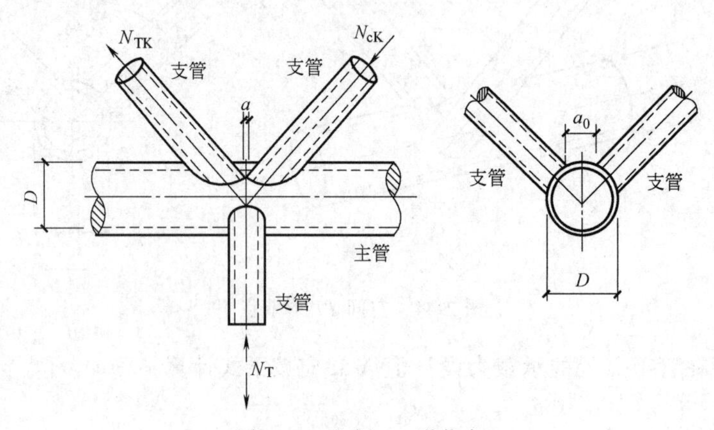

图 2-46　空间 KT 形节点

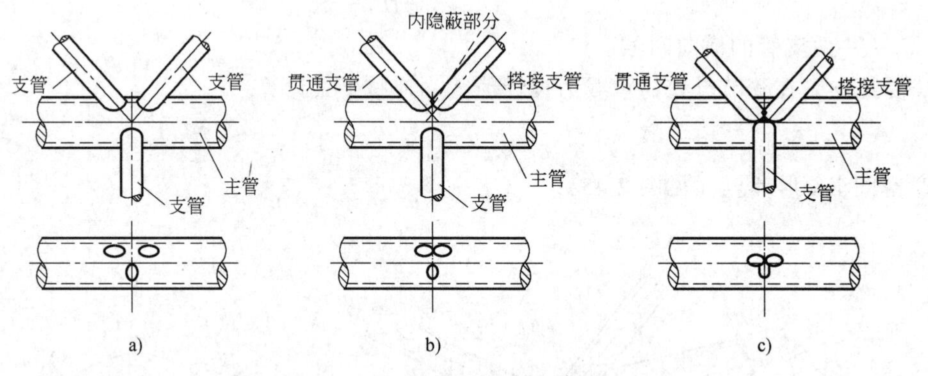

图 2-47　空间 KT 形节点分类

a）空间隔 KT 形间隙节点　b）空间 KT 形平面内搭接节点　c）空间 KT 形全搭接节点

a. K 形受压支管在管节点处的承载力设计值 N_{cKT} 应按下式计算：

$$N_{cKT}=Q_n\mu_{KT}N_{cK} \tag{2-132}$$

b. K 形受拉支管在管节点处的承载力设计值 N_{tKT} 应按下式计算：

$$Q_n=\frac{1}{1+\frac{0.7n_{TK}^2}{1+0.6n_{TK}^2}} \tag{2-133}$$

$$n_{TK}=N_T/|N_{cK}| \tag{2-134}$$

c. T 形支管在管节点处的承载力设计值 N_{KT} 应按下式计算：

$$\mu_{KT}=\begin{cases}1.15\beta_T^{0.07}\exp(-0.2\zeta_0) & \text{空间 KT 形间隙节点}\\ 1.0 & \text{空间 KT 形平面内搭接节点}\\ 0.74\gamma^{0.1}\exp(-0.25\zeta_0) & \text{空间 KT 形全搭接节点}\end{cases} \tag{2-135}$$

$$\zeta_0=\frac{a_0}{D}\text{或}\frac{q_0}{D} \tag{2-136}$$

$$N_{tKT}=Q_n\mu_{KT}N_{tK} \tag{2-137}$$

$$N_{KT}=|n_{TK}|N_{cKT} \tag{2-138}$$

式中 Q_n——支管轴力比影响系数；

n_{TK}——T 形支管轴力与 K 形支管轴力比，$-1\leqslant n_{TK}\leqslant 1$；

N_T、N_{cK}——分别为 T 形支管和 K 形受压支管的轴力设计值，以拉为正，以压为负（N）；

μ_{KT}——空间调整系数，根据图 2-47 的支管搭接方式分别取值；

β_T——T 形支管与主管的直径比；

ζ_0——参数；

a_0——K 形支管与 T 形支管的平面外间隙（mm）；

q_0——K 形支管与 T 形支管的平面外搭接长度（mm）。

7）无加劲直接焊接的平面 T、Y、X 形节点，当支管承受弯矩作用时（见图 2-48 和图 2-49），节点承载力应按下列规定计算：

① 支管在管节点处的平面内受弯承载力设计值 M_{iT} 应按下列公式计算（见图 2-49）：

$$M_{iT}=Q_xQ_f\frac{D_it^2f}{\sin\theta} \tag{2-139}$$

$$Q_x=6.09\beta\gamma^{0.42} \tag{2-140}$$

当节点两侧或一侧主管受拉时：

$$Q_f=1 \tag{2-141}$$

当节点两侧主管受压时：

$$Q_f=1-0.3n_p-0.3n_p^2 \tag{2-142}$$

$$n_p=\frac{N_{0p}}{Af_y}+\frac{M_{0p}}{Wf_y} \tag{2-143}$$

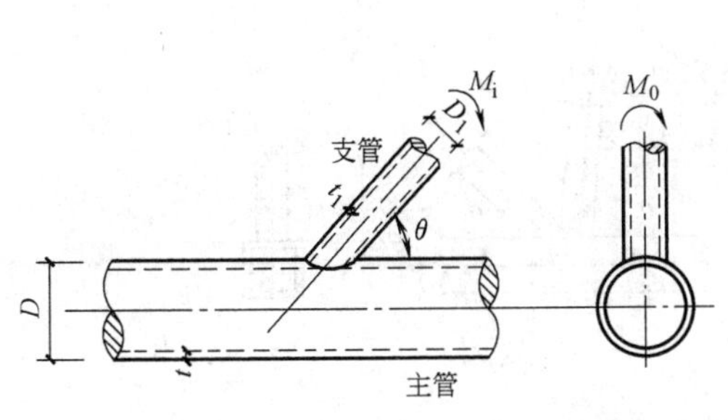

图 2-48 T 形（或 Y 形）节点的平面内受弯与平面外受弯

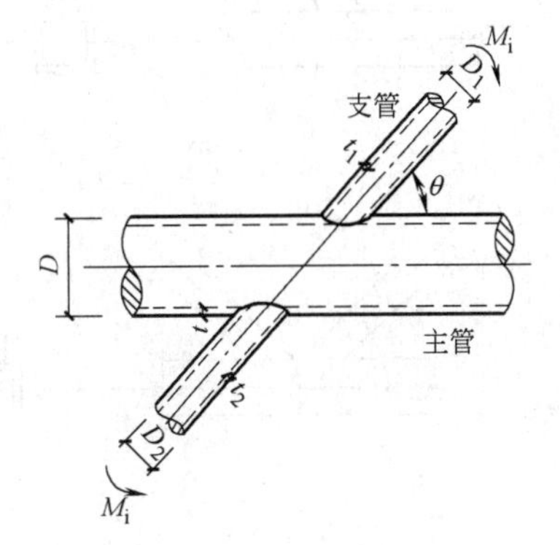

图 2-49 X 形节点的平面内受弯与平面外受弯

当 $D_i \leqslant D-2t$ 时，平面内弯矩不应大于下列规定的抗冲剪承载力设计值：

$$M_{\mathrm{siT}}=\left(\frac{1+3\sin\theta}{4\sin^2\theta}\right)D_i^2tf_{\mathrm{v}} \tag{2-144}$$

式中　Q_x——参数；

Q_f——参数；

N_{0p}——节点两侧主管轴心压力的较小绝对值（N）；

M_{0p}——节点与 N_{0p} 对应一侧的主管平面内弯矩绝对值（N · mm）；

A——与 N_{0p} 对应一侧的主管截面面积（mm^2）；

W——与 N_{0p} 对应一侧的主管截面模量（mm^3）。

② 支管在节点处的平面外受弯承载力设计值 M_{0T} 应按下式计算：

$$M_{0\mathrm{T}}=Q_yQ_f\frac{D_it^2f}{\sin\theta} \tag{2-145}$$

$$Q_y=3.2\gamma^{(0.5\beta^2)} \tag{2-146}$$

当 $D_i \leqslant D-2t$ 时，平面外弯矩不应大于下式规定的抗冲剪承载力设计值：

$$M_{\mathrm{s0T}}=\left(\frac{3+\sin\theta}{4\sin^2\theta}\right)D_i^2tf_{\mathrm{v}} \tag{2-147}$$

③ 支管在平面内、外弯矩和轴力组合作用下的承载力应按下式验算：

$$\frac{N}{N_j}+\frac{M_i}{M_{i\mathrm{T}}}+\frac{M_0}{M_{0\mathrm{T}}}\leqslant 1 \tag{2-148}$$

式中　N、M_i、M_0——支管在管节点处的轴心力（N）、平面内弯矩、平面外弯矩设计值（N · mm）；

N_j——支管在管节点处的承载力设计值（N）。

8）直接焊接且主管为矩形管，支管为矩形管或圆管的钢管节点如图 2-50 所示，其适用范围应符合表 2-36 的要求。

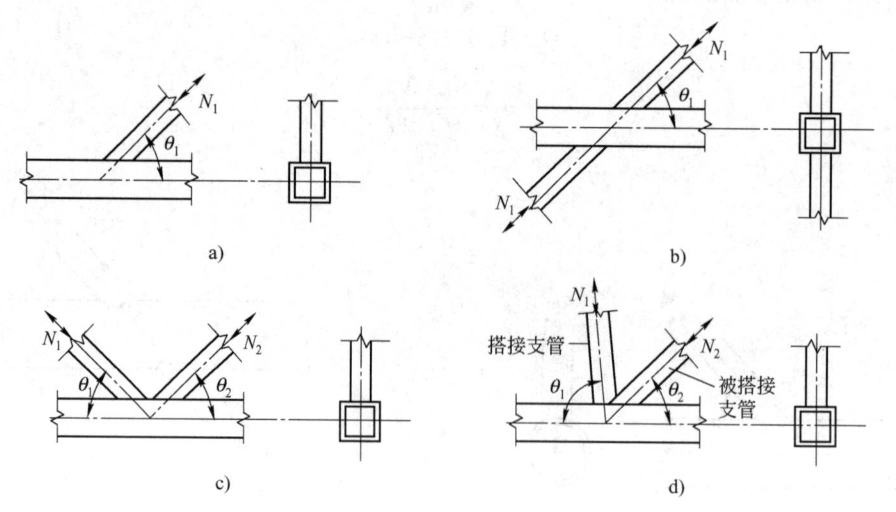

图 2-50　矩形管直接焊接平面节点

a）T、Y 形节点　b）X 形节点　c）有间隙的 K、N 形节点　d）搭接的 K、N 形节点

表 2-36　主管为矩形管、支管为矩形管或圆管的节点几何参数适用范围

<table>
<tr><th colspan="2" rowspan="3">截面及节点形式</th><th colspan="6">节点几何参数，$i=1$ 或 2，表示支管；j 表示被搭接支管</th></tr>
<tr><th rowspan="2">$\frac{b_i}{b}$、$\frac{h_i}{b}$或$\frac{D_i}{b}$</th><th colspan="2">$\frac{b_i}{t_i}$、$\frac{h_i}{t_i}$或$\frac{D_i}{t_i}$</th><th rowspan="2">$\frac{h_i}{b_i}$</th><th rowspan="2">$\frac{b}{t}$、$\frac{h}{t}$</th><th rowspan="2">a 或 η_{ov}
$\frac{b_i}{b_j}$、$\frac{t_i}{t_j}$</th></tr>
<tr><th>受压</th><th>受拉</th></tr>
<tr><td rowspan="3">支管为矩形管</td><td>T、Y 与 X</td><td>$\geqslant 0.25$</td><td rowspan="2">$\leqslant 37\varepsilon_{k,i}$
且$\leqslant 35$</td><td rowspan="3">$\leqslant 35$</td><td rowspan="3">$0.5\leqslant\frac{h_i}{b_i}\leqslant 2$</td><td rowspan="2">$\leqslant 35$</td><td>—</td></tr>
<tr><td>K 与 N 间隙节点</td><td>$\geqslant 0.1+\frac{0.01b}{t}$
$\beta\geqslant 0.35$</td><td>$0.5(1-\beta)\leqslant\frac{a}{b}\leqslant 1.5(1-\beta)$
$a\geqslant t_1+t_2$</td></tr>
<tr><td>K 与 N 搭接节点</td><td>$\geqslant 0.25$</td><td>$\leqslant 33\varepsilon_{k,i}$</td><td>$\leqslant 40$</td><td>$25\%\leqslant\eta_{ov}\leqslant 100\%$
$\frac{t_i}{t_j}\leqslant 1.0$
$0.75\leqslant\frac{b_i}{b_j}\leqslant 1.0$</td></tr>
<tr><td colspan="2">支管为圆管</td><td>$0.4\leqslant\frac{D_i}{b}\leqslant 0.8$</td><td>$\leqslant 44\varepsilon_{k,i}$</td><td>$\leqslant 50$</td><td colspan="3">取 $b_i=D_i$ 仍能满足上述相应条件</td></tr>
</table>

注：1. 当$\frac{a}{b}>1.5(1-\beta)$，则按 T 形或 Y 形节点计算。

2. b_i、h_i、t_i 分别为第 i 个矩形支管的截面宽度、高度和壁厚；
D_i、t_i 分别为第 i 个圆支管的外径和壁厚；
b、h、t 分别为矩形主管的截面宽度、高度和壁厚；
a 为支管间的间隙；
η_{ov} 为搭接率；
$\varepsilon_{k,i}$ 为第 i 个支管钢材的钢号调整系数；
β 为参数：对 T、Y、X 形节点，$\beta=\frac{b_1}{b}$或$\frac{D_1}{b}$；对 K、N 形节点 $\beta=\frac{b_1+b_2+h_1+h_2}{4b}$或 $\beta=\frac{D_1+D_2}{b}$。

2.9　钢与混凝土组合梁

1）在进行组合梁截面承载能力验算时，跨中及中间支座处混凝土翼板的有效宽度 b_e（见图 2-51）应按下式计算：

$$b_e=b_0+b_1+b_2 \tag{2-149}$$

式中　b_0——板托顶部的宽度：当板托倾角 $\alpha<45°$时，应按 $\alpha=45°$计算；当无板托时，则取钢梁上翼缘的宽度；当混凝土板和钢梁不直接接触（如之间有压型钢板分隔）时，取栓钉的横向间距，仅有一列栓钉时取 0（mm）；

b_1、b_2——梁外侧和内侧的翼板计算宽度，当塑性中和轴位于混凝土板内时，各取梁等效跨径 l_e 的 1/6。此外，b_1 尚不应超过翼板实际外伸宽度 S_1；b_2 不应超过相邻钢梁上翼缘或板托间净跨 S_0 的 1/2（mm）；

l_e——等效跨径。对于简支组合梁，取为简支组合梁的跨度；对于连续组合梁，中间跨正弯矩区取为 $0.6l$，边跨正弯矩区取为 $0.8l$，l 为组合梁跨度，支座负弯矩区取为相邻两跨跨度之和的 20%（mm）。

2）完全抗剪连接组合梁的受弯承载力应符合下列规定：

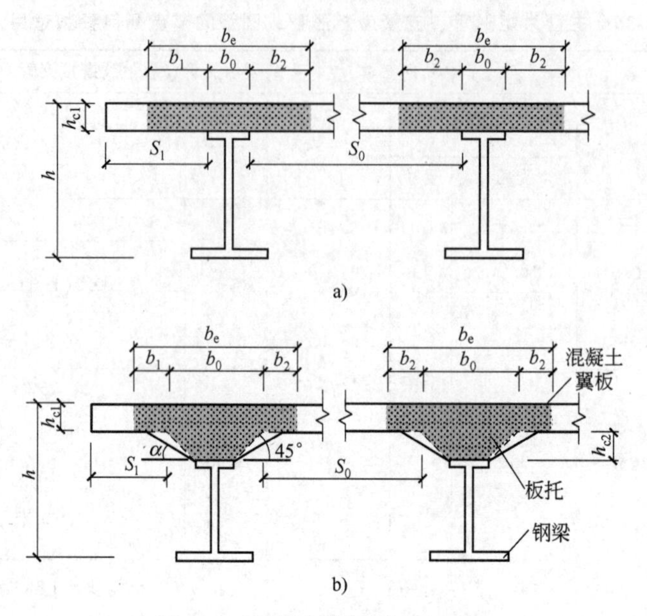

图 2-51　混凝土翼板的计算宽度

a）不设板托的组合梁　b）设板托的组合梁

① 正弯矩作用区段。

a. 塑性中和轴在混凝土翼板内（见图 2-52），即 $Af \leqslant b_e h_{c1} f_c$ 时：

$$M \leqslant b_e x f_c y \tag{2-150}$$

式中　M——正弯矩设计值（N · mm）；

x——混凝土翼板受压区高度（mm），按式（2-151）计算：

$$x = Af/(b_e f_c) \tag{2-151}$$

A——钢梁的截面面积（mm^2）；

y——钢梁截面应力的合力至混凝土受压区截面应力的合力间的距离（mm）；

f_c——混凝土抗压强度设计值（N/mm^2）。

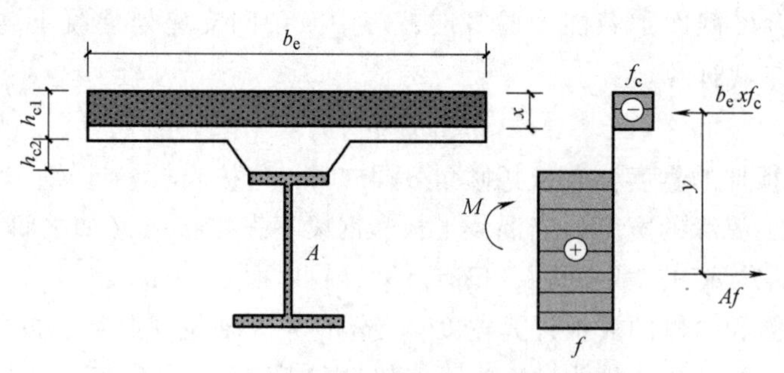

图 2-52　塑性中和轴在混凝土翼板内时的组合梁截面及应力图形

b. 塑性中和轴在钢梁截面内（见图 2-53），即 $Af > b_e h_{c1} f_c$ 时：

$$M \leqslant b_e h_{c1} f_c y_1 + A_c f y_2 \tag{2-152}$$

式中　A_c——钢梁受压区截面面积（mm^2），按式（2-153）计算：

$$A_c = 0.5(A - b_e h_{c1} f_c / f) \tag{2-153}$$

y_1——钢梁受拉区截面形心至混凝土翼板受压区截面形心的距离（mm）；

y_2——钢梁受拉区截面形心至钢梁受压区截面形心的距离（mm）。

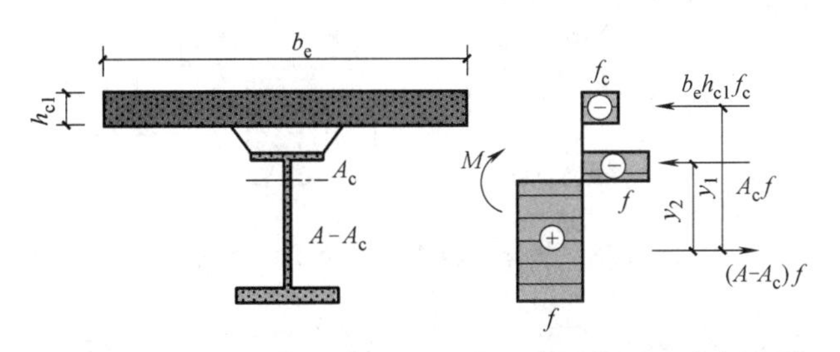

图 2-53 塑性中和轴在钢梁内时的组合梁截面及应力图形

② 负弯矩作用区段（见图 2-54）。

$$M' \leqslant M_s + A_{st} f_{st}(y_3 + y_4/2) \quad (2\text{-}154)$$

$$M_s = (S_1 + S_2) f \quad (2\text{-}155)$$

式中 M'——负弯矩设计值（N · mm）；

S_1、S_2——钢梁塑性中和轴（平分钢梁截面积的轴线）以上和以下截面对该轴的面积矩（mm^3）；

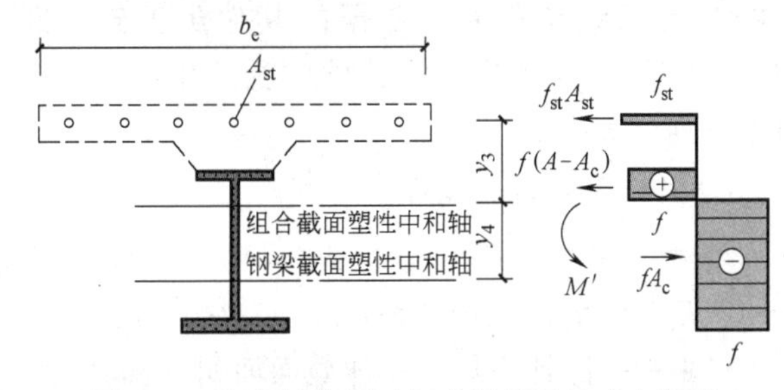

图 2-54 负弯矩作用时组合梁截面及应力图形

A_{st}——负弯矩混凝土翼板有效宽度范围内的纵向钢筋截面面积（mm^2）；

f_{st}——钢筋抗拉强度设计值（N/mm^2）；

y_3——纵向钢筋截面形心至组合梁塑性中和轴的距离，根据截面轴力平衡式（2-156）求出钢梁受压区面积 A_c，取钢梁拉压区交界处位置为组合梁塑性中和轴位置（mm）：

$$f_{st} A_{st} + f(A - A_c) = f A_c \quad (2\text{-}156)$$

y_4——组合梁塑性中和轴至钢梁塑性中和轴的距离。当组合梁塑性中和轴在钢梁腹板内时，取 $y_4 = A_{st} f_{st} / (2 t_w f)$，当该中和轴在钢梁翼缘内时，可取 y_4 等于钢梁塑性中和轴至腹板上边缘的距离（mm）。

3）部分抗剪连接组合梁在正弯矩区段的受弯承载力宜符合下列公式规定（见图 2-55）：

$$x = n_r N_v^c / (b_e f_c) \quad (2\text{-}157)$$

$$M_{u,r} = n_r N_v^c y_1 + 0.5(Af - n_r N_v^c) y_2 \quad (2\text{-}158)$$

式中 $M_{u,r}$——部分抗剪连接时组合梁截面正弯矩受弯承载力（N · mm）；

n_r——部分抗剪连接时最大正弯矩验算截面到最近零弯矩点之间的抗剪连接件数目；

N_v^c——每个抗剪连接件的纵向受剪承载力，按 4）的有关公式计算（N）。

y_1、y_2——如图 2-55 所示，可按公式（2-159）所示的轴力平衡关系式确定受压钢梁的面积 A_c，进而确定组合梁塑性中和轴的位置（mm）：

$$A_c = (Af - n_r N_v^c) / (2f) \quad (2\text{-}159)$$

计算部分抗剪连接组合梁在负弯矩作用区段的受弯承载力时，仍按公式（2-153）计算，但 $A_{st} f_{st}$ 应取 $n_r N_v^c$ 和 $A_{st} f_{st}$ 两者中的较小值，n_r 取为最大负弯矩验算截面到最近零弯矩点之间

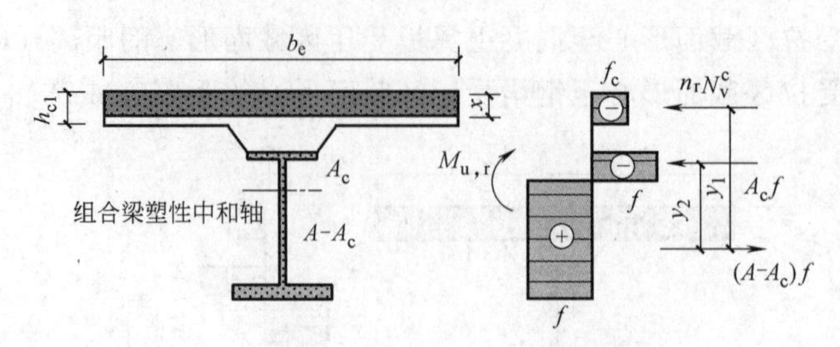

图 2-55　部分抗剪连接组合梁计算简图

的抗剪连接件数目。

4）组合梁的抗剪连接件宜采用圆柱头焊钉，也可采用槽钢或有可靠依据的其他类型连接件（见图 2-56）。单个抗剪连接件的受剪承载力设计值由下列公式确定：

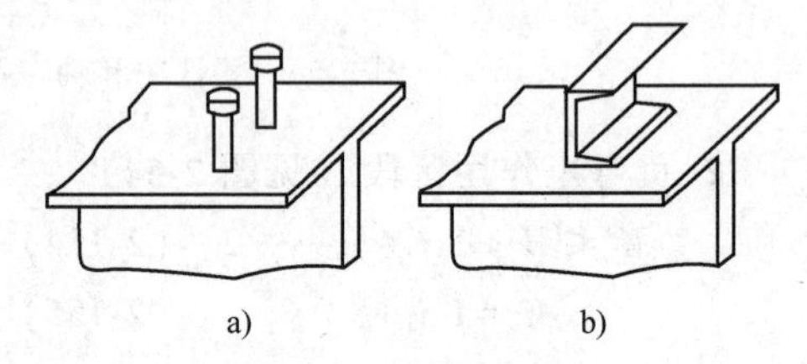

图 2-56　连接件的外形
a）圆柱头焊钉连接件　b）槽钢连接件

① 圆柱头焊钉连接件。

$$N_v^c = 0.43A_s\sqrt{E_c f_c} \leqslant 0.7A_s f_u \qquad (2\text{-}160)$$

式中　E_c——混凝土的弹性模量（N/mm²）；

A_s——圆柱头焊钉钉杆截面面积（mm²）；

f_u——圆柱头焊钉极限抗拉强度设计值，需满足现行国家标准《电弧螺柱焊用圆柱头焊钉》（GB/T 10433—2002）的要求（N/mm²）。

② 槽钢连接件。

$$N_v^c = 0.26(t + 0.5t_w)l_c\sqrt{E_c f_c} \qquad (2\text{-}161)$$

式中　t——槽钢翼缘的平均厚度（mm）；

t_w——槽钢腹板的厚度（mm）；

l_c——槽钢的长度（mm）。

槽钢连接件通过肢尖肢背两条通长角焊缝与钢梁连接，角焊缝按承受该连接件的受剪承载力设计值 N_v^c 进行计算。

5）对于用压型钢板混凝土组合板做翼板的组合梁（见图 2-57），其焊钉连接件的受剪承载力设计值应分别按以下两种情况予以降低：

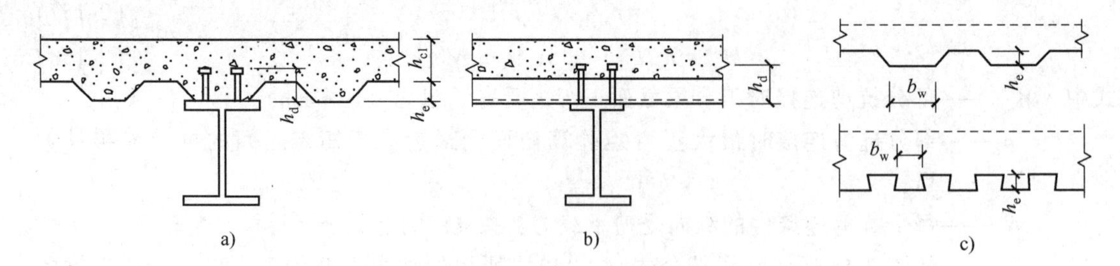

图 2-57　用压型钢板作混凝土翼板底模的组合梁
a）肋与钢梁平行的组合梁截面　b）肋与钢梁垂直的组合梁截面　c）压型钢板作底模的楼板剖面

① 当压型钢板肋平行于钢梁布置（见图 2-57a），$b_w/h_e<1.5$ 时，按公式（2-160）算得的 N_v^c 应乘以折减系数 β_v 后取用。β_v 值按下式计算：

$$\beta_v = 0.6\frac{b_w}{h_e}\left(\frac{h_d - h_e}{h_e}\right) \leqslant 1 \tag{2-162}$$

式中 b_w——混凝土凸肋的平均宽度，当肋的上部宽度小于下部宽度时（图 2-57c），改取上部宽度（mm）；

h_e——混凝土凸肋高度（mm）；

h_d——焊钉高度（mm）。

② 当压型钢板肋垂直于钢梁布置时（图 2-57b），焊钉连接件承载力设计值的折减系数按下式计算：

$$\beta_v = \frac{0.85}{\sqrt{n_0}}\frac{b_w}{h_e}\left(\frac{h_d - h_e}{h_e}\right) \leqslant 1 \tag{2-163}$$

式中 n_0——在梁某截面处一个肋中布置的焊钉数，当多于 3 个时，按 3 个计算。

6）当采用柔性抗剪连接件时，抗剪连接件的计算应以弯矩绝对值最大点及支座为界限，划分为若干个区段（见图 2-58），逐段进行布置。每个剪跨区段内钢梁与混凝土翼板交界面的纵向剪力 V_s 按下列公式确定：

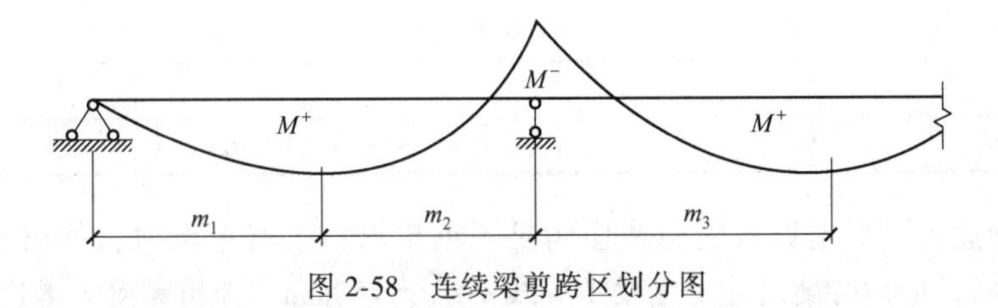

图 2-58 连续梁剪跨区划分图

① 正弯矩最大点到边支座区段，即 m_1 区段，V_s 取 Af 和 $b_e h_{c1} f_c$ 中的较小者。

② 正弯矩最大点到中支座（负弯矩最大点）区段，即 m_2 和 m_3 区段：

$$V_s = \min\{Af,\ b_e h_{c1} f_c\} + A_{st} f_{st} \tag{2-164}$$

按完全抗剪连接设计时，每个剪跨区段内需要的连接件总数 n_f，按下式计算：

$$n_f = V_s / N_v^c \tag{2-165}$$

部分抗剪连接组合梁，其连接件的实配个数不得少于 n_f 的 50%。

按公式（2-165）算得的连接件数量，可在对应的剪跨区段内均匀布置。当在此剪跨区段内有较大集中荷载作用时，应将连接件个数 n_f 按剪力图面积比例分配后再各自均匀布置。

7）组合梁板托及翼缘板纵向受剪承载力验算时，应分别验算图 2-59 所示的纵向受剪界面 a-a、b-b、c-c 及 d-d。

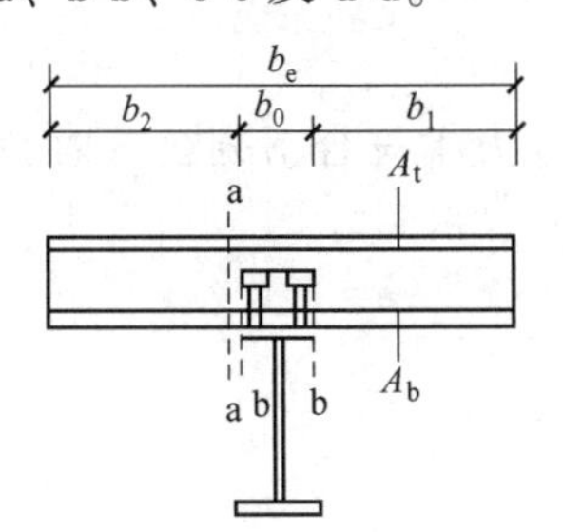

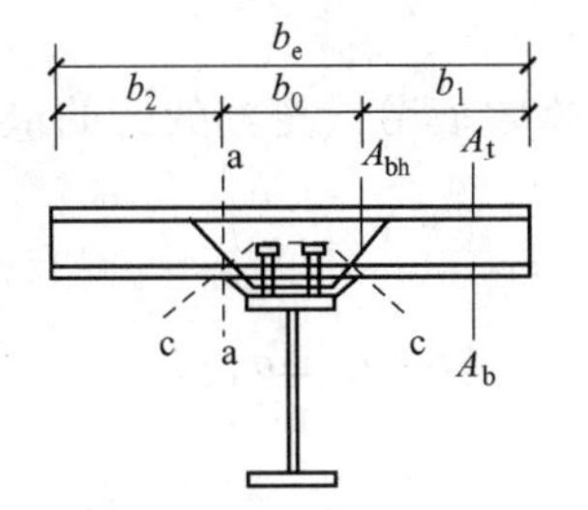

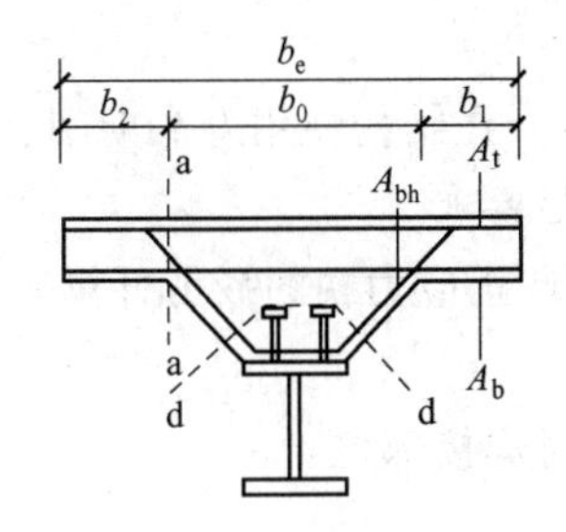

图 2-59 混凝土板纵向受剪界面

图中　A_t——混凝土板顶部附近单位长度内钢筋面积的总和（mm^2/mm），包括混凝土板内抗弯和构造钢筋；

A_b、A_{bh}——分别为混凝土板底部、承托底部单位长度内钢筋面积的总和（mm^2/mm）。

8）组合梁承托及翼缘板界面纵向受剪承载力计算应符合下列规定：

$$v_{l,1} \leqslant v_{lu,1} \tag{2-166}$$

式中　$v_{lu,1}$——单位纵向长度内界面受剪承载力（N/mm），取式（2-166）和式（2-168）的较小值：

$$v_{lu,1}=0.7f_t b_f+0.8A_e f_r \tag{2-167}$$

$$v_{lu,1}=0.25b_f f_c \tag{2-168}$$

f_t——混凝土抗拉强度设计值（N/mm^2）；

b_f——受剪界面的横向长度，按图 2-59 中所示的 a-a、b-b、c-c 及 d-d 连线在抗剪连接件以外的最短长度取值（mm）；

A_e——单位长度上横向钢筋的截面面积（mm^2/mm），按图 2-59 和表 2-37 取值；

f_r——横向钢筋的强度设计值（N/mm^2）。

表 2-37　单位长度上横向钢筋的截面面积 A_e

剪切面	a-a	b-b	c-c	d-d
A_e	A_b+A_t	$2A_b$	$2(A_b+A_{bh})$	$2A_{bh}$

9）组合梁边梁混凝土翼板的构造应满足下列要求：①有托板时，伸出长度不宜小于 h_{c2}；②无板托时，应同时满足伸出钢梁中心线不小于 150mm、伸出钢梁翼缘边不小于 50mm 的要求（见图 2-60）。

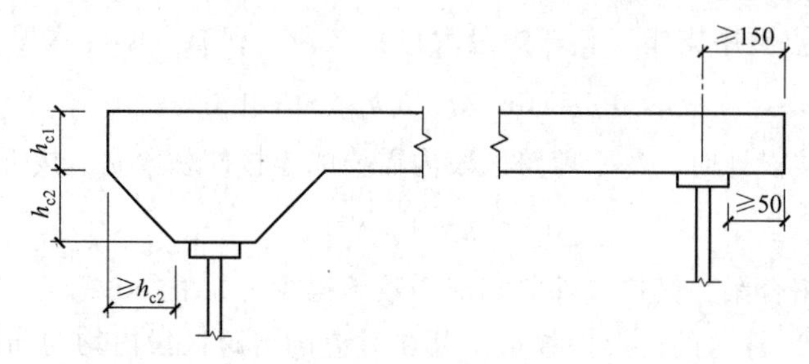

图 2-60　边梁构造图

2.10　疲劳计算

1）在结构使用寿命期间，当常幅疲劳或变幅疲劳的最大应力幅符合下列公式时，则强度满足要求。

① 正应力幅的疲劳计算：

$$\Delta\sigma<\gamma_t[\Delta\sigma_L]_{1\times10^8} \tag{2-169}$$

对焊接部位：

$$\Delta\sigma=\sigma_{max}-\sigma_{min} \tag{2-170}$$

对非焊接部位：

$$\Delta\sigma=\sigma_{max}-0.7\sigma_{min} \tag{2-171}$$

② 剪应力幅的疲劳计算：

$$\Delta\tau<[\Delta\tau_L]_{1\times10^8} \tag{2-172}$$

对焊接部位：

$$\Delta\tau=\tau_{max}-\tau_{min} \tag{2-173}$$

对非焊接部位：

$$\Delta\tau=\tau_{max}-0.7\tau_{min} \tag{2-174}$$

③ 板厚或直径修正系数应 γ_t 应按下列规定采用：

a. 对于横向角焊缝连接和对接焊缝连接，当连接板厚 t 超过 25mm 时，应按下式计算：

$$\gamma_t=\left(\frac{25}{t}\right)^{0.25} \tag{2-175}$$

b. 对于螺栓轴向受拉连接，当螺栓的公称直径 d 大于 30mm 时，应按下式计算：

$$\gamma_t=\left(\frac{30}{d}\right)^{0.25} \tag{2-176}$$

c. 其余情况取 $\gamma_t=1.0$。

式中　$\Delta\sigma$——构件或连接计算部位的正应力幅（N/mm^2）；

σ_{max}——计算部位应力循环中的最大拉应力（取正值）（N/mm^2）；

σ_{min}——计算部位应力循环中的最小拉应力或压应力（N/mm^2），拉应力取正值，压应力取负值；

$\Delta\tau$——构件或连接计算部位的剪应力幅（N/mm^2）；

τ_{max}——计算部位应力循环中的最大剪应力（N/mm^2）；

τ_{min}——计算部位应力循环中的最小剪应力（N/mm^2）；

$[\Delta\sigma_L]_{1\times10^8}$——正应力幅的疲劳截止限，根据表 2-40 规定的构件和连接类别按表 2-38 采用（N/mm^2）；

$[\Delta\tau_L]_{1\times10^8}$——剪应力幅的疲劳截止限，根据表 2-40 规定的构件和连接类别按表 2-39 采用（N/mm^2）。

表 2-38　正应力幅的疲劳计算参数

构件与连接类别	构件与连接相关系数		循环次数 n 为 2×10^6 次的容许正应力幅 $[\Delta\sigma]_{2\times10^6}/(N/mm^2)$	循环次数 n 为 5×10^6 次的容许正应力幅 $[\Delta\sigma]_{5\times10^6}/(N/mm^2)$	疲劳截止限 $[\Delta\sigma_L]_{1\times10^8}/(N/mm^2)$
	C_Z	β_Z			
Z1	1920×10^{12}	4	176	140	85
Z2	861×10^{12}	4	144	115	70
Z3	3.91×10^{12}	3	125	92	51
Z4	2.81×10^{12}	3	112	83	46
Z5	2.00×10^{12}	3	100	74	41
Z6	1.46×10^{12}	3	90	66	36
Z7	1.02×10^{12}	3	80	59	32

（续）

构件与连接类别	构件与连接相关系数		循环次数 n 为 2×10^6 次的容许正应力幅 $[\Delta\sigma]_{2\times10^6}$/(N/mm²)	循环次数 n 为 5×10^6 次的容许正应力幅 $[\Delta\sigma]_{5\times10^6}$/(N/mm²)	疲劳截止限 $[\Delta\sigma_L]_{1\times10^8}$/(N/mm²)
	C_Z	β_Z			
Z8	0.72×10^{12}	3	71	52	29
Z9	0.50×10^{12}	3	63	46	25
Z10	0.35×10^{12}	3	56	41	23
Z11	0.25×10^{12}	3	50	37	20
Z12	0.18×10^{12}	3	45	33	18
Z13	0.13×10^{12}	3	40	29	16
Z14	0.09×10^{12}	3	36	26	14

注：构件与连接的分类应符合表 2-40 的规定。

表 2-39　剪应力幅的疲劳计算参数

构件与连接类别	构件与连接相关系数		循环次数 n 为 2×10^6 次的容许剪应力幅 $[\Delta\tau]_{2\times10^6}$/(N/mm²)	疲劳截止限 $[\Delta\tau_L]_{1\times10^8}$/(N/mm²)
	C_J	β_J		
J1	4.10×10^{11}	3	59	16
J2	2.00×10^{16}	5	100	46
J3	8.61×10^{21}	8	90	55

注：构件与连接的分类应符合表 2-40 的规定。

表 2-40　疲劳计算的构件和连接分类

项次	构造细节	说明	类别
非焊接的构件和连接分类			
1		无连接处的母材 轧制型钢	Z1
2		无连接处的母材 钢板 (1)两边为轧制边或刨边 (2)两侧为自动、半自动切割边(切割质量标准应符合现行国家标准《钢结构工程施工质量验收规范》GB 50205—2001)	Z1 Z2
3		连系螺栓和虚孔处的母材 应力以净截面面积计算	Z4

（续）

项次	构造细节	说明	类别
非焊接的构件和连接分类			
4	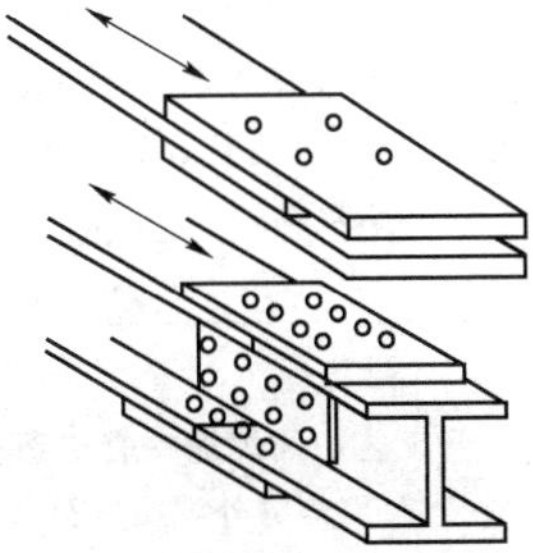	螺栓连接处的母材 高强度螺栓摩擦型连接应力以毛截面面积计算；其他螺栓连接应力以净截面面积计算 铆钉连接处的母材 连接应力以净截面面积计算	Z2 Z4
5	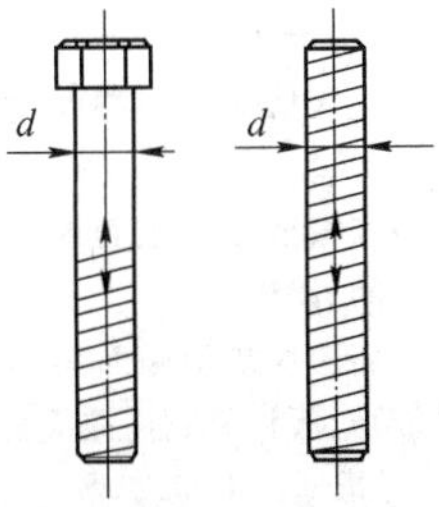 d　d	受拉螺栓的螺纹处母材 连接板件应有足够的刚度，保证不产生撬力。否则受拉正应力应考虑撬力及其他因素产生的全部附加应力 对于直径大于30mm螺栓，需要考虑尺寸效应对容许应力幅进行修正，修正系数 $\gamma_t=\left(\frac{30}{d}\right)^{0.25}$（$d$为螺栓直径，单位为mm）	Z11
纵向传力焊缝的构件和连接分类			
6	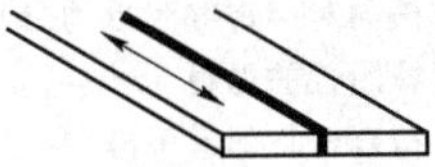	无垫板的纵向对接焊缝附近的母材 焊缝符合二级焊缝标准	Z2
7	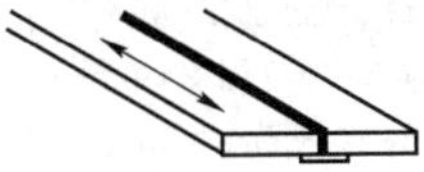	有连续垫板的纵向自动对接焊缝附近的母材 （1）无起弧、灭弧 （2）有起弧、灭弧	 Z4 Z5
8	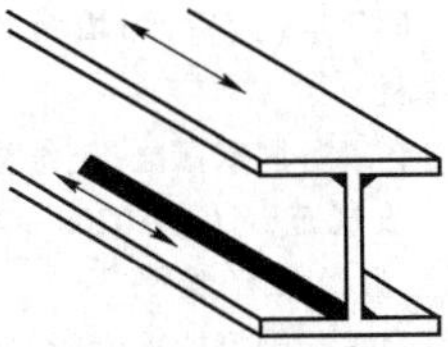 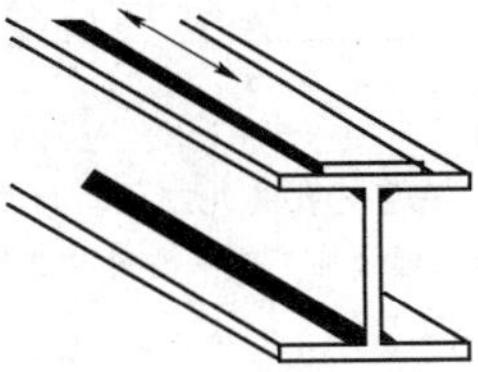	翼缘连接焊缝附近的母材 翼缘板与腹板的连接焊缝 自动焊，二级T形对接与角接组合焊缝 自动焊、角焊缝，外观质量标准符合二级 手工电弧焊，角焊缝，外观质量标准符合二级 双层翼缘板之间的连接焊缝 自动焊、角焊缝，外观质量标准符合二级 手工电弧焊、角焊缝，外观质量标准符合二级	 Z2 Z4 Z5 Z4 Z5

（续）

项次	构造细节	说明	类别
纵向传力焊缝的构件和连接分类			
9	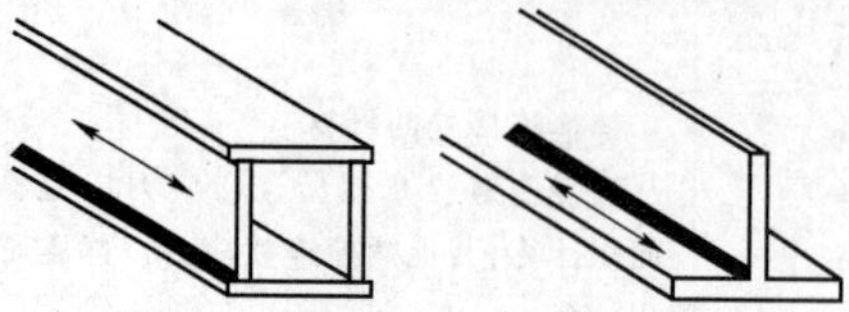	仅单侧施焊的手工或自动对接焊缝附近的母材，焊缝符合二级焊缝标准，翼缘与腹板很好贴合	Z5
10	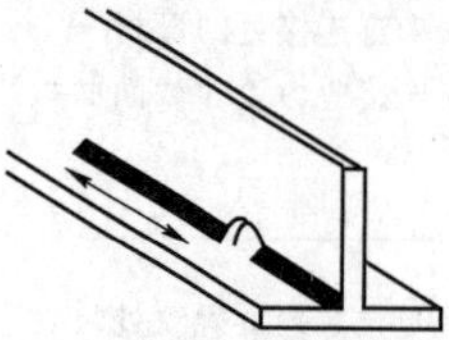	开工艺孔处焊缝符合二级焊缝标准的对接焊缝、焊缝外观质量符合二级焊缝标准的角焊缝等附近的母材	Z8
11	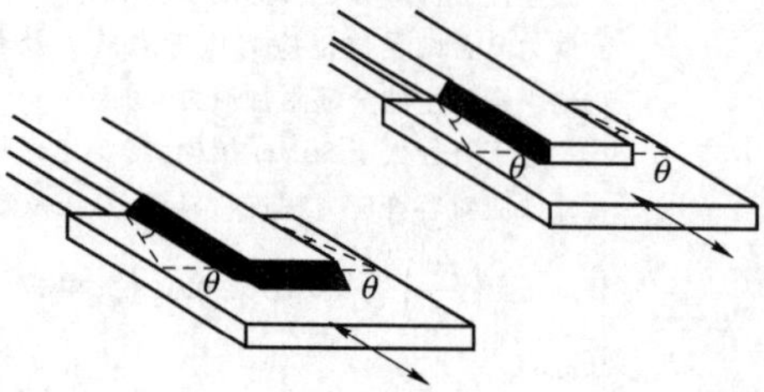 θ θ θ θ	节点板搭接的两侧面角焊缝端部的母材 节点板搭接的三面围焊时两侧角焊缝端部的母材 三面围焊或两侧面角焊缝的节点板母材（节点板计算宽度按应力扩散角 θ 等于 30°考虑）	Z10 Z8 Z8
横向传力焊缝的构件和连接分类			
12	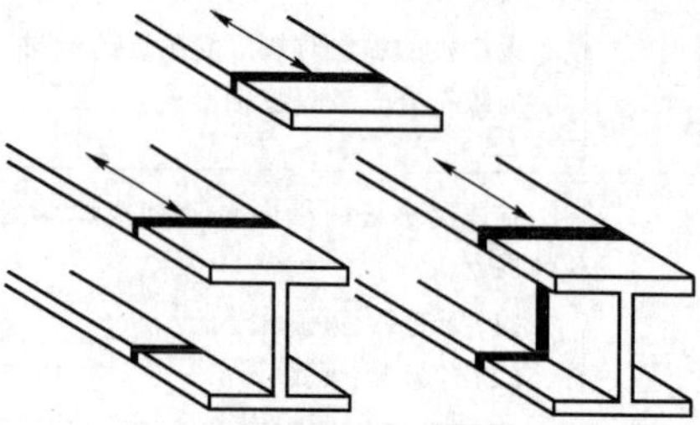	横向对接焊缝附近的母材，轧制梁对接焊缝附近的母材 符合现行国家标准《钢结构工程施工质量验收规范》（GB 50205—2001）的一级焊缝，且经加工、磨平 符合现行国家标准《钢结构工程施工质量验收规范》（GB 50205—2001）的一级焊缝	Z2 Z4
13	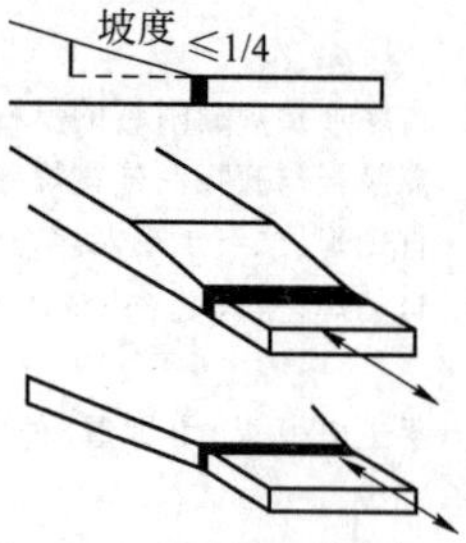 坡度≤1/4	不同厚度（或宽度）横向对接焊缝附近的母材 符合现行国家标准《钢结构工程施工质量验收规范》（GB 50205—2001）的一级焊缝，且经加工、磨平 符合现行国家标准《钢结构工程施工质量验收规范》（GB 50205—2001）的一级焊缝	Z2 Z4
14	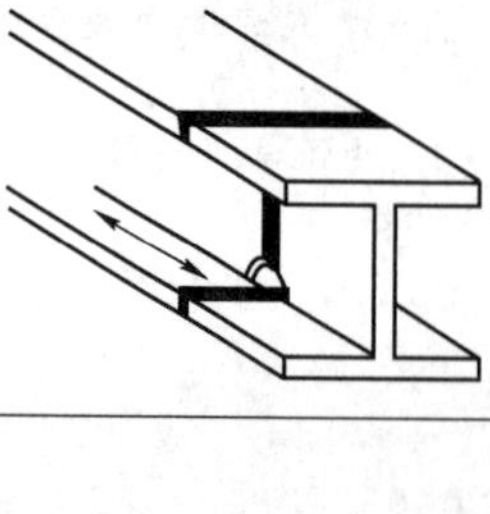	有工艺孔的轧制梁对接焊缝附近的母材，焊缝加工成平滑过渡并符合一级焊缝标准	Z6

（续）

项次	构造细节	说明	类别
横向传力焊缝的构件和连接分类			
15	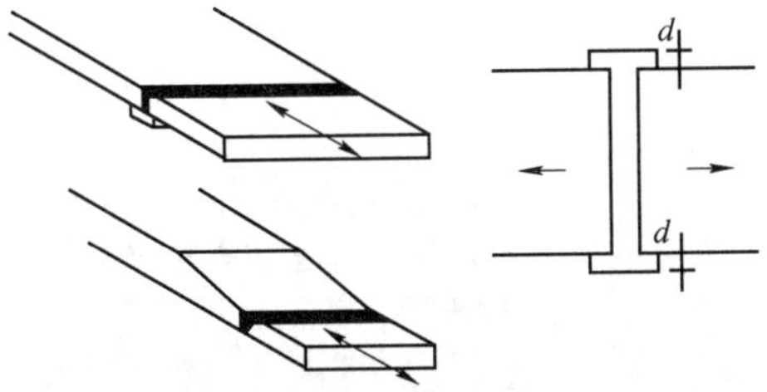 d　d	带垫板的横向对接焊缝附近的母材 垫板端部超出母板距离 d $d \geqslant 10$mm $d < 10$mm	 Z8 Z11
16	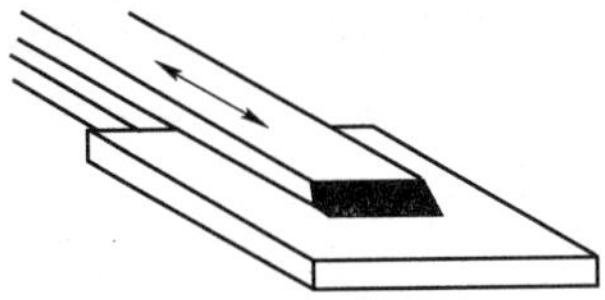	节点板搭接头的端面角焊缝的母材	Z7
17	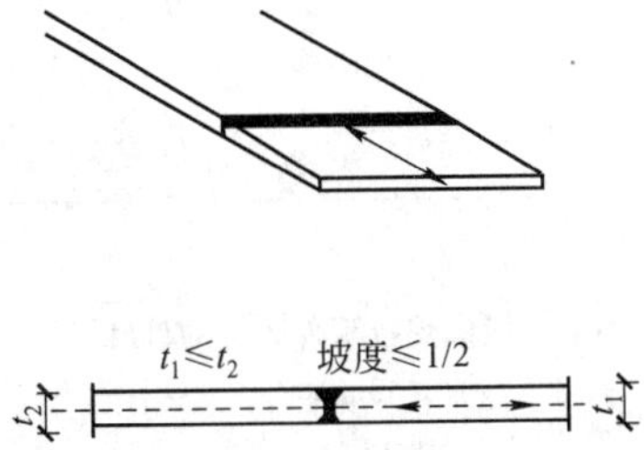 $t_1 \leqslant t_2$　坡度≤1/2　t_2　t_1	不同厚度直接横向对接焊缝附近的母材，焊缝等级为一级，无偏心	Z8
18	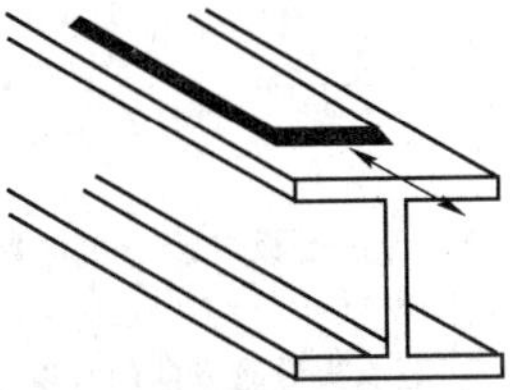	翼缘盖板中断处的母材（板端有横向端焊缝）	Z8
19	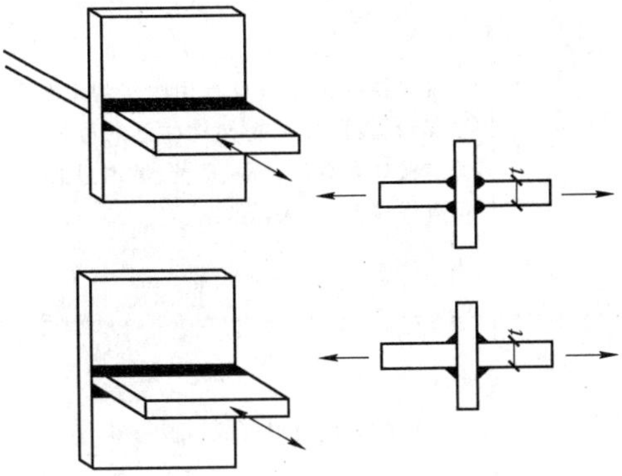 t　t	十字形连接、T形连接 （1）K形坡口、T形对接与角接组合焊缝处的母材，十字型连接两侧轴线偏离距离小于0.15t，焊缝为二级，焊趾角 $\alpha \leqslant 45°$ （2）角焊缝处的母材，十字形连接两侧轴线偏离距离小于0.15t	Z6 Z8

（续）

项次	构造细节	说明	类别
横向传力焊缝的构件和连接分类			
20	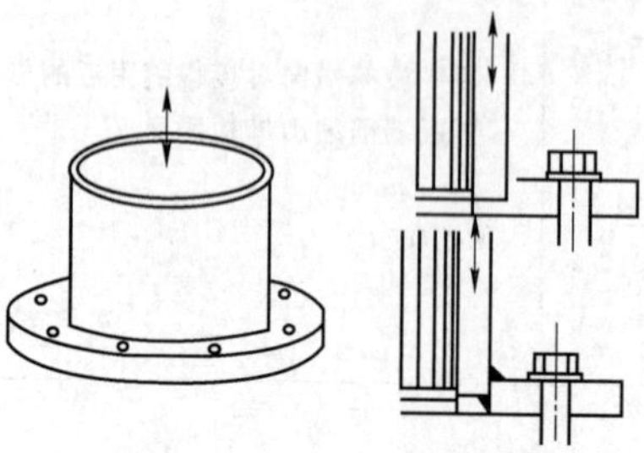	法兰焊缝连接附近的母材 (1)采用对接焊缝，焊缝为一级 (2)采用角焊缝	Z8 Z13
非传力焊缝的构件和连接分类			
21	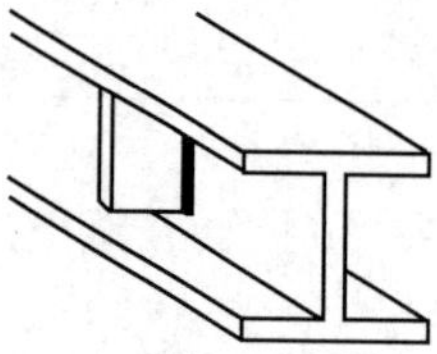	横向加劲肋端部附近的母材 肋端焊缝不断弧(采用回焊) 肋端焊缝断弧	Z5 Z6
22	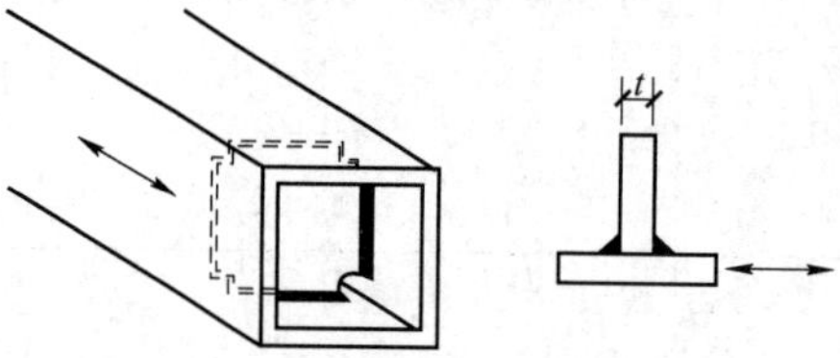 t	横向焊接附件附近的母材 (1) $t \leqslant 50$mm (2) $50 < t \leqslant 80$mm t 为焊接附件的板厚	Z7 Z8
23	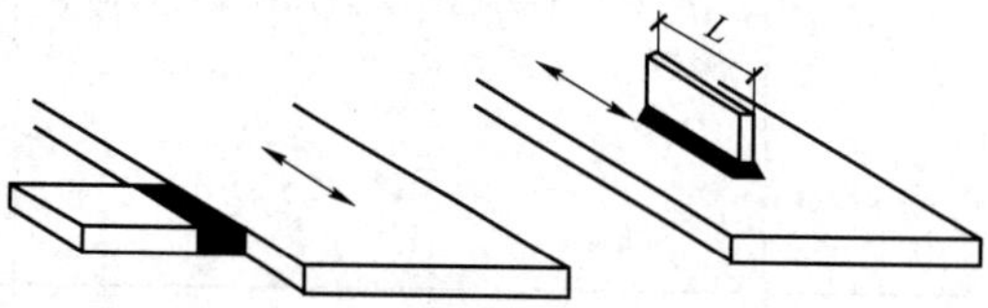 L	矩形节点板焊接于构件翼缘或腹板处的母材 （节点板焊缝方向的长度 $L > 150$mm）	Z8
24	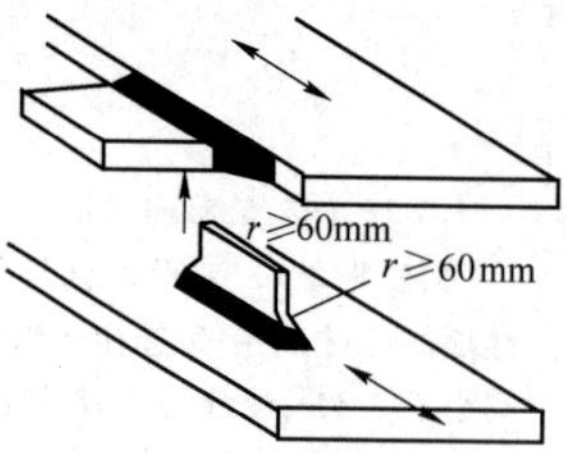 $r \geqslant 60$mm $r \geqslant 60$mm	带圆弧的梯形节点板用对接焊缝焊于梁翼缘、腹板以及桁架构件处的母材，圆弧过渡处在焊后铲平、磨光、圆滑过渡，不得有焊接起弧、灭弧缺陷	Z6
25	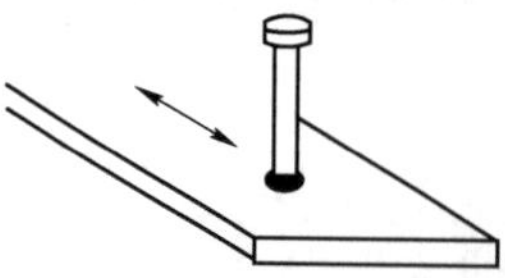	焊接剪力栓钉附近的钢板母材	Z7

（续）

项次	构造细节	说明	类别
钢管截面的构件和连接分类			
26	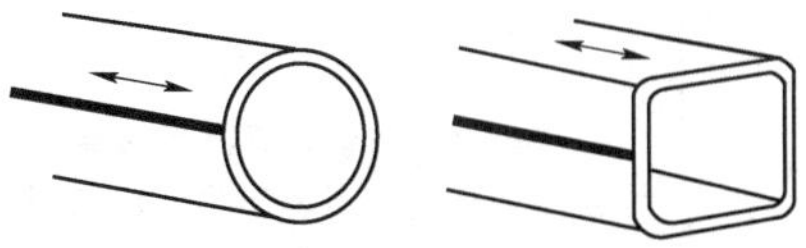	钢管纵向自动焊缝的母材 (1)无焊接起弧、灭弧点 (2)有焊接起弧、灭弧点	 Z3 Z6
27	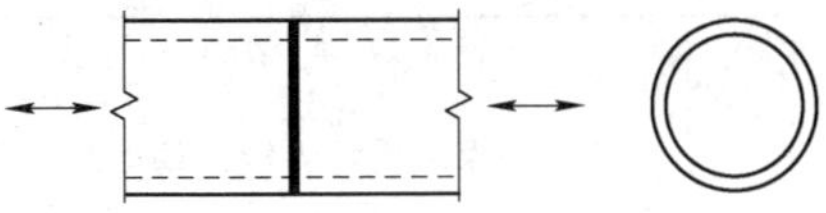	圆管端部对接焊缝附近的母材，焊缝平滑过渡并符合现行国家标准《钢结构工程施工质量验收规范》GB 50205—2001的一级焊缝标准，余高不大于焊缝宽度的10% (1)圆管壁厚 $8<t\leq12.5$mm (2)圆管壁厚 $t\leq8$mm	 Z6 Z8
28	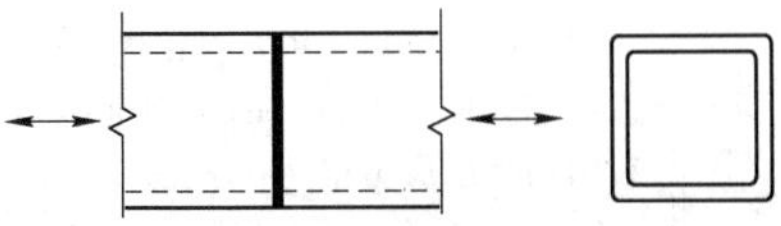	矩形管端部对接焊缝附近的母材，焊缝平滑过渡并符合一级焊缝标准，余高不大于焊缝宽度的10% (1)方管壁厚 $8<t\leq12.5$mm (2)方管壁厚 $t\leq8$mm	 Z8 Z10
29	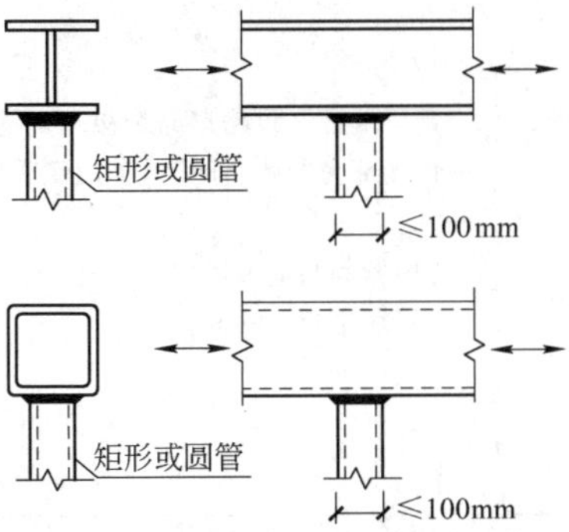 矩形或圆管 ≤100mm 矩形或圆管 ≤100mm	焊有矩形管或圆管的构件，连接角焊缝附近的母材，角焊缝为非承载焊缝，其外观质量标准符合二级，矩形管宽度或圆管直径不大于100mm	Z8
30	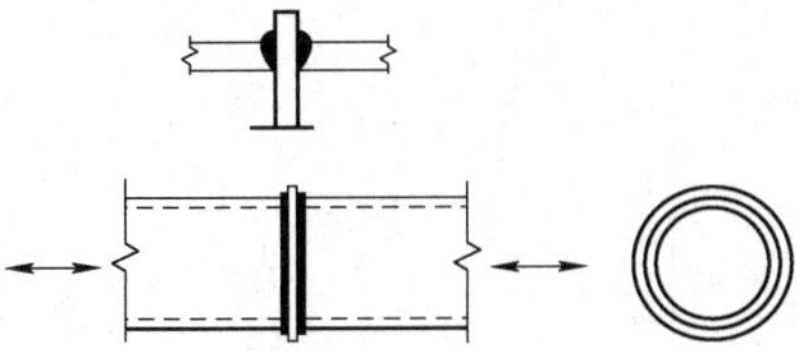	通过端板采用对接焊缝拼接的圆管母材，焊缝符合一级质量标准 (1)圆管壁厚 $8<t\leq12.5$mm (2)圆管壁厚 $t\leq8$mm	 Z10 Z11
31	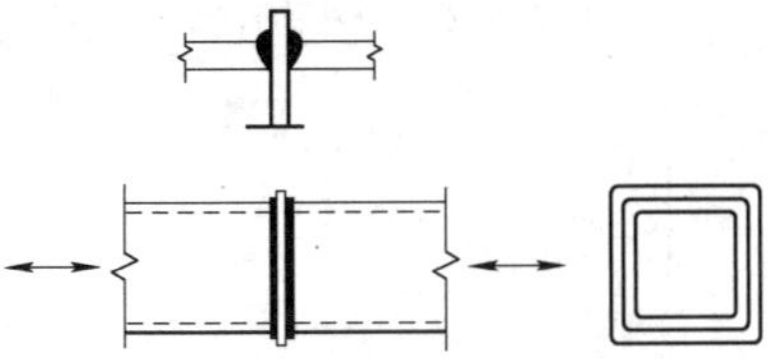	通过端板采用对接焊缝拼接的矩形管母材，焊缝符合一级质量标准 (1)方管壁厚 $8<t\leq12.5$mm (2)方管壁厚 $t\leq8$mm	 Z11 Z12

（续）

项次	构造细节	说明	类别
钢管截面的构件和连接分类			
32	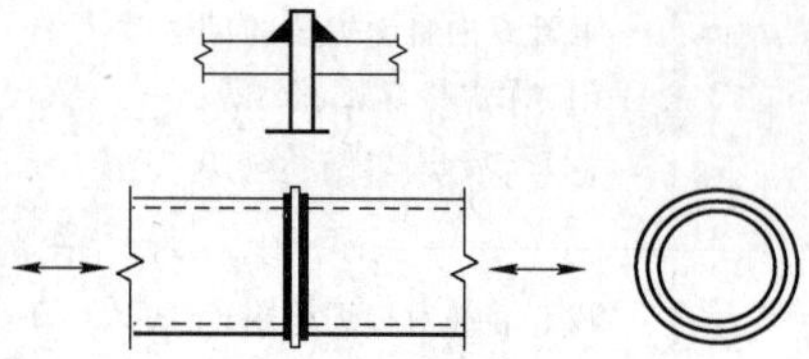	通过端板采用角焊缝拼接的圆管母材，焊缝外观质量标准符合二级，管壁厚度 $t \leq 8$mm	Z13
33	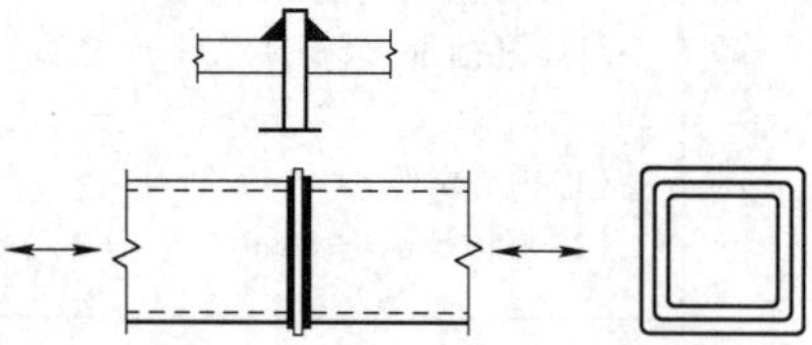	通过端板采用角焊缝拼接的矩形管母材，焊缝外观质量标准符合二级，管壁厚度 $t \leq 8$mm	Z14
34	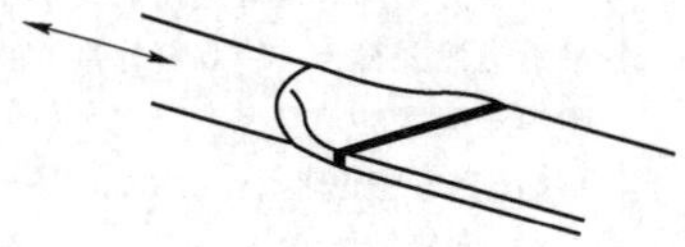	钢管端部压扁与钢板对接焊缝连接（仅适用于直径小于200mm的钢管），计算时采用钢管的应力幅	Z8
35	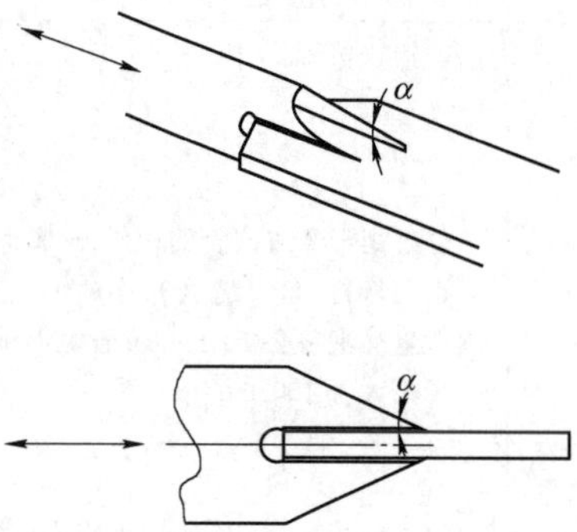 α α	钢管端部开设槽口与钢板角焊缝连接，槽口端部为圆弧，计算时采用钢管的应力幅 （1）倾斜角 $\alpha \leq 45°$ （2）倾斜角 $\alpha > 45°$	 Z8 Z9
剪应力作用下的构件和连接分类			
36	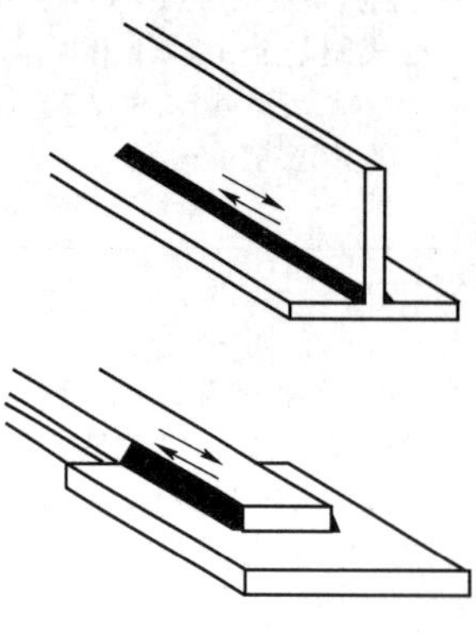	各类受剪角焊缝 剪应力按有效截面计算	J1

（续）

项次	构造细节	说明	类别
剪应力作用下的构件和连接分类			
37		受剪力的普通螺栓 采用螺杆截面的剪应力	J2
38		焊接剪力栓钉 采用栓钉名义截面的剪应力	J3

注：箭头表示计算应力幅的位置和方向。

2）重级工作制吊车梁和重级、中级工作制吊车桁架的变幅疲劳可取应力循环中最大的应力幅按下式计算：

① 正应力幅的疲劳计算应符合下式要求：

$$\alpha_f \Delta\sigma \leqslant \gamma_t [\Delta\sigma]_{2\times10^6} \tag{2-177}$$

式中　α_f——欠载效应的等效系数，按表 2-41 采用。

表 2-41　吊车梁和吊车桁架欠载效应的等效系数 α_f

吊车类别	α_f
A6、A7、A8 工作级别（重级）的硬钩吊车	1.0
A6、A7 工作级别（重级）的软钩吊车	0.8
A4、A5 工作级别（中级）的吊车	0.5

② 剪应力幅的疲劳计算应符合下式要求：

$$\alpha_f \Delta\tau \leqslant [\Delta\tau]_{2\times10^6} \tag{2-178}$$

3 钢结构施工

3.1 钢结构焊接工程

3.1.1 焊接工艺评定

1. 一般规定

焊接工艺评定所用的焊接方法、施焊位置分类代号应符合表 3-1、表 3-2 及图 3-1~图 3-4 的规定。

表 3-1 焊接方法分类

焊接方法类别号	焊接方法	代 号
1	焊条电弧焊	SMAW
2-1	半自动实心焊丝二氧化碳气体保护焊	GMAW-CO_2
2-2	半自动实心焊丝富氩+二氧化碳气体保护焊	GMAW-Ar
2-3	半自动药芯焊丝二氧化碳气体保护焊	FCAW-G
3	半自动药芯焊丝自保护焊	FCAW-SS
4	非熔化极气体保护焊	GTAW
5-1	单丝自动埋弧焊	SAW-S
5-2	多丝自动埋弧焊	SAW-M
6-1	熔嘴电渣焊	ESW-N
6-2	丝极电渣焊	ESW-W
6-3	板极电渣焊	ESW-P
7-1	单丝气电立焊	EGW-S
7-2	多丝气电立焊	EGW-M
8-1	自动实心焊丝二氧化碳气体保护焊	GMAW-CO_2A
8-2	自动实心焊丝富氩+二氧化碳气体保护焊	GMAW-ArA
8-3	自动药芯焊丝二氧化碳气体保护焊	FCAW-GA
8-4	自动药芯焊丝自保护焊	FCAW-SA
9-1	非穿透栓钉焊	SW
9-2	穿透栓钉焊	SW-P

表 3-2 施焊位置分类

焊接位置		代号
板材	平	F
	横	H
	立	V
	竖	O
管材	水平转动平焊	1G
	竖立固定横焊	2G
	水平固定全位置焊	5G
	倾斜固定全位置焊	6G
	倾斜固定加挡板全位置焊	6GR

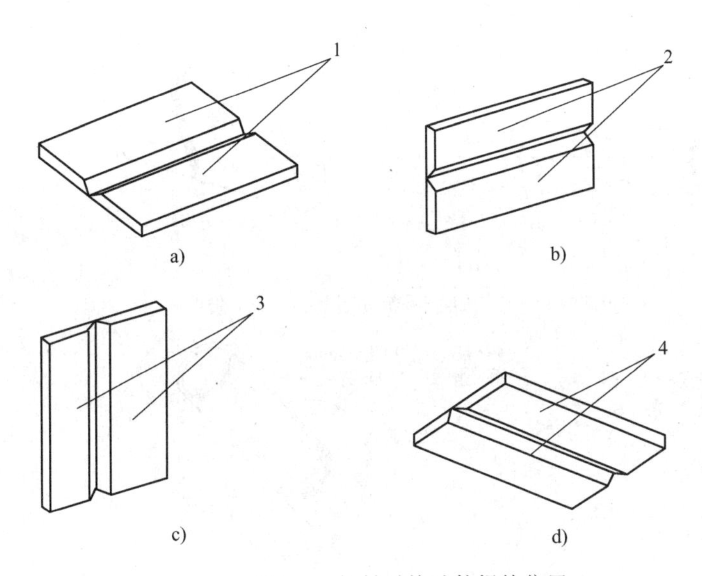

图 3-1 板材对接试件焊接位置

a）平焊位置 F b）横焊位置 H c）立焊位置 V d）仰焊位置 O

1—板平放，焊缝轴水平 2—板横立，焊缝轴水平 3—板 90°放置，焊缝轴垂直 4—板平放，焊缝轴水平

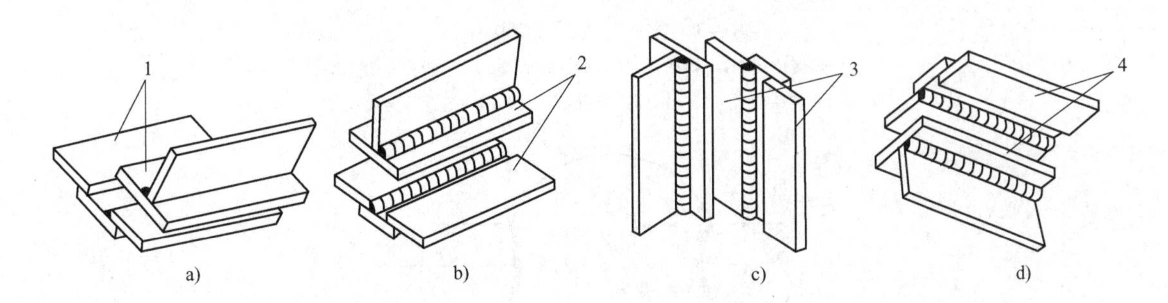

图 3-2 板材角接试件焊接位置

a）平焊位置 F b）横焊位置 H c）立焊位置 V d）仰焊位置 O

1—板 45°放置，焊缝轴水平 2—板平放，焊缝轴水平

3—板竖立，焊缝轴垂直 4—板平放，焊缝轴水平

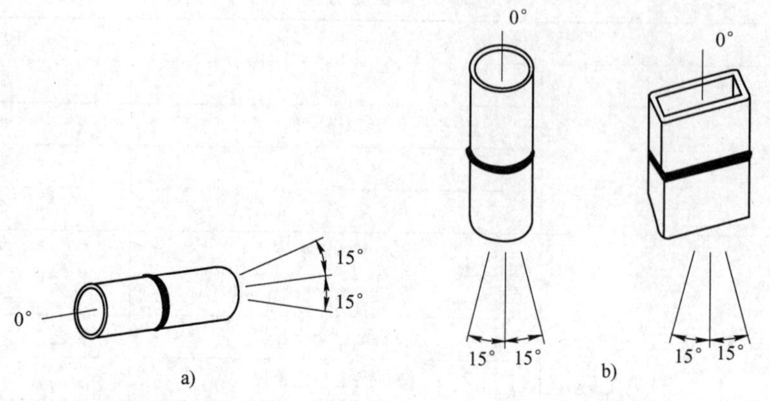

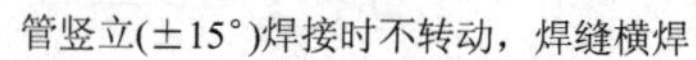

管平放(±15°)焊接时转动，在顶部及附近平焊

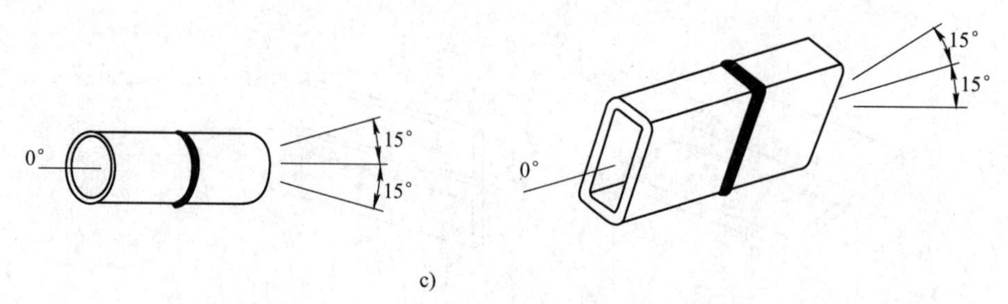

管平放并固定(±15°)施焊时不转动，焊缝平、立、仰焊

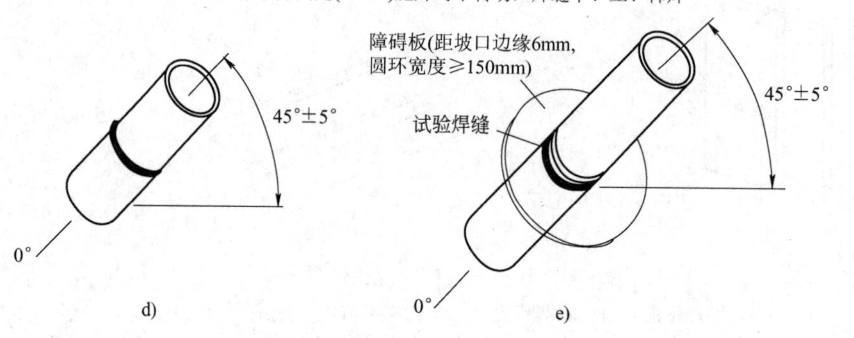

管倾斜固定(45°±5°)施接时不转动

图 3-3　管材对接试件焊接位置

a）焊接位置 1G（转动）　b）焊接位置 2G　c）焊接位置 5G
d）焊接位置 6G　e）焊接位置 6GR（T、K 或 Y 形连接）

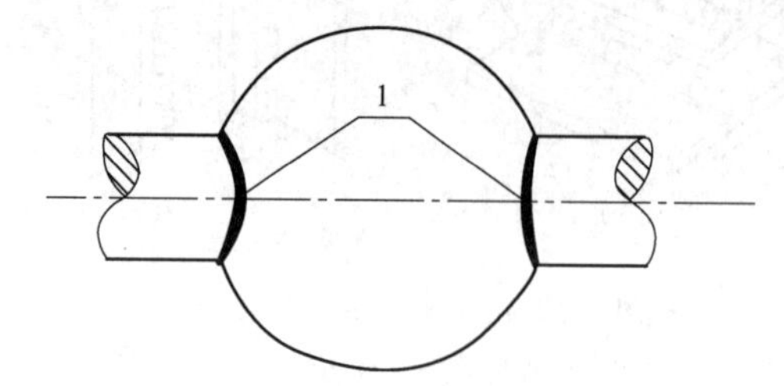

图 3-4　管-球接头试件

1—焊接位置分类按管材对接接头

2. 焊接工艺评定替代规则

评定合格的试件厚度在工程中适用的厚度范围应符合表 3-3 的规定。

表 3-3 评定合格的试件厚度在工程中适用的厚度范围

焊接方法类别号	评定合格试件厚度 t/mm	工程适用厚度范围	
		板厚最小值	板厚最大值
1,2,3,4,5,8	≤25	3mm	$2t$
	25<t≤70	$0.75t$	$2t$
	>70	$0.75t$	不限
6	≥18	$0.75t$ 最小 18mm	$1.1t$
7	≥10	$0.75t$ 最小 10mm	$1.1t$
9	1/3ϕ≤t<12	t	$2t$,且不大于 16mm
	12≤t<25	$0.75t$	$2t$
	t≥25	$0.25t$	$1.5t$

注：ϕ 为栓钉直径。

3. 试件和检验试样的制备

1）试件制备应符合下列要求：

① 选择试件厚度应符合表 3-3 中规定的评定试件厚度对工程构件厚度的有效适用范围。

② 试件的母材材质、焊接材料、坡口形式、尺寸和焊接必须符合焊接工艺评定指导书的要求。

③ 试件的尺寸应满足所制备试样的取样要求。各种接头形式的试件尺寸、试样取样位置应符合图 3-5～图 3-12 的要求。

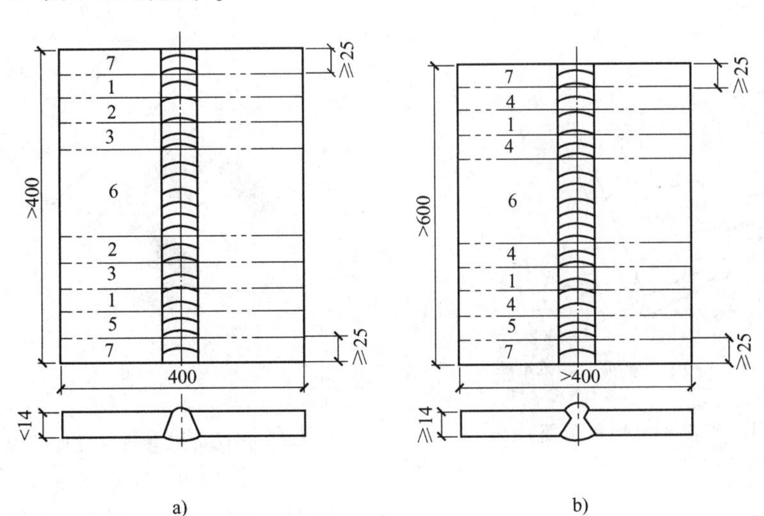

图 3-5 板材对接接头试件及试样取样

a）不取侧弯试样时 b）取侧弯试样时

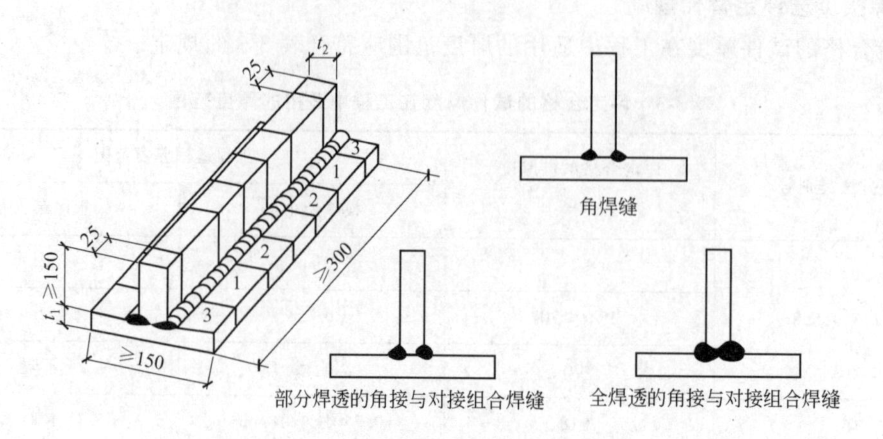

图 3-6　板材角焊缝和 T 形对接与角接组合焊缝接头试件及宏观试样的取样

1—宏观酸蚀试样　2—备用　3—舍弃

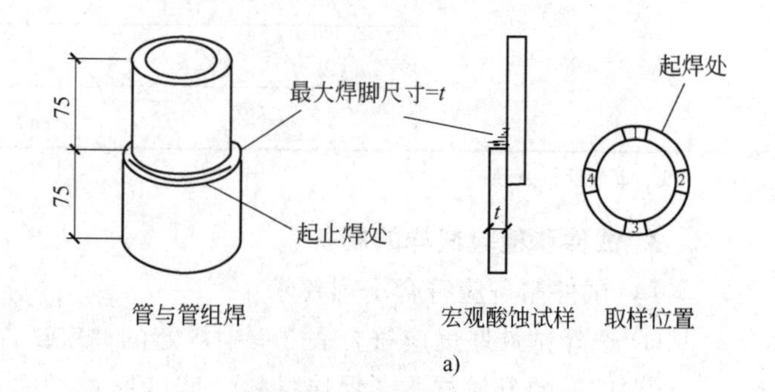

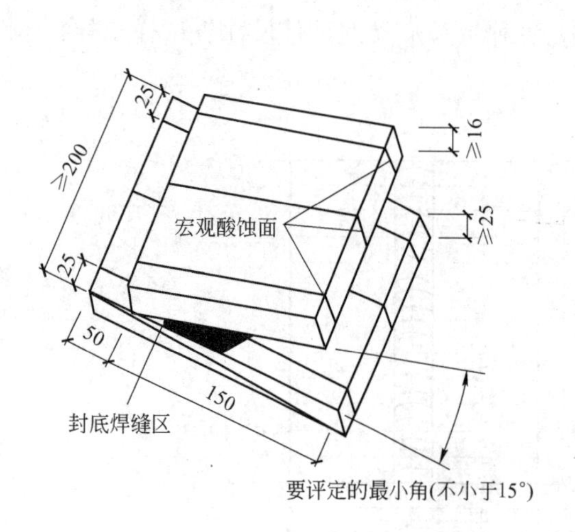

图 3-7　斜 T 形接头（锐角根部）

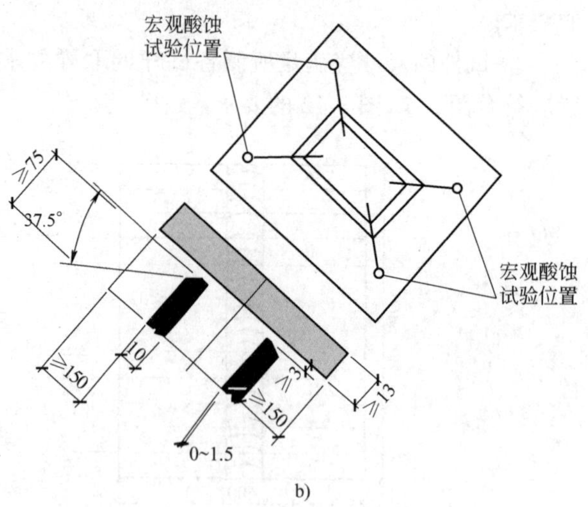

图 3-8　管材角焊缝致密性检验取样位置

a）圆管套管接头与宏观试样

b）矩形管 T 形角接和对接与角接组合焊缝接头及宏观试样

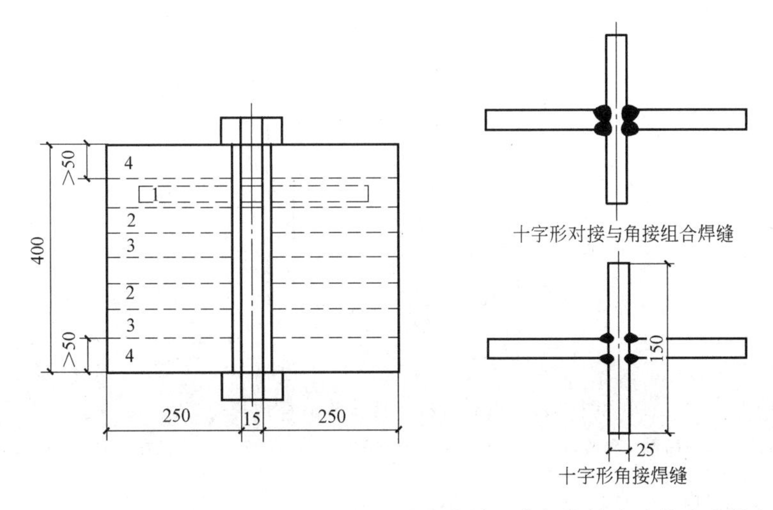

图 3-9 板材十字形角接（斜角接）及对接与角接组合焊缝接头试件及试样取样

1—宏观酸蚀试样 2—拉伸试样、冲击试样（要求时） 3—舍弃

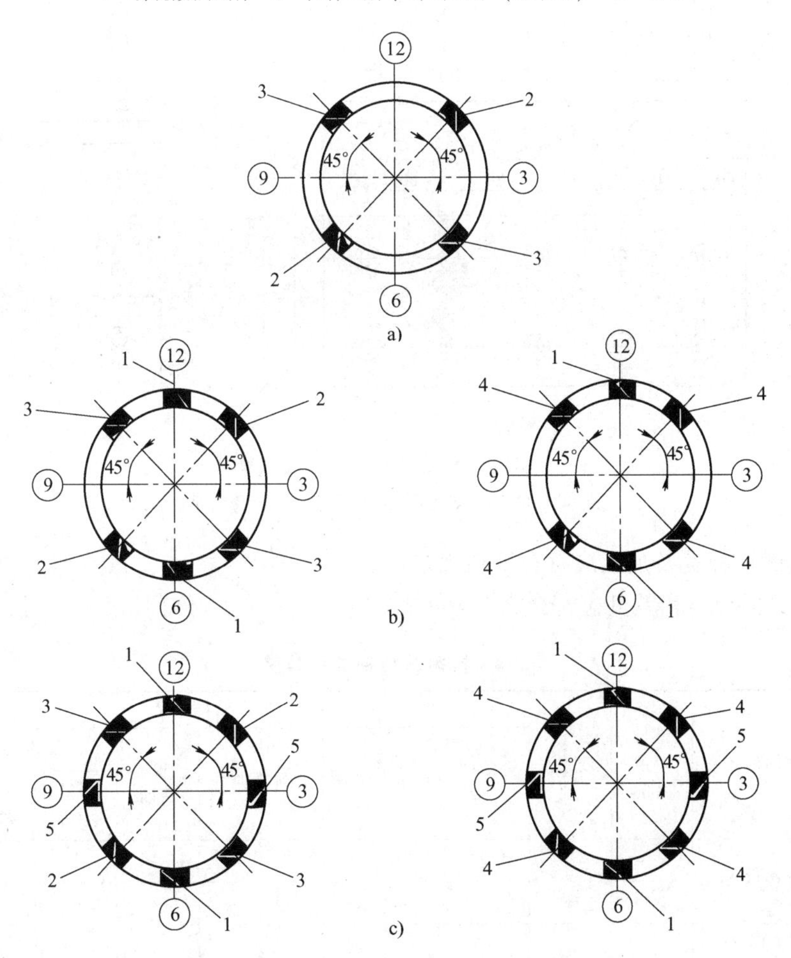

图 3-10 管材对接接头试件、试样及取样位置

a）拉力试验为整管时弯曲试样取样位置 b）不要求冲击试验时取样位置 c）要求冲击试验时取样位置

③ ⑥ ⑨ ⑫—钟点记号，为水平固定位置焊接时的定位

1—拉伸试样 2—面弯试样 3—背弯试样 4—侧弯试样 5—冲击试样

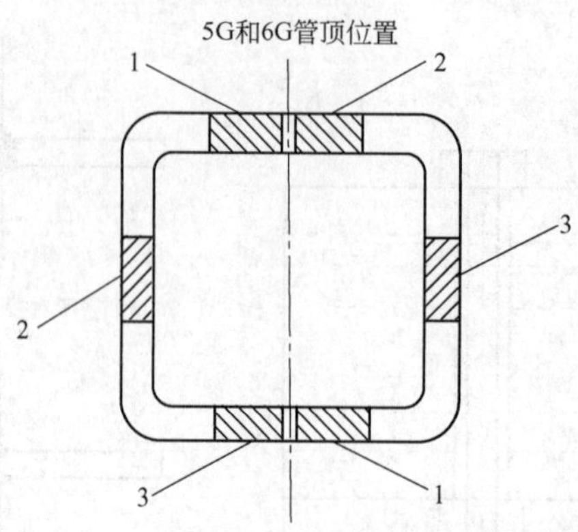

图 3-11　矩形管材对接接头试样取样位置

1—拉伸试样　2—面弯或侧弯试样、冲击试样（要求时）　3—背弯或侧弯试样、冲击试样（要求时）

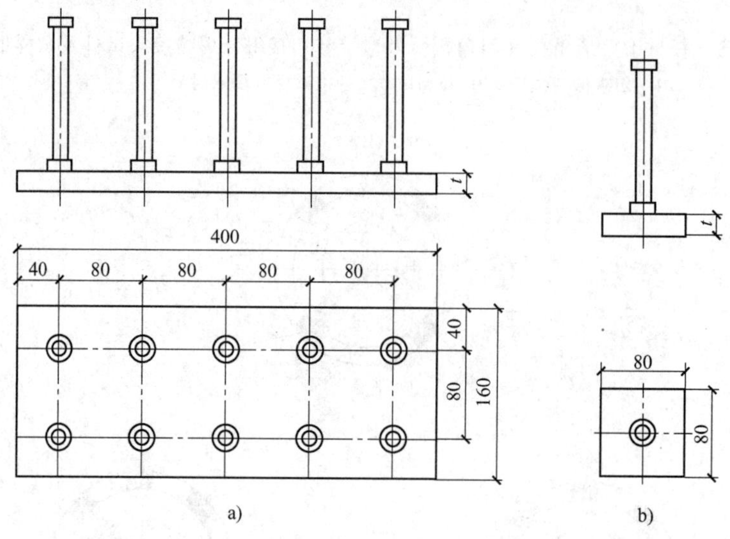

图 3-12　栓钉焊焊接试件及试样

a）试件的形状及尺寸　b）试样的形状及尺寸

2）检验试样种类及加工应符合下列规定：

① 检验试样种类和数量应符合表 3-4 的规定。

表 3-4　检验试样种类和数量①

母材形式	试件形式	试件厚度/mm	无损探伤	试样数量								
				全断面拉伸	拉伸	面弯	背弯	侧弯	30°弯曲	冲击④		宏观酸蚀及硬度⑤,⑥
										焊缝中心	热影响区	
板、管	对接接头	<14	要	管2②	2	2	2	—	—	3	3	—
		≥14	要	—	2	—	—	4	—	3	3	—
板、管	板T形、斜T形和管T、K、Y形角接接头	任意	要	—	—	—	—	—	—	—	—	板2⑦、管4

（续）

母材形式	试件形式	试件厚度/mm	无损探伤	试样数量								
				全断面拉伸	拉伸	面弯	背弯	侧弯	30°弯曲	冲击④		宏观酸蚀及硬度⑤,⑥
										焊缝中心	热影响区	
板	十字形接头	任意	要	—	2	—	—	—	—	3	3	2
管-管	十字形接头	任意	要	2③	—	—	—	—	—	—	—	4
管-球	—											2
板-焊钉	栓钉焊接头	底板≥12	—	5	—	—	—	—	5	—	—	—

① 当相应标准对母材某项力学性能无要求时，可免做焊接接头的该项力学性能试验。

② 管材对接全截面拉伸试样适用于外径不大于 76mm 的圆管对接试件，当管径超过该规定时，应按图 3-10 或图 3-11 截取拉伸试件。

③ 管-管、管-球接头全截面拉伸试样适用的管径和壁厚由试验机的能力决定。

④ 是否进行冲击试验以及试验条件按设计选用钢材的要求确定。

⑤ 硬度试验根据工程实际情况确定是否需要进行。

⑥ 圆管 T、K、Y 形和十字形相贯接头试件的宏观酸蚀试样应在接头的趾部、侧面及根部各取一件；矩形管接头全焊透 T、K、Y 形接头试件的宏观酸蚀试样应在接头的角部各取一个，详见图 3-8。

⑦ 斜 T 形接头（锐角根部）按图 3-7 进行宏观酸蚀检验。

② 对接接头检验试样的加工应符合下列要求：

a. 拉伸试样的加工应符合现行国家标准《焊接接头拉伸试验方法》（GB/T 2651—2008）的有关规定；根据试验机能力可采用全截面拉伸试样或沿厚度方向分层取样；分层取样时，试样厚度应覆盖焊接试件的全厚度；应按试验机的能力和要求加工。

b. 弯曲试样的加工应符合现行国家标准《焊接接头弯曲试验方法》（GB/T 2653—2008）的有关规定；焊缝余高或衬垫应采用机械方法去除至与母材齐平，试样受拉面应保留母材原轧制表面；当板厚大于 40mm 时可分片切取，试样厚度应覆盖焊接试件的全厚度。

c. 冲击试样的加工应符合现行国家标准《焊接接头冲击试验方法》（GB/T 2650—2008）的有关规定；其取样位置单面焊时应位于焊缝正面，双面焊时应位于后焊面，与母材原表面的距离不应大于 2mm；热影响区冲击试样缺口加工位置应符合图 3-13 的要求，不同牌钢材焊接时其接头热影响区冲击试样应取自对冲击性能要求较低的一侧；不同焊接方法组合的焊接接头，冲击试样的取样应能覆盖所有焊接方法焊接的部位（分层取样）。

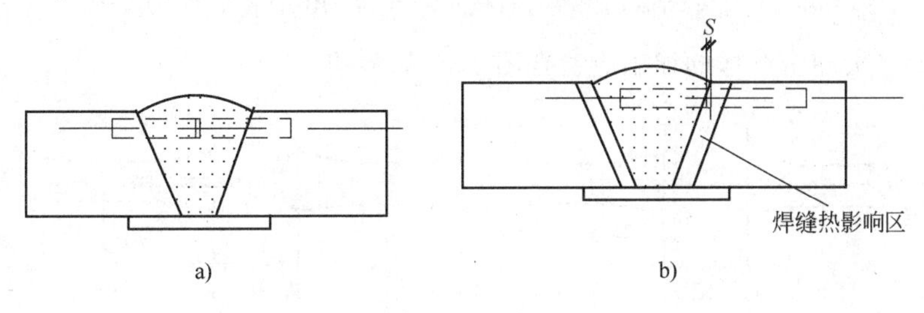

图 3-13　对接接头冲击试样缺口加工位置

a）焊缝区缺口位置　b）热影响区缺口位置

注：热影响区冲击试样根据不同焊接工艺，缺口轴线至试样轴线与熔合线交点的距离 $S=0.5\sim1\text{mm}$，并应尽可能使缺口多通过热影响区。

d. 宏观酸蚀试样的加工应符合图 3-14 的要求。每块试样应取一个面进行检验，不得将同一切口的两个侧面作为两个检验面。

③ T 形角接接头宏观酸蚀试样的加工应符合图 3-15 的要求。

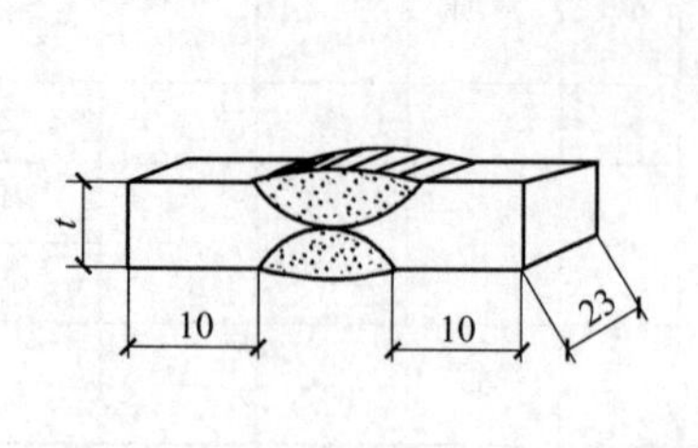

图 3-14　对接接头宏观酸蚀试样

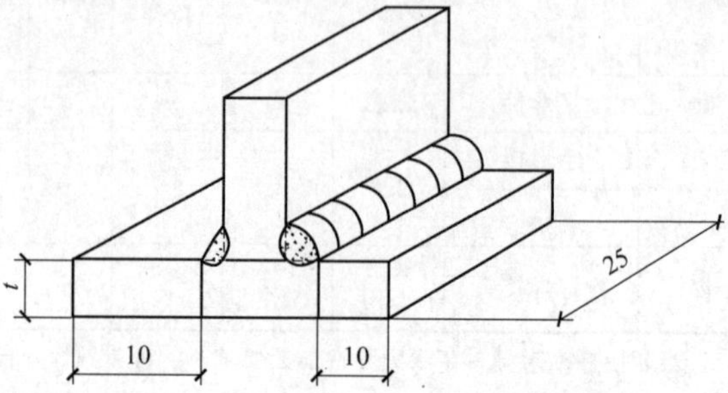

t
10
10
25

图 3-15　T 形角接接头宏观酸蚀试样

④ 十字形接头检验试样的加工应符合下列要求：

a. 接头拉伸试样的加工应符合图 3-16 的要求。

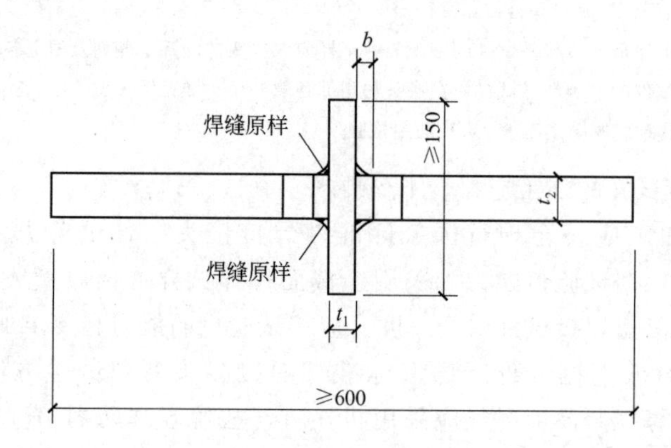

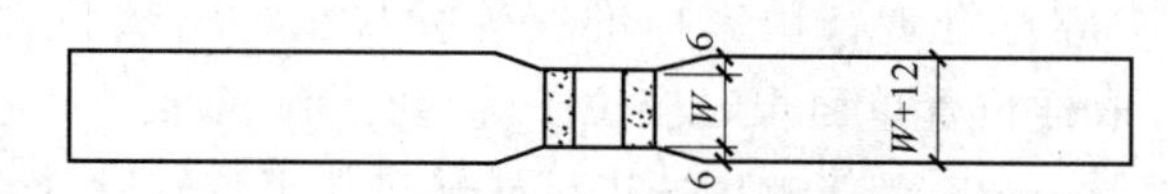

图 3-16　十字形接头拉伸试样

t_2—试验材料厚度　b—根部间隙

t_2<36mm 时，W=35mm　t_2≥36mm 时，W=25mm　平行区长度：$t_1+2b+12$mm

b. 十字形接头冲击试样的加工应符合图 3-17 的要求。

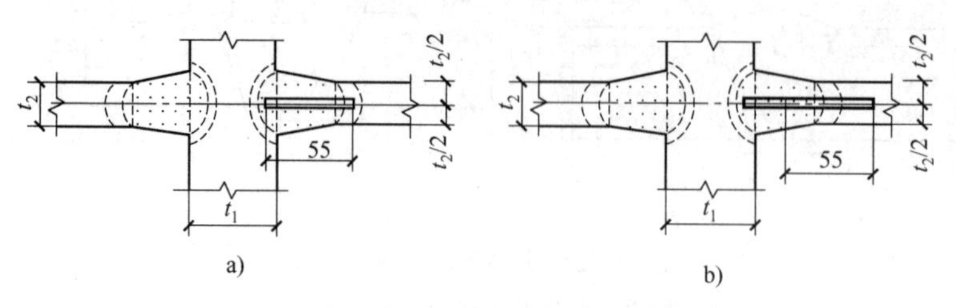

图 3-17　十字形接头冲击试验的取样位置

a）焊缝金属区　b）热影响区

c. 十字形接头宏观酸蚀试样的加工应符合图 3-18 的要求，检验面的选取应符合②中 d 的规定。

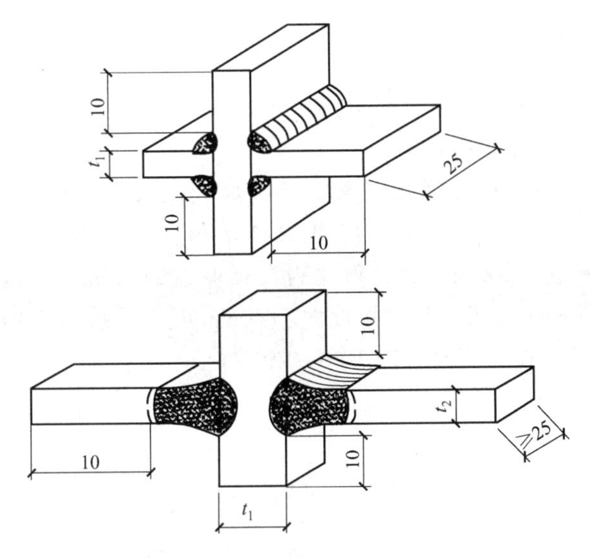

图 3-18 十字形接头宏观酸蚀试样

⑤ 斜 T 形角接接头、管-球接头、管-管相贯接头的宏观酸蚀试样的加工宜符合图 3-14 的要求，检验面的选取应符合②中 d 的规定。

⑥ 采用热切割取样时，应根据热切割工艺和试件厚度预留加工余量，确保试样性能不受热切割的影响。

4. 试件和试样的试验与检验

1）栓钉焊接接头外观检验应符合表 3-5 的要求。当采用电弧焊方法进行栓钉焊接时，其焊缝最小焊脚尺寸还应符合表 3-6 的要求。

表 3-5 栓钉焊接接头外观检验合格标准

外观检验项目	合格标准	检验方法
焊缝外形尺寸	360°范围内焊缝饱满 拉弧式栓钉焊：焊缝高 $K_1 \geq 1$mm；焊缝宽 $K_2 \geq 0.5$mm 电弧焊：最小焊脚尺寸应符合表 3-6 的规定	目测、钢直尺、焊缝量规
焊缝缺欠	无气孔、夹渣、裂纹等缺欠	目测、放大镜(5 倍)
焊缝咬边	咬边深度≤0.5mm，且最大长度不得大于 1 倍的栓钉直径	钢直尺、焊缝量规
栓钉焊后高度	高度偏差≤±2mm	钢直尺
栓钉焊后倾斜角度	倾斜角度偏差 $\theta \leq 5°$	钢直尺、量角器

表 3-6 采用电弧焊方法的栓钉焊接接头最小焊脚尺寸

栓钉直径/mm	角焊缝最小焊脚尺寸/mm
10,13	6
16,19,22	8
25	10

2）试样的力学性能、硬度及宏观酸蚀试验方法应符合下列规定：

① 拉伸试验方法应符合下列规定：

a. 对接接头拉伸试验应符合现行国家标准《焊接接头拉伸试验方法》（GB/T 2651—2008）的有关规定。

b. 栓钉焊接接头拉伸试验应符合图 3-19 的要求。

② 弯曲试验方法应符合下列规定：

a. 对接接头弯曲试验应符合现行国家标准《焊接接头弯曲试验方法》（GB/T 2653—2008）的有关规定，弯心直径为 4δ（δ 为弯曲试样厚度），弯曲角度为 180°；面弯、背弯时试样厚度应为试件全厚度（$\delta<14$mm）；侧弯时试样厚度 $\delta=10$mm，试件厚度不大于 40mm 时，试样宽度应为试件的全厚度，试件厚度大于 40mm 时，可按 20~40mm 分层取样。

b. 栓钉焊接接头弯曲试验应符合图 3-20 的要求。

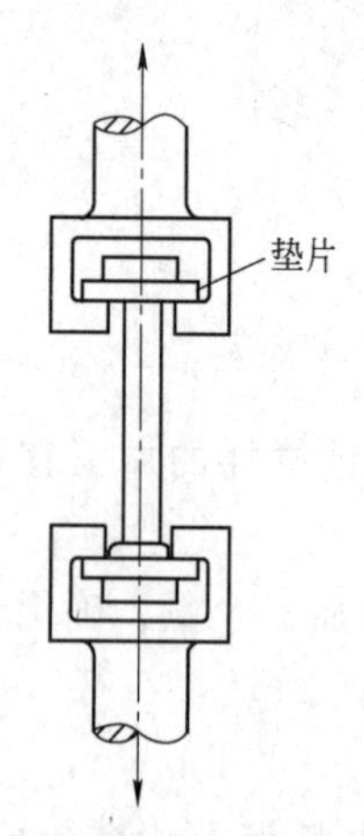

图 3-19　栓钉焊接接头试样拉伸试验方法

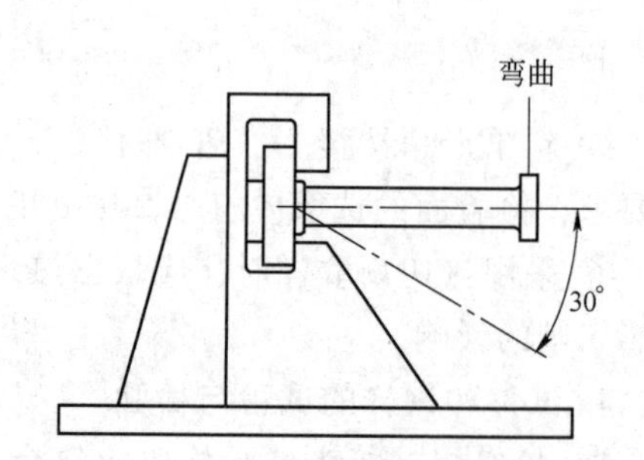

图 3-20　栓钉焊接接头试样弯曲试验方法

③ 冲击试验应符合现行国家标准《焊接接头冲击试验方法》（GB/T 2650—2008）的有关规定。

④ 宏观酸蚀试验应符合现行国家标准《钢的低倍组织及缺陷酸蚀检验法》（GB/T 226—2015）的有关规定。

⑤ 硬度试验应符合现行国家标准《焊接接头硬度试验方法》（GB/T 2654—2008）的有关规定；采用维氏硬度 HV_{10}，硬度测点分布应符合图 3-21 ~ 图 3-23 的要求，焊接接头各区域硬度测点为 3 点，其中部分焊透对接与角接组合焊缝在焊缝区和热影响区测点可为 2 点，若热影响区狭窄不能并排分布时，该区域测点可平行于焊缝熔合线排列。

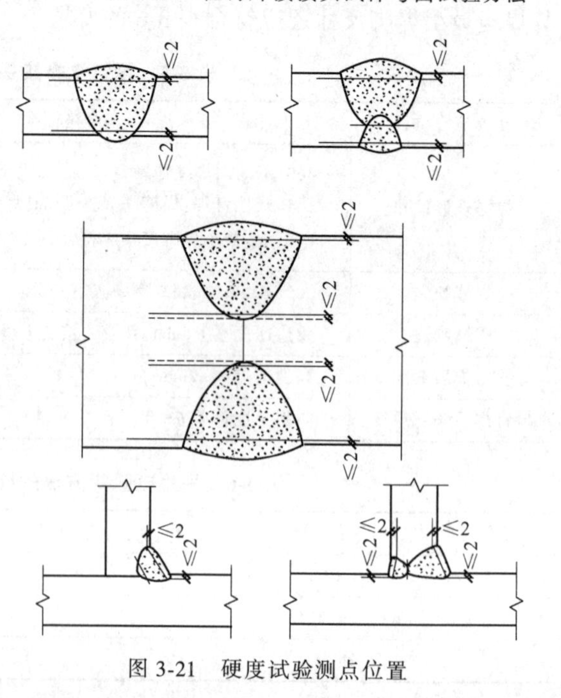

图 3-21　硬度试验测点位置

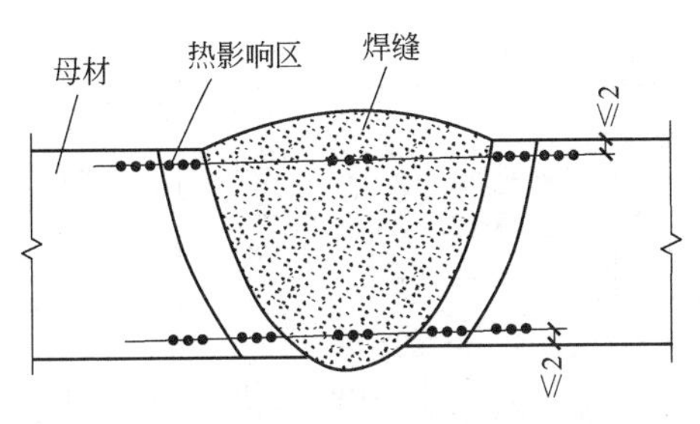

图 3-22 对接焊缝硬度试验测点分布

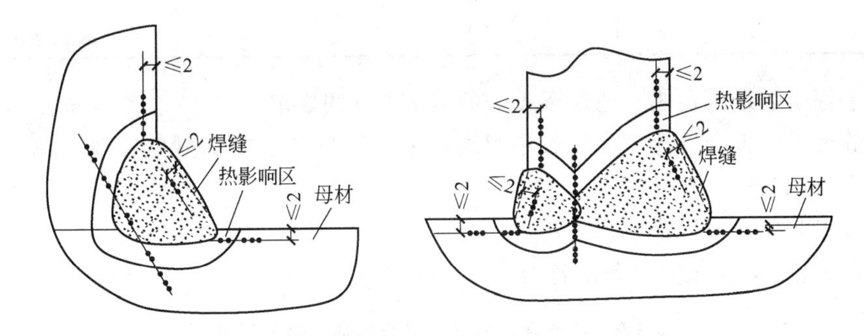

图 3-23 对接与角接组合焊缝硬度试验测点分布

5. 免予焊接工艺评定

免予焊接工艺评定的适用范围应符合下列规定：

1）免予评定的焊接方法及施焊位置应符合表 3-7 的规定。

2）免予评定的母材和焊缝金属组合应符合表 3-8 的规定，钢材厚度不应大于 40mm，质量等级应为 A、B 级。

表 3-7 免予评定的焊接方法及施焊位置

焊接方法类别号	焊接方法	代号	施焊位置
1	焊条电弧焊	SMAW	平、横、立
2-1	半自动实心焊丝二氧化碳气体保护焊(短路过渡除外)	GMAW-CO_2	平、横、立
2-2	半自动实心焊丝富氩+二氧化碳气体保护焊	GMAW-Ar	平、横、立
2-3	半自动药芯焊丝二氧化碳气体保护焊	FCAW-G	平、横、立
5-1	单丝自动埋弧焊	SAW(单丝)	平、平角
9-2	非穿透栓钉焊	SW	平

表 3-8 免予评定的母材和匹配的焊缝金属要求

母材			焊条(丝)和焊剂-焊丝组合分类等级			
钢材类别	母材最小标称屈服强度	钢材牌号	焊条电弧焊 SMAW	实心焊丝气体保护焊 GMAW	药芯焊丝气体保护焊 FCAW-G	埋弧焊 SAW(单丝)
I	<235MPa	Q195 Q215	GB/T 5117： E43XX	GB/T 8110： ER49-X	GB/T 10045： E43XT-X	GB/T 5293： F4AX-H08A
I	≥235MPa 且 <300MPa	Q235 Q275 Q235GJ	GB/T 5117： E43XX E50XX	GB/T 8110： ER49-X ER50-X	GB/T 10045： E43XT-X E50XT-X	GB/T 5293： F4AX-H08A GB/T 12470： F48AX-H08MnA

（续）

母材			焊条(丝)和焊剂-焊丝组合分类等级			
钢材类别	母材最小标称屈服强度	钢材牌号	焊条电弧焊 SMAW	实心焊丝气体保护焊 GMAW	药芯焊丝气体保护焊 FCAW-G	埋弧焊 SAW(单丝)
Ⅱ	≥300MPa 且 ≤355MPa	Q345 Q345GJ	GB/T 5117： E50XX GB/T 5118： E5015 E5016-X	GB/T 8110： ER50-X	GB/T 17493： E50XT-X	GB/T 5293： F5AX-H08MnA GB/T 12470： F48AX-H08MnA F48AX-H10Mn2 F48AX-H10Mn2A

3）免予评定的最低预热、道间温度应符合表 3-9 的规定。

4）焊缝尺寸应符合设计要求，最小焊脚尺寸应符合表 2-30 的规定；最大单道焊焊缝尺寸应符合表 3-14 的规定。

5）焊接工艺参数应符合下列规定：

① 免予评定的焊接工艺参数应符合表 3-10 的规定。

表 3-9　免予评定的钢材最低预热、道间温度

钢材类别	钢材牌号	设计对焊接材料要求	接头最厚部件的板厚 t/mm	
			$t\leqslant20$	$20<t\leqslant40$
Ⅰ	Q195、Q215、Q235、Q235GJ Q275、20	非低氢型	5℃	20℃
		低氢型		5℃
Ⅱ	Q345、Q345GJ	非低氢型		40℃
		低氢型		20℃

注：1. 接头形式为坡口对接，一般拘束度。
2. SMAW、GMAW、FCAW-G 热输入约为 15～25kJ/cm；SAW-S 热输入约为 15～45kJ/cm。
3. 采用低氢型焊材时，熔敷金属扩散氢（甘油法）含量应符合下列规定：焊条 E4315、E4316 不应大于 8mL/100g；焊条 E5015、E5016 不应大于 6mL/100g。
4. 焊接接头板厚不同时，应按最大板厚确定预热温度；焊接接头材质不同时，应按高强度、高碳当量的钢材确定预热温度。
5. 环境温度不应低于 0℃。

表 3-10　各种焊接方法免予评定的焊接参数范围

焊接方法代号	焊条或焊丝型号	焊条或焊丝直径/mm	电流/A	电流极性	电压/V	焊接速度/(cm/min)
SMAW	EXX15	3.2	80～140	EXX15：直流反接	18～26	8～18
	EXX16	4.0	110～210	EXX16：交、直流	20～27	10～20
	EXX03	5.0	160～230	EXX03：交流	20～27	10～20
GMAW	ER-XX	1.2	打底 180～260 填充 220～320 盖面 220～280	直流反接	25～38	25～45
FCAW	EXX1T1	1.2	打底 160～260 填充 220～320 盖面 220～280	直流反接	25～38	30～55
SAW	HXXX	3.2	400～600	直流反接或交流	24～40	25～65
		4.0	450～700		24～40	
		5.0	500～800		34～40	

注：表中参数为平、横焊位置。立焊电流应比平、横焊减小 10%～15%。

② 要求完全焊透的焊缝，单面焊时应加衬垫，双面焊时应清根。

③ 焊条电弧焊时，焊道最大宽度不应超过焊条标称直径的 4 倍，实心焊丝气体保护焊、药芯焊丝气体保护焊时，焊道最大宽度不应超过 20mm。

④ 导电嘴与工件距离：埋弧自动焊 (40±10)mm；气体保护焊 (20±7)mm。

⑤ 保护气种类：二氧化碳；富氩气体，混合比例为氩气 80%+二氧化碳 20%。

⑥ 保护气流量：20~50L/min。

6）免予评定的各类焊接节点构造形式、焊接坡口的形式和尺寸必须符合《钢结构焊接规范》(GB 50661—2011) 第 5 章的要求，并应符合下列规定：

① 斜角角焊缝两面角 $\psi>30°$。

② 管材相贯接头局部两面角 $\psi>30°$。

7）免予评定的结构荷载特性应为静载。

8）焊丝直径不符合表 3-10 的规定时，不得免予评定。

9）当焊接参数按表 3-10、表 3-11 的规定值变化范围超过《钢结构焊接规范》(GB 50661—2011) 第 6.3 节的规定时，不得免予评定。

表 3-11 拉弧式栓钉焊免予评定的焊接参数范围

焊接方法代号	栓钉直径/mm	电流/A	电流极性	焊接时间/s	提升高度/mm	伸出长度/mm
SW	13 16	900~1000 1200~1300	直流正接	0.7 0.8	1~3	3~4 4~5

3.1.2 焊接工艺

1）钢材轧制缺欠（见图 3-24）的检测和修复应符合下列要求：

① 焊接坡口边缘上钢材的夹层缺欠长度超过 25mm 时，应采用无损检测方法检测其深度。当缺欠深度不大于 6mm 时，应用机械方法清除；当缺欠深度大于 6mm 且不超过 25mm 时，应用机械方法清除后焊接填满；当缺欠深度大于 25mm 时，应采用超声波测定其尺寸，如果单个缺欠面积 ($a×d$) 或聚焦缺欠的总面积不超过被切割钢材总面积 ($B×L$) 的 4%时为合格，否则不应使用。

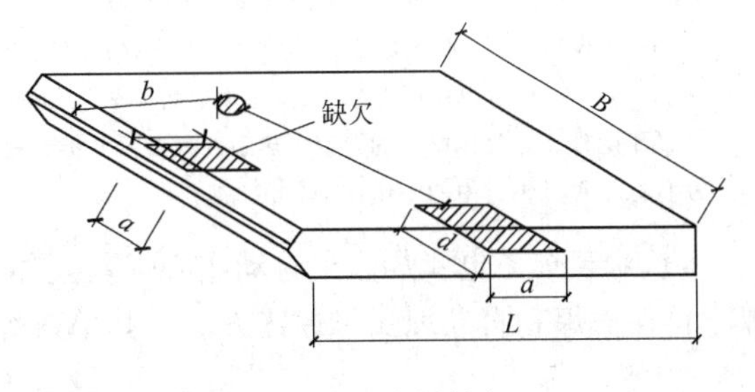

图 3-24 夹层缺欠

② 钢材内部的夹层，其尺寸不超过①的规定且位置离母材坡口表面距离 b 不小于 25mm 时不需要修补；距离 b 小于 25mm 时应进行焊接修补。

③ 夹层是裂纹时，裂纹长度 a 和深度 d 均不大于 50mm 时应进行焊接修补；裂纹深度 d 大于 50mm 或累计长度超过板宽的 20%时不应使用。

④ 焊接修补应符合《钢结构焊接规范》(GB 50661—2011) 第 7.11 节的规定。

2）组装后坡口尺寸允许偏差应符合表 3-12 的规定。

表 3-12　坡口尺寸组装允许偏差

序号	项　目	背面不清根	背面清根
1	接头钝边	±2mm	
2	无衬垫接头根部间隙	±2mm	+2mm -3mm
3	带衬垫接头根部间隙	+6mm -2mm	—
4	接头坡口角度	+10° -5°	+10° -5°
5	U形和J形坡口根部半径	+3mm -0mm	

3）常用钢材采用中等热输入焊接时，最低预热温度宜符合表3-13的要求。

表 3-13　常用钢材最低预热温度要求　（单位：℃）

钢材类别	接头最厚部件的板厚 t/mm				
	$t\leqslant20$	$20<t\leqslant40$	$40<t\leqslant60$	$60<t\leqslant80$	$t>80$
Ⅰ①	—	—	40	50	80
Ⅱ	—	20	60	80	100
Ⅲ	20	60	80	100	120
Ⅳ②	20	80	100	120	150

注：1. 焊接热输入约为15~25kJ/cm，当热输入增大5kJ/cm时，预热温度可比表中温度降低20℃。
2. 当采用非低氢焊接材料或焊接方法焊接时，预热温度应比表中规定的温度提高20℃。
3. 当母材施焊处温度低于0℃时，应根据焊接作业环境、钢材牌号及板厚的具体情况将表中预热温度适当增加，且应在焊接过程中保持这一最低道间温度。
4. 焊接接头板厚不同时，应按焊接接头中较厚板的板厚选择最低预热温度和道间温度。
5. 焊接接头材质不同时，应按焊接接头中较高强度、较高碳当量的钢材选择最低预热温度。
6. 本表不适用于供货状态为调质处理的钢材；控轧控冷（TMCP）钢最低预热温度可由试验确定。
7. “—”表示焊接环境在0℃以上时，可不采取预热措施。

① 铸钢除外，Ⅰ类钢材中的铸钢预热温度宜参照Ⅱ类钢材的要求确定。
② 仅限于Ⅳ类钢材中的Q460、Q460GJ钢。

4）对于焊条电弧焊、半自动实心焊丝气体保护焊、半自动药芯焊丝气体保护焊、药芯焊丝自保护焊和自动埋弧焊焊接方法，其单道焊最大焊缝尺寸宜符合表3-14的规定。

表 3-14　单道焊最大焊缝尺寸

焊道类型	焊接位置	焊缝类型	焊接方法		
			焊条电弧焊	气体保护焊和药芯焊丝自保护焊	单丝埋弧焊
根部焊道最大厚度	平焊	全部	10mm	10mm	—
	横焊		8mm	8mm	
	立焊		12mm	12mm	—
	仰焊		8mm	8mm	

（续）

焊道类型	焊接位置	焊缝类型	焊接方法		
			焊条电弧焊	气体保护焊和 药芯焊丝自保护焊	单丝埋弧焊
填充焊道 最大厚度	全部	全部	5mm	6mm	6mm
单道角焊缝 最大焊脚尺寸	平焊	角焊缝	10mm	12mm	12mm
	横焊		8mm	10mm	8mm
	立焊		12mm	12mm	—
	仰焊		8mm	8mm	

5）电渣焊采用Ⅰ形坡口（见图3-25）时，坡口间隙 b 与板厚 t 的关系应符合表3-15的规定。

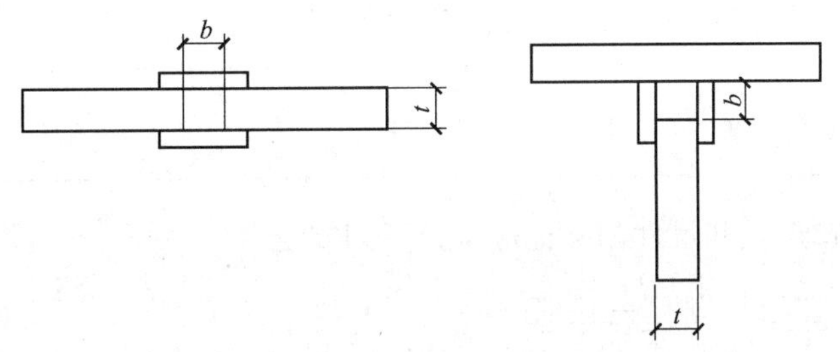

图3-25　电渣焊Ⅰ形坡口

表3-15　电渣焊Ⅰ形坡口间隙与板厚关系

母材厚度 t/mm	坡口间隙 b/mm
$t \leqslant 32$	25
$32 < t \leqslant 45$	28
$t > 45$	30～32

3.1.3　钢结构焊接接头坡口形式、尺寸和标记方法

1）各种焊接方法及接头坡口形式尺寸代号和标记应符合下列规定：

①焊接焊透种类代号应符合表3-16的规定。

表3-16　焊接焊透种类代号

代号	焊接方法	焊透种类
MC	焊条电弧焊	完全焊透
MP		部分焊透
GC	气体保护电弧焊 药芯焊丝自保护焊	完全焊透
GP		部分焊透
SC	埋弧焊	完全焊透
SP		部分焊透
SL	电渣焊	完全焊透

② 单、双面焊接及衬垫种类代号应符合表3-17的规定。

表3-17 单、双面焊接及衬垫种类代号

反面衬垫种类		单、双面焊接	
代号	使用材料	代号	单、双焊接面规定
BS	钢衬垫	1	单面焊接
BF	其他材料的衬垫	2	双面焊接

③ 坡口各部分尺寸代号应符合表3-18的规定。

表3-18 坡口各部分的尺寸代号

代 号	代表的坡口各部分尺寸
t	接缝部位的板厚(mm)
b	坡口根部间隙或部件间隙(mm)
h	坡口深度(mm)
p	坡口钝边(mm)
α	坡口角度(°)

④ 焊接接头坡口形式和尺寸的标记应符合下列规定：

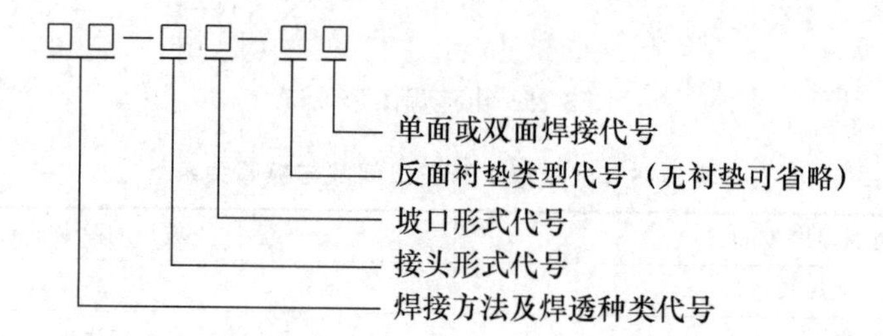

标记示例：焊条电弧焊、完全焊透、对接、Ⅰ形坡口、背面加钢衬垫的单面焊接接头表示为MC-BⅠ-BS1。

2）焊条电弧焊全焊透坡口形式和尺寸宜符合表3-19的要求。

表3-19 焊条电弧焊全焊透坡口形式和尺寸

序号	标记	坡口形状示意图	板厚/mm	焊接位置	坡口尺寸/mm	备注
1	MC-BI-2 MC-TI-2 MC-CI-2		3~6	F H V O	$b=\frac{t}{2}$	清根

（续）

<table>
<tr><th>序号</th><th>标记</th><th>坡口形状示意图</th><th>板厚/mm</th><th>焊接位置</th><th colspan="2">坡口尺寸/mm</th><th>备注</th></tr>
<tr><td rowspan="2">2</td><td>MC-BI-B1</td><td> 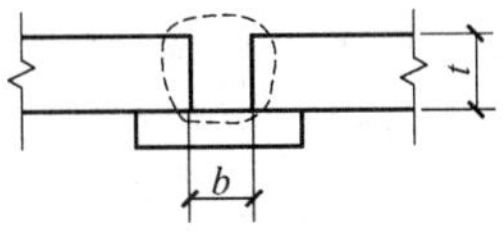</td><td rowspan="2">3~6</td><td rowspan="2">F
H
V
O</td><td colspan="2" rowspan="2">$b=t$</td><td rowspan="2"></td></tr>
<tr><td>MC-CI-B1</td><td> 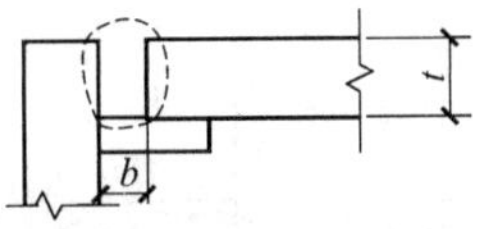</td></tr>
<tr><td rowspan="2">3</td><td>MC-BV-2</td><td> 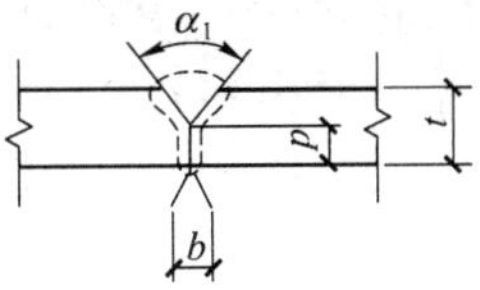</td><td rowspan="2">≥6</td><td rowspan="2">F
H
V
O</td><td colspan="2" rowspan="2">$b=0\sim3$
$p=0\sim3$
$\alpha_1=60°$</td><td rowspan="2">清根</td></tr>
<tr><td>MC-CV-2</td><td> 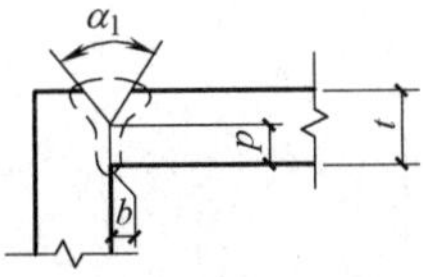</td></tr>
<tr><td rowspan="10">4</td><td rowspan="5">MC-BV-B1</td><td rowspan="5"> 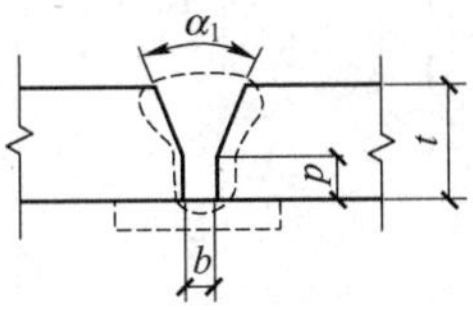</td><td rowspan="5">≥6</td><td rowspan="2">F,H
V,O</td><td>b</td><td>α_1</td><td rowspan="10"></td></tr>
<tr><td>6</td><td>45°</td></tr>
<tr><td rowspan="3">F,V
O</td><td>10</td><td>30°</td></tr>
<tr><td>13</td><td>20°</td></tr>
<tr><td colspan="2">$p=0\sim2$</td></tr>
<tr><td rowspan="5">MC-CV-B1</td><td rowspan="5"> 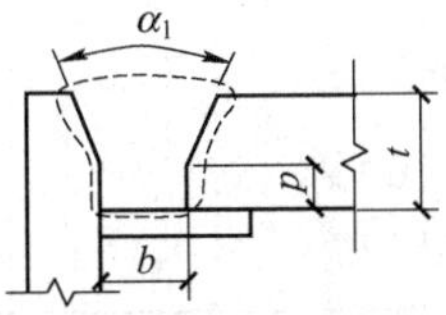</td><td rowspan="5">≥12</td><td rowspan="2">F,H
V,O</td><td>b</td><td>α_1</td></tr>
<tr><td>6</td><td>45°</td></tr>
<tr><td rowspan="3">F,V
O</td><td>10</td><td>30°</td></tr>
<tr><td>13</td><td>20°</td></tr>
<tr><td colspan="2">$p=0\sim2$</td></tr>
<tr><td rowspan="3">5</td><td>MC-BL-2</td><td> 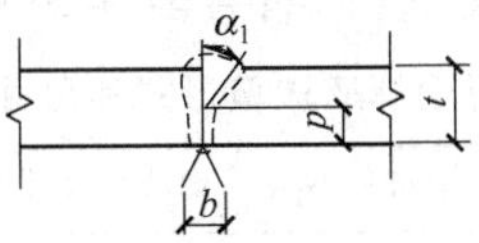</td><td rowspan="3">≥6</td><td rowspan="3">F
H
V
O</td><td colspan="2" rowspan="3">$b=0\sim3$
$p=0\sim3$
$\alpha_1=45°$</td><td rowspan="3">清根</td></tr>
<tr><td>MC-TL-2</td><td> 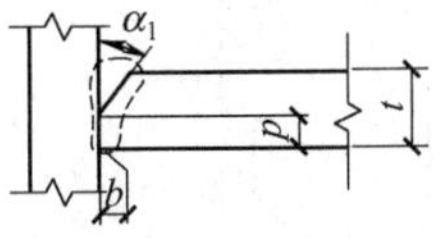</td></tr>
<tr><td>MC-CL-2</td><td> 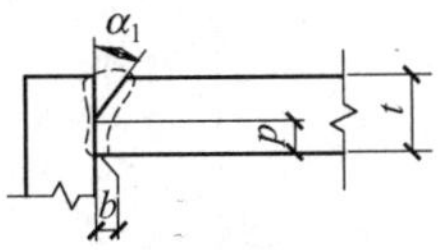</td></tr>
</table>

（续）

序号	标记	坡口形状示意图	板厚/mm	焊接位置	坡口尺寸/mm		备注
6	MC-BL-B1	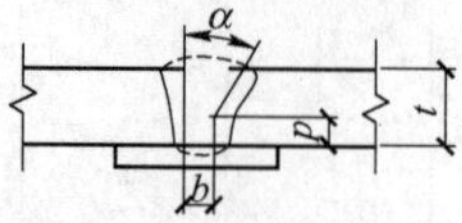	≥6	F H V O	b	α_1	
	MC-TL-B1			F,H V,O （F,V, O）	6	45°	
					（10）	（30°）	
	MC-CL-B1	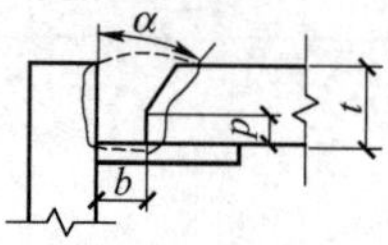		F,H V,O （F,V, O）	$p=0\sim2$		
7	MC-BX-2	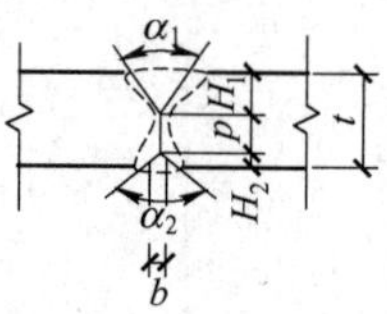	≥6	F H V O	$b=0\sim3$ $H_1=\frac{2}{3}(t-p)$ $p=0\sim3$ $H_2=\frac{1}{3}(t-p)$ $\alpha_1=45°$ $\alpha_2=60°$		清根
8	MC-BK-2 MC-TK-2 MC-CK-2	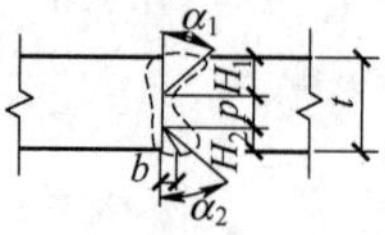	≥6	F H V O	$b=0\sim3$ $H_1=\frac{2}{3}(t-p)$ $p=0\sim3$ $H_2=\frac{1}{3}(t-p)$ $\alpha_1=45°$ $\alpha_2=60°$		清根

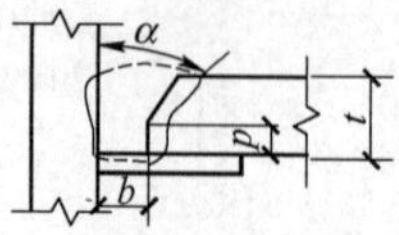

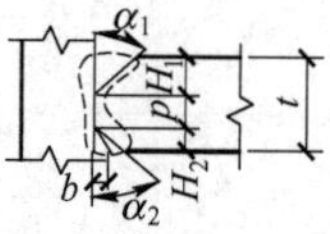

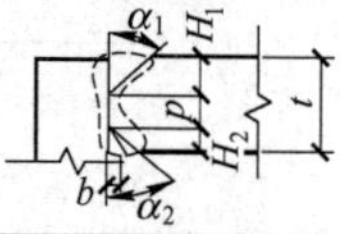

3）气体保护焊、自保护焊全焊透坡口形式和尺寸宜符合表3-20的要求。

表3-20 气体保护焊、自保护焊全焊透坡口形式和尺寸

序号	标记	坡口形状示意图	板厚/mm	焊接位置	坡口尺寸/mm	备注
1	GC-BI-2 GC-TI-2 GC-CI-2	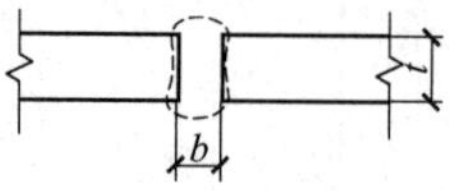	3~8	F H V O	$b=0\sim3$	清根

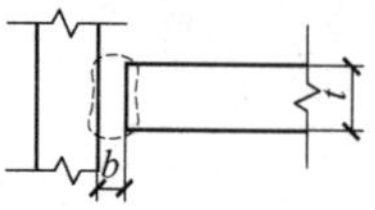

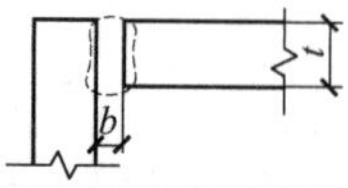

（续）

序号	标记	坡口形状示意图	板厚/mm	焊接位置	坡口尺寸/mm	备注
2	GC-BI-B1 GC-CI-B1		6～10	F H V O	$b=t$	
3	GC-BV-2 GC-CV-2	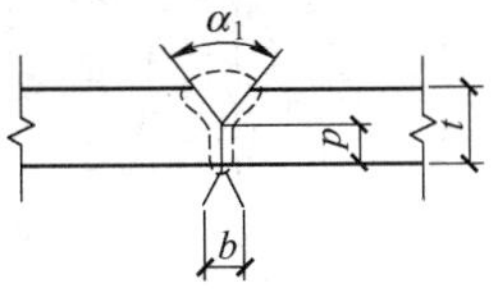	≥6	F H V O	$b=0\sim3$ $p=0\sim3$ $\alpha_1=60°$	清根
4	GC-BV-B1	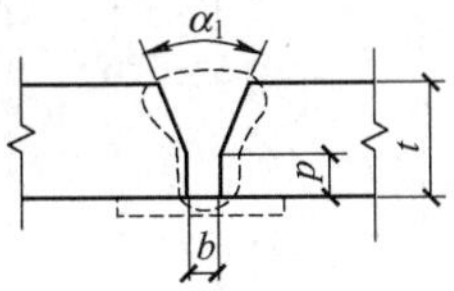	≥6	F V O	b / α_1：6 / 45°；10 / 30°	
	GC-CV-B1	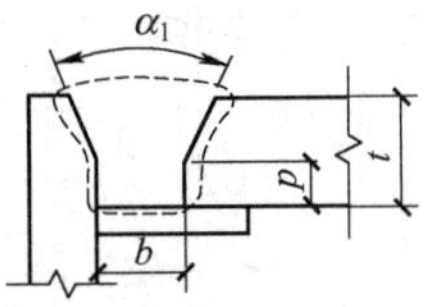	≥12		$p=0\sim2$	
5	GC-BL-2 GC-TL-2 GC-CL-2		≥6	F H V O	$b=0\sim3$ $p=0\sim3$ $\alpha_1=45°$	清根

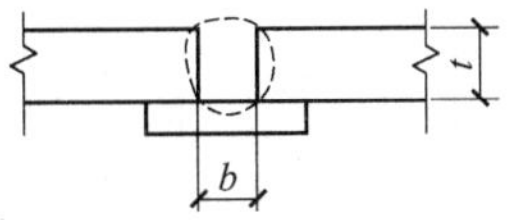

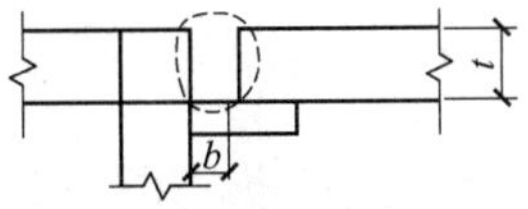

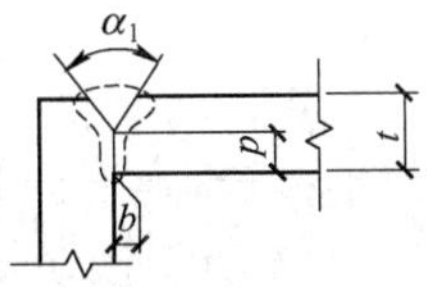

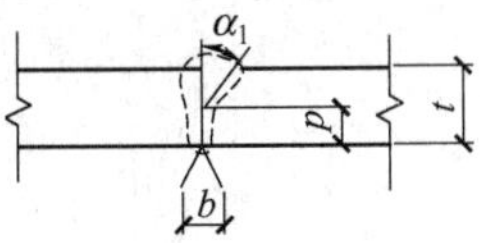

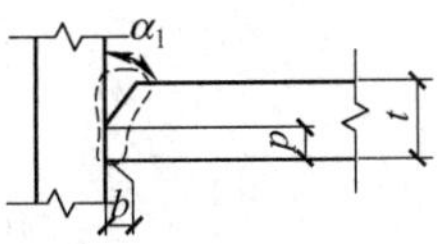

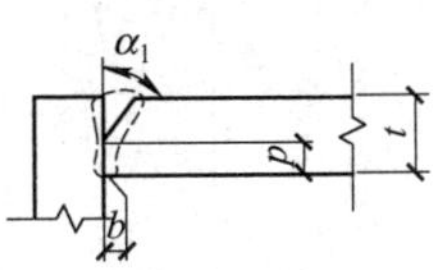

（续）

序号	标记	坡口形状示意图	板厚/mm	焊接位置	坡口尺寸/mm		备注
					b	α_1	
6	GC-BL-B1	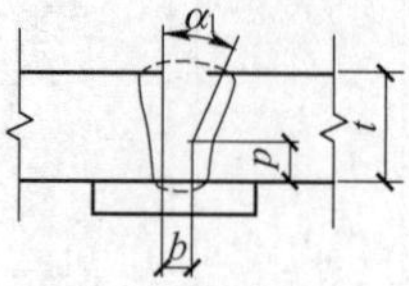	≥6	F,H V,O	6	45°	
				（F）	（10）	（30°）	
	GC-TL-B1				$p=0\sim2$		
	GC-CL-B1						
7	GC-BX-2	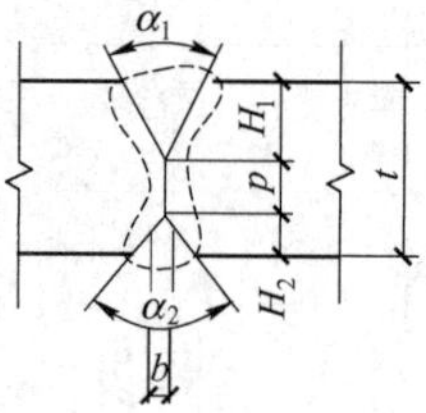	≥6	F H V O	$b=0\sim3$ $H_1=\dfrac{2}{3}(t-p)$ $p=0\sim3$ $H_2=\dfrac{1}{3}(t-p)$ $\alpha_1=45°$ $\alpha_2=60°$		清根
8	GC-BK-2	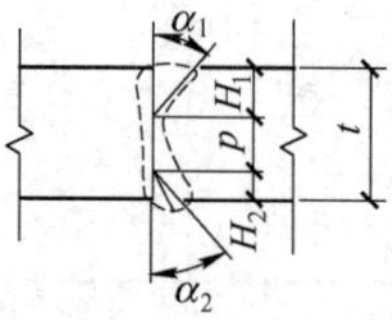	≥6	F H V O	$b=0\sim3$ $H_1=\dfrac{2}{3}(t-p)$ $p=0\sim3$ $H_2=\dfrac{1}{3}(t-p)$ $\alpha_1=45°$ $\alpha_2=60°$		清根
	GC-TK-2						
	GC-CK-2						

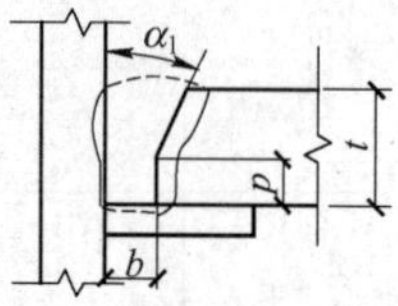

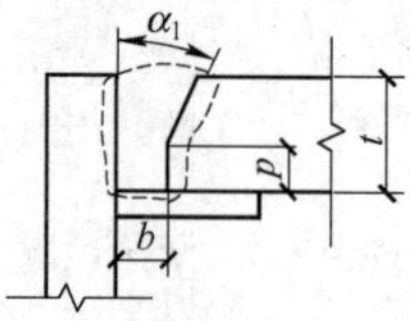

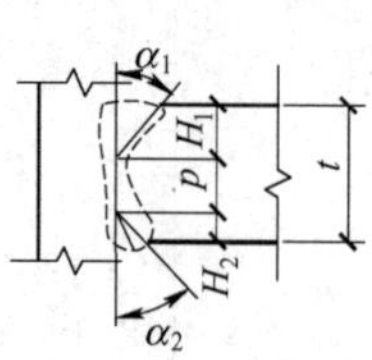

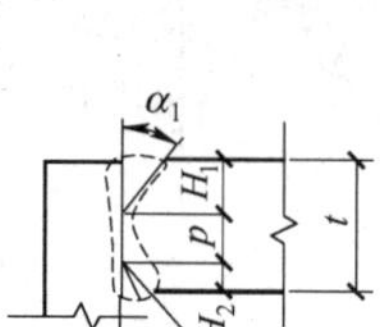

4)埋弧焊全焊透坡口形式和尺寸宜符合表 3-21 要求。

表 3-21　埋弧焊全焊透坡口形式和尺寸

序号	标记	坡口形状示意图	板厚/mm	焊接位置	坡口尺寸/mm	备注
1	SC-BI-2	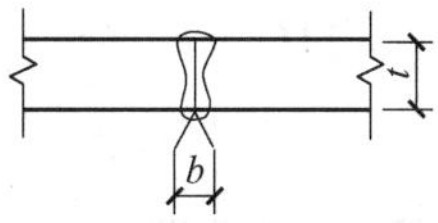	6~12	F	$b=0$	清根
	SC-TI-2	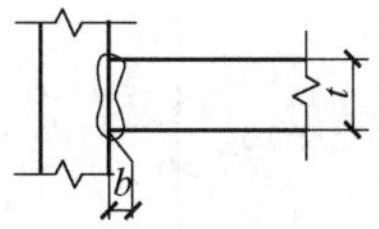	6~10	F		
	SC-CI-2	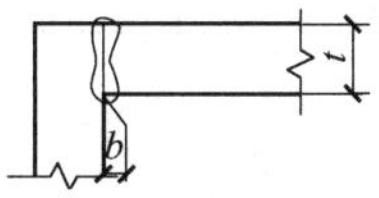				
2	SC-BI-B1	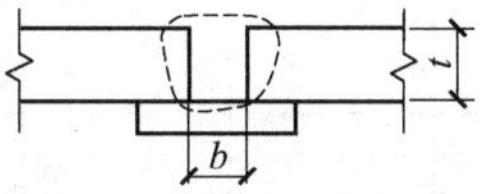	6~10	F	$b=t$	
	SC-CI-B1	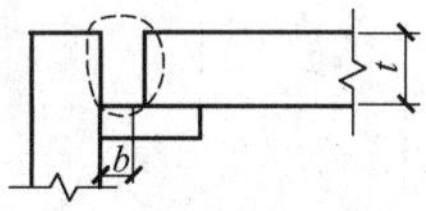				
3	SC-BV-2	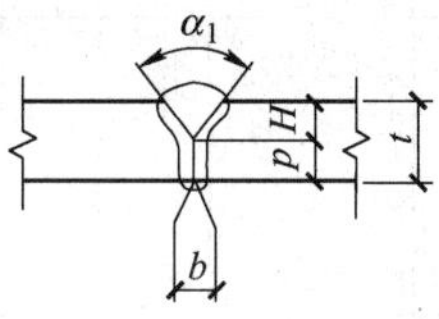	≥12	F	$b=0$ $H_1=t-p$ $p=6$ $\alpha_1=60°$	清根
	SC-CV-2	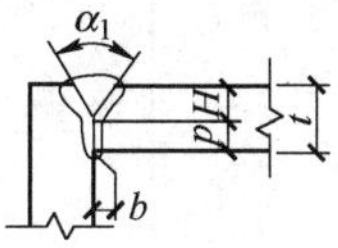	≥10	F	$b=0$ $p=6$ $\alpha_1=60°$	清根
4	SC-BV-B1	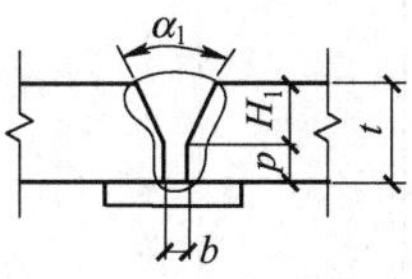	≥10	F	$b=8$ $H_1=t-p$ $p=2$ $\alpha_1=30°$	
	SC-CV-B1	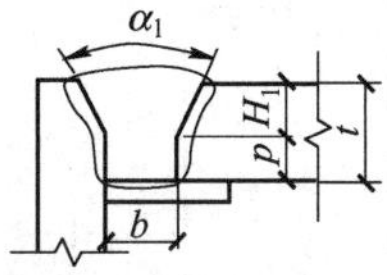				

（续）

序号	标记	坡口形状示意图	板厚/mm	焊接位置	坡口尺寸/mm	备注
5	SC-BL-2	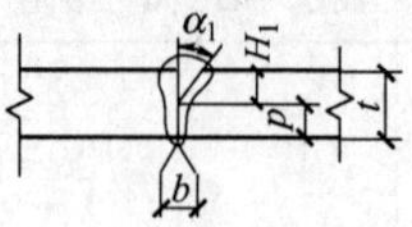	≥12	F	$b=0$ $H_1=t-p$ $p=6$ $\alpha_1=55°$	清根
		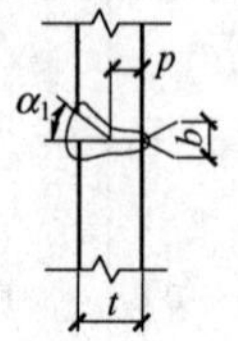	≥10	H		
	SC-TL-2	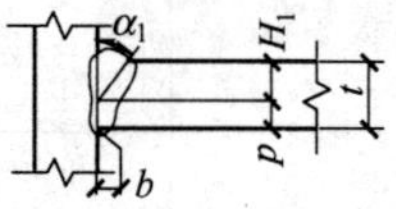	≥8	F	$b=0$ $H_1=t-p$ $p=6$ $\alpha_1=60°$	清根
	SC-CL-2	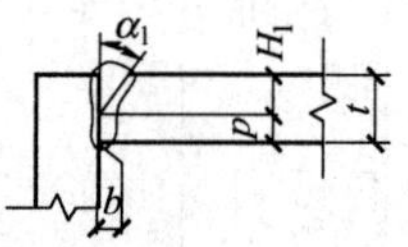	≥8	F	$b=0$ $H_1=t-p$ $p=6$ $\alpha_1=55°$	
6	SC-BL-B1	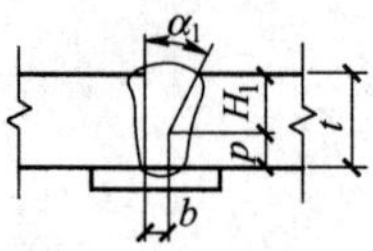	≥10	F	b 　 α_1 6 　 45° （10） （30°）	
	SC-TL-B1	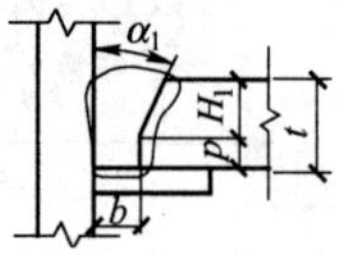				
	SC-CL-B1	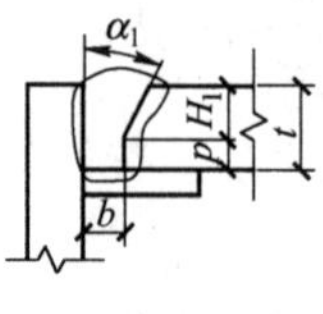			$p=2$ $H_1=t-p$	

（续）

序号	标记	坡口形状示意图	板厚/mm	焊接位置	坡口尺寸/mm	备注
7	SC-BX-2	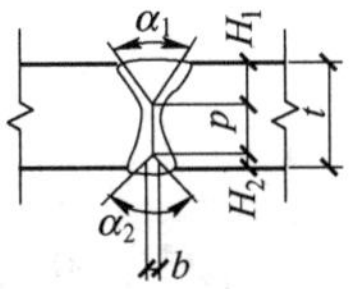	≥20	F	$b=0\sim3$ $H_1=\frac{2}{3}(t-p)$ $p=6$ $H_2=\frac{1}{3}(t-p)$ $\alpha_1=45°$ $\alpha_2=60°$	清根
8	SC-BK-2	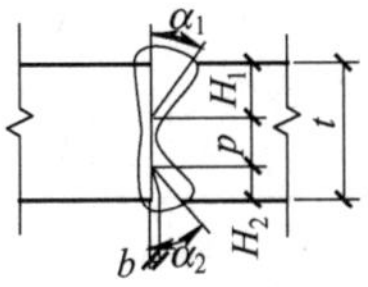	≥20	F	$b=0$ $H_1=\frac{2}{3}(t-p)$ $p=5$ $H_2=\frac{1}{3}(t-p)$ $\alpha_1=45°$ $\alpha_2=60°$	清根
		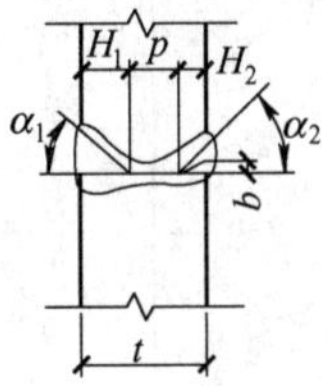	≥20	H		
	SC-TK-2	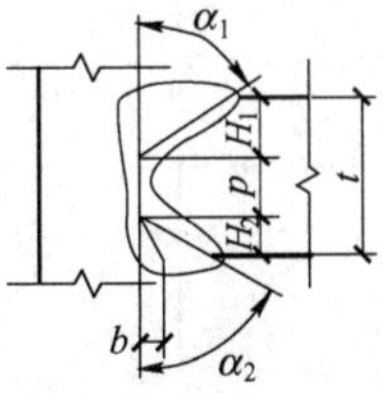	≥20	F	$b=0$ $H_1=\frac{2}{3}(t-p)$ $p=5$ $H_2=\frac{1}{3}(t-p)$ $\alpha_1=45°$ $\alpha_2=60°$	清根
	SC-CK-2	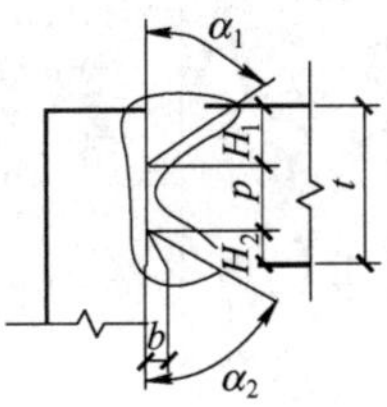	≥20	F	$b=0$ $H_1=\frac{2}{3}(t-p)$ $p=5$ $H_2=\frac{1}{3}(t-p)$ $\alpha_1=45°$ $\alpha_2=60°$	清根

5）焊条电弧焊部分焊透坡口形式和尺寸宜符合表 3-22 的要求。

表 3-22　焊条电弧焊部分焊透坡口形式和尺寸

序号	标记	坡口形状示意图	板厚/mm	焊接位置	坡口尺寸/mm	备注
1	MP-BI-1	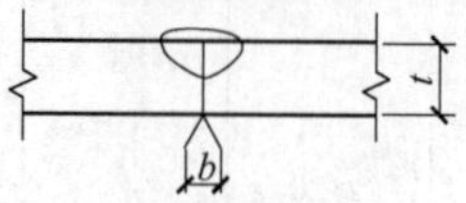	3~6	F H V O	$b=0$	
	MP-CI-1	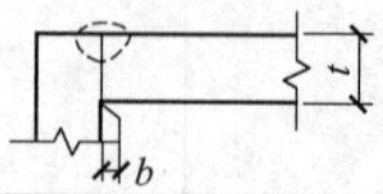				
2	MP-BI-2	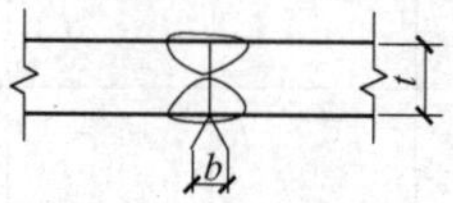	3~6	FH VO	$b=0$	
	MP-CI-2	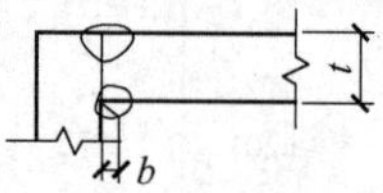	6~10			
3	MP-BV-1	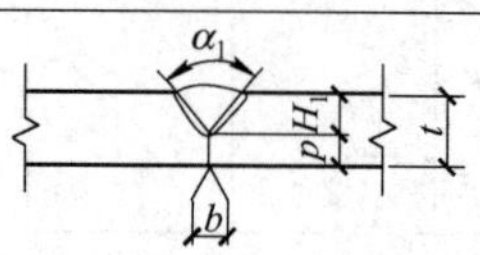	≥6	F H V O	$b=0$ $H_1 \geqslant 2\sqrt{t}$ $p=t-H_1$ $\alpha_1=60°$	
	MP-BV-2	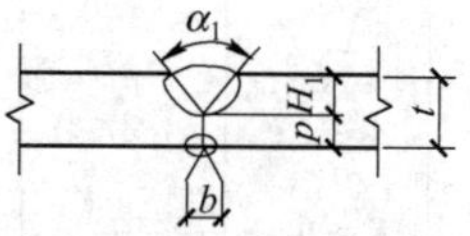				
	MP-CV-1	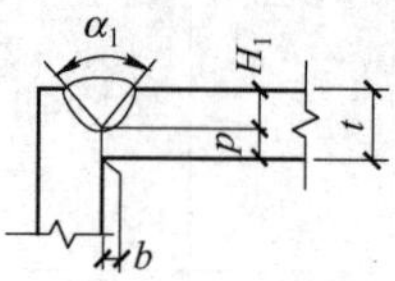				
	MP-CV-2	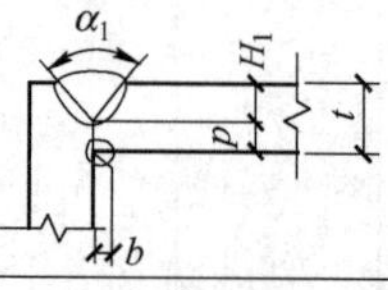				
4	MP-BL-1	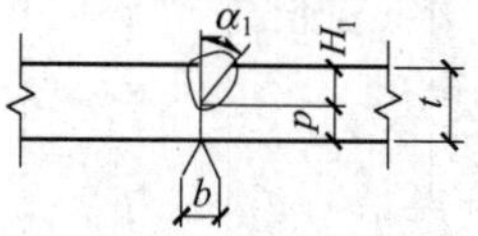	≥6	F H V O	$b=0$ $H_1 \geqslant 2\sqrt{t}$ $p=t-H_1$ $\alpha_1=45°$	
	MP-BL-2	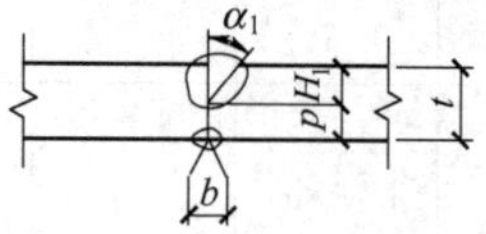				
	MP-CL-1	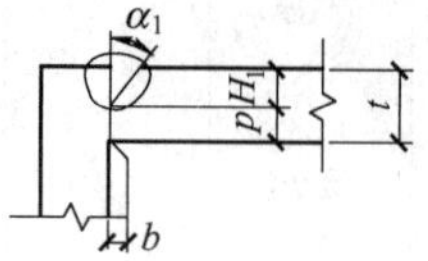				
	MP-CL-2	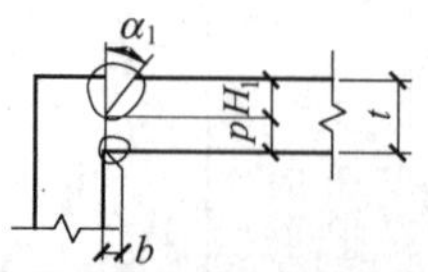				

（续）

序号	标记	坡口形状示意图	板厚/mm	焊接位置	坡口尺寸/mm	备注
5	MP-TL-1 MP-TL-2	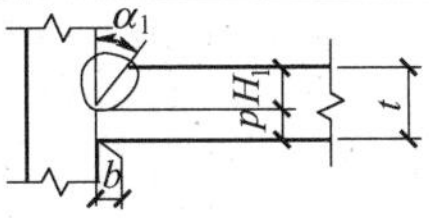	≥10	F H V O	$b=0$ $H_1 \geqslant 2\sqrt{t}$ $p=t-H_1$ $\alpha_1=45°$	
6	MP-BX-2	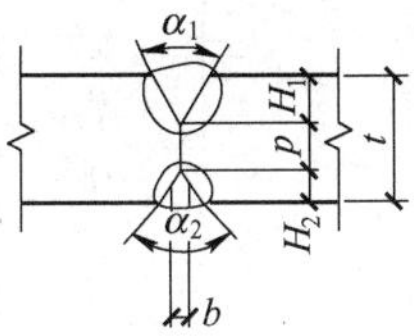	≥25	F H V O	$b=0$ $H_1 \geqslant 2\sqrt{t}$ $p=t-H_1-H_2$ $H_2 \geqslant 2\sqrt{t}$ $\alpha_1=60°$ $\alpha_2=60°$	
7	MP-BK-2 MP-TK-2 MP-CK-2	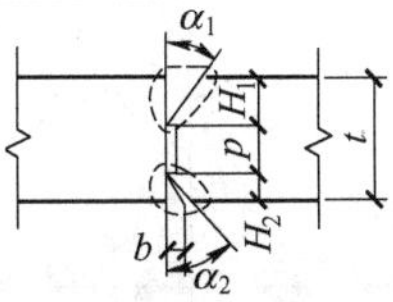	≥25	F H V O	$b=0$ $H_1 \geqslant 2\sqrt{t}$ $p=t-H_1-H_2$ $H_2 \geqslant 2\sqrt{t}$ $\alpha_1=45°$ $\alpha_2=45°$	

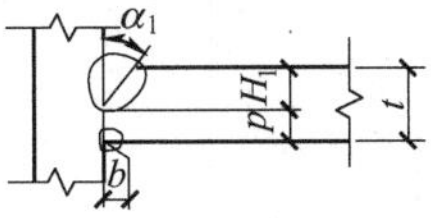

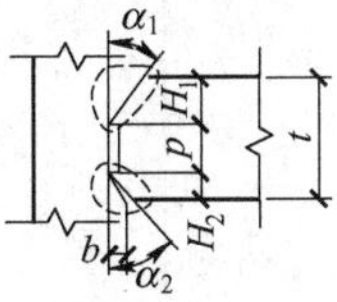

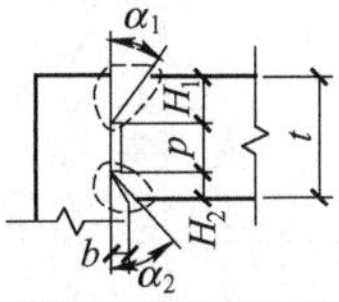

6）气体保护焊、自保护焊部分焊透坡口形式和尺寸宜符合表 3-23 的要求。

表 3-23 气体保护焊、自保护焊部分焊透坡口形式和尺寸

序号	标记	坡口形状示意图	板厚/mm	焊接位置	坡口尺寸/mm	备注
1	GP-BI-1 GP-CI-1	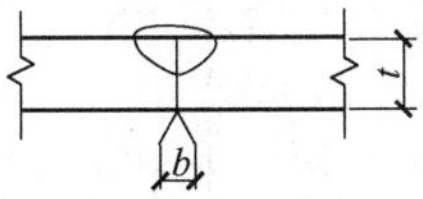	3~10	F H V O	$b=0$	
2	GP-BI-2	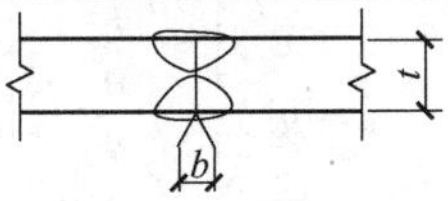	3~10	F H V O	$b=0$	
	GP-CI-2	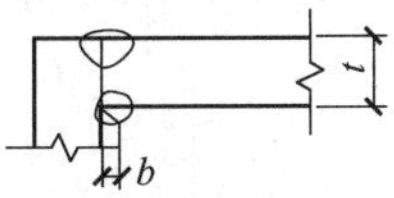	10~12			

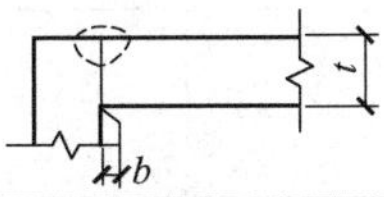

（续）

序号	标记	坡口形状示意图	板厚/mm	焊接位置	坡口尺寸/mm	备注
3	GP-BV-1	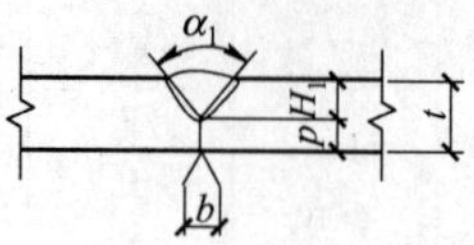	≥6	F H V O	$b=0$ $H_1 \geqslant 2\sqrt{t}$ $p=t-H_1$ $\alpha_1=60°$	
	GP-BV-2	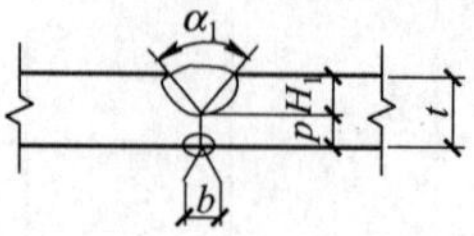				
	GP-CV-1	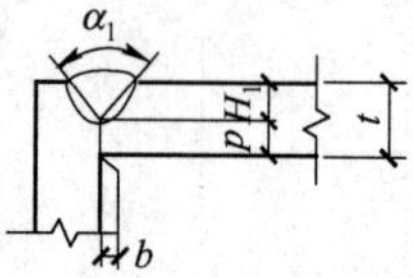				
	GP-CV-2	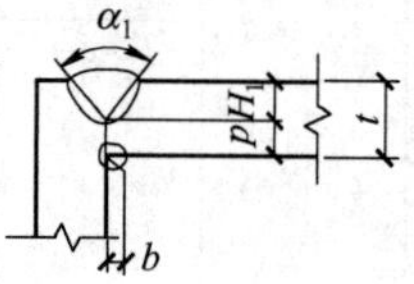				
4	GP-BL-1	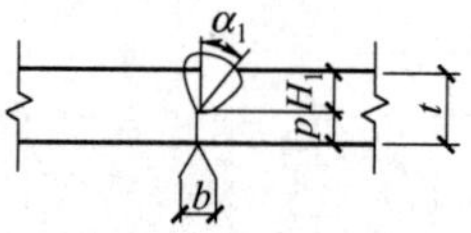	≥6	F H V O	$b=0$ $H_1 \geqslant 2\sqrt{t}$ $p=t-H_1$ $\alpha_1=45°$	
	GP-BL-2	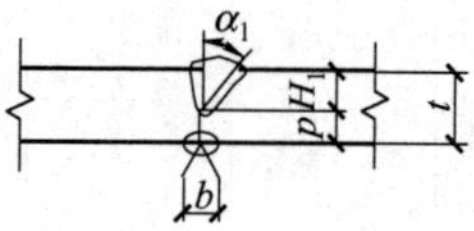				
	GP-CL-1	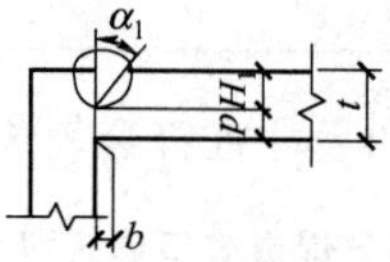	6～24			
	GP-CL-2	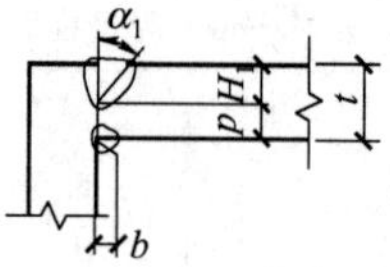				
5	GP-TL-1	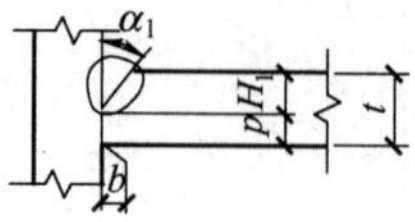	≥10	F H V O	$b=0$ $H_1 \geqslant 2\sqrt{t}$ $p=t-H_1$ $\alpha_1=45°$	
	GP-TL-2	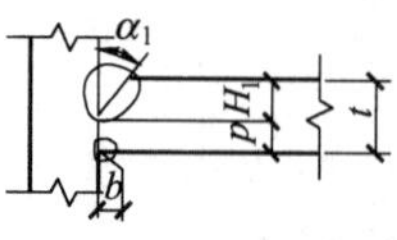				

（续）

序号	标记	坡口形状示意图	板厚/mm	焊接位置	坡口尺寸/mm	备注
6	GP-BX-2	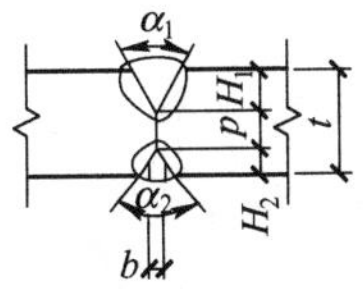	≥25	F H V O	$b=0$ $H_1\geq 2\sqrt{t}$ $p=t-H_1-H_2$ $H_2\geq 2\sqrt{t}$ $\alpha_1=60°$ $\alpha_2=60°$	
7	GP-BK-2	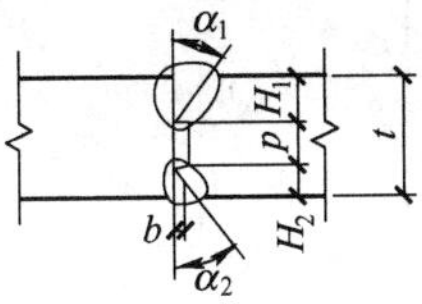	≥25	F H V O	$b=0$ $H_1\geq 2\sqrt{t}$ $p=t-H_1-H_2$ $H_2\geq 2\sqrt{t}$ $\alpha_1=45°$ $\alpha_2=45°$	
	GP-TK-2	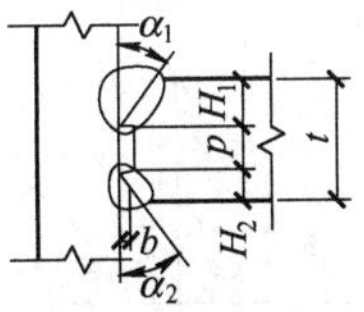				
	GP-CK-2	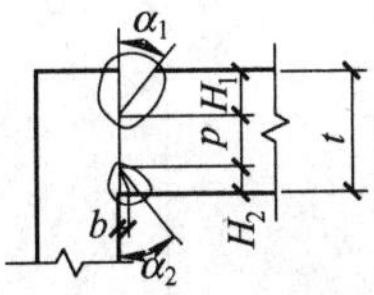				

7）埋弧焊部分焊透坡口形式和尺寸宜符合表3-24的要求。

表3-24 埋弧焊部分焊透坡口形式和尺寸

序号	标记	坡口形状示意图	板厚/mm	焊接位置	坡口尺寸/mm	备注
1	SP-BI-1 SP-CI-1	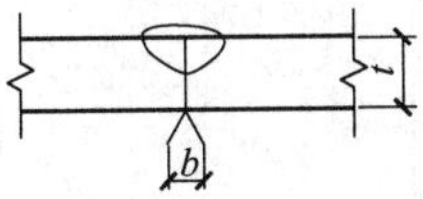	6~12	F	$b=0$	
2	SP-BI-2 SP-CI-2	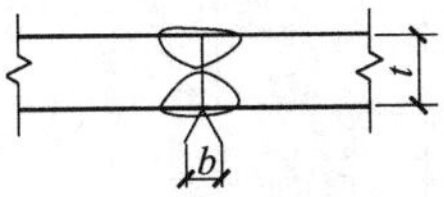	6~20	F	$b=0$	

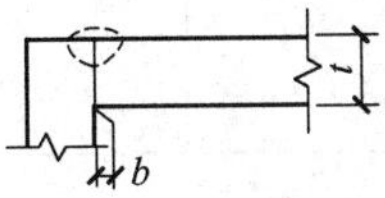

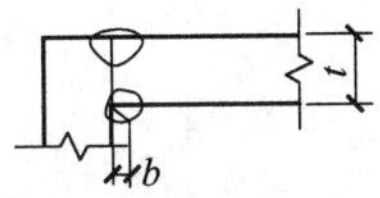

（续）

序号	标记	坡口形状示意图	板厚/mm	焊接位置	坡口尺寸/mm	备注
3	SP-BV-1 SP-BV-2 SP-CV-1 SP-CV-2	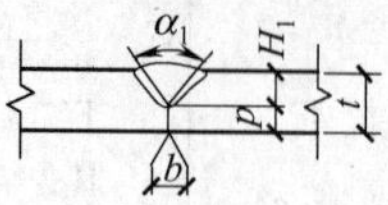	≥14	F	$b=0$ $H_1 \geqslant 2\sqrt{t}$ $p=t-H_1$ $\alpha_1=60°$	
4	SP-BL-1 SP-BL-2 SP-CL-1 SP-CL-2	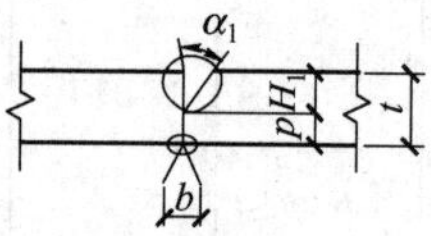	≥14	F H	$b=0$ $H_1 \geqslant 2\sqrt{t}$ $p=t-H_1$ $\alpha_1=60°$	
5	SP-TL-1 SP-TL-2	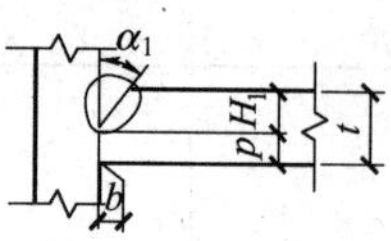	≥14	F H	$b=0$ $H_1 \geqslant 2\sqrt{t}$ $p=t-H_1$ $\alpha_1=60°$	

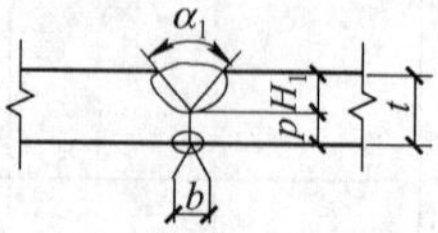

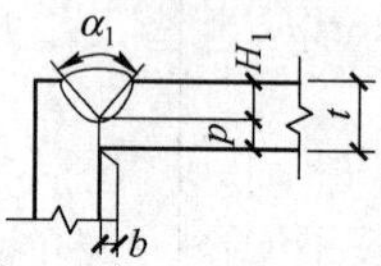

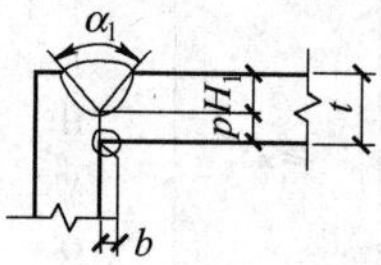

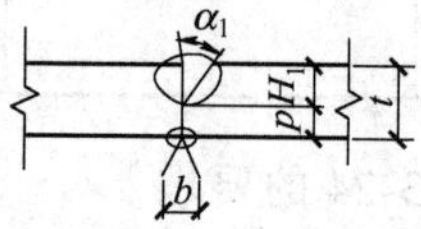

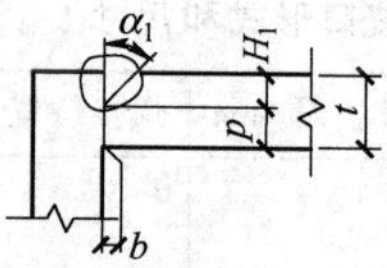

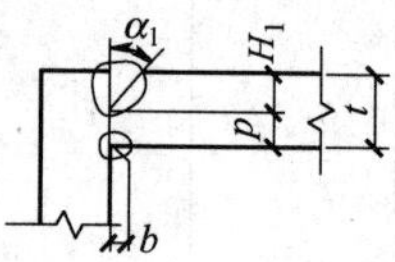

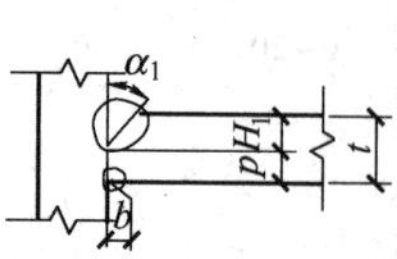

（续）

序号	标记	坡口形状示意图	板厚/mm	焊接位置	坡口尺寸/mm	备注
6	SP-BX-2	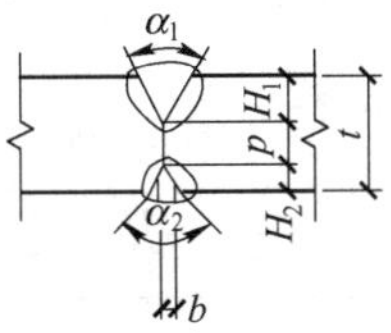 α_1 p H_1 t H_2 α_2 b	≥25	F	$b=0$ $H_1 \geqslant 2\sqrt{t}$ $p=t-H_1-H_2$ $H_2 \geqslant 2\sqrt{t}$ $\alpha_1=60°$ $\alpha_2=60°$	
7	SP-BK-2	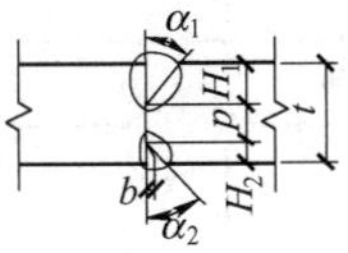 α_1 p H_1 t H_2 b α_2	≥25	F H	$b=0$ $H_1 \geqslant 2\sqrt{t}$ $p=t-H_1-H_2$ $H_2 \geqslant 2\sqrt{t}$ $\alpha_1=60°$ $\alpha_2=60°$	
	SP-TK-2	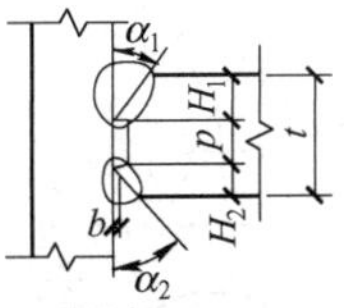 α_1 p H_1 t H_2 b α_2				
	SP-CK-2	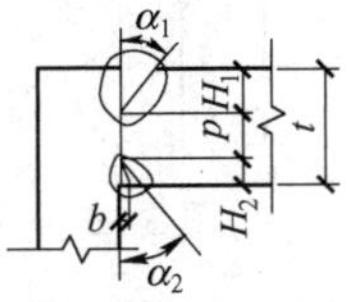 α_1 p H_1 t H_2 b α_2				

3.1.4 焊接检验

1. 承受静荷载结构焊接质量的检验

1）焊缝外观质量应满足表 3-25 的规定。

表 3-25 焊缝外观质量要求

检验项目	焊缝质量等级		
	一级	二级	三级
	要求		
裂纹	不允许		
未焊满	不允许	≤0.2mm+0.02t 且≤1mm，每 100mm 长度焊缝内未焊满累积长度≤25mm	≤0.2mm+0.04t 且≤2mm，每 100mm 长度焊缝内未焊满累积长度≤25mm
根部收缩	不允许	≤0.2mm+0.02t 且≤1mm，长度不限	≤0.2mm+0.04t 且≤2mm，长度不限
咬边	不允许	深度≤0.05t 且≤0.5mm，连续长度≤100mm 且焊缝两侧咬边总长≤10%焊缝全长	深度≤0.1t 且≤1mm，长度不限
电弧擦伤	不允许		允许存在个别电弧擦伤
接头不良	不允许	缺口深度≤0.05t 且≤0.5mm，每 1000mm 长度焊缝内不得超过 1 处	缺口深度≤0.1t 且≤1mm，每 1000mm 长度焊缝内不得超过 1 处

（续）

检验项目	焊缝质量等级		
	一级	二级	三级
	要求		
裂纹	不允许		
表面气孔	不允许		每 50mm 长度焊缝内允许存在直径 $<0.4t$ 且 $\leqslant 3$mm 的气孔 2 个；孔距应 $\geqslant 6$ 倍孔径
表面夹渣	不允许		深 $\leqslant 0.2t$，长 $\leqslant 0.5t$ 且 $\leqslant 20$mm

注：t 为母材厚度。

2）焊缝外观尺寸应符合下列规定：

① 对接与角接组合焊缝（见图 3-26），加强角焊缝尺寸 h_k 不应小于 $t/4$ 且不应大于 10mm，其允许偏差应为 $h_k{}^{+0.4}_{\ 0}$。对于加强焊脚尺寸 h_k 大于 8.0mm 的角焊缝其局部焊脚尺寸允许低于设计要求值 1.0mm，但总长度不得超过焊缝长度的 10%；焊接 H 形梁腹板与翼缘板的焊缝两端在其两倍翼缘板宽度范围内，焊缝的焊脚尺寸不得低于设计要求值；焊缝余高应符合表 3-26 的要求。

② 对接焊缝与角焊缝余高及错边允许偏差应符合表 3-26 的规定。

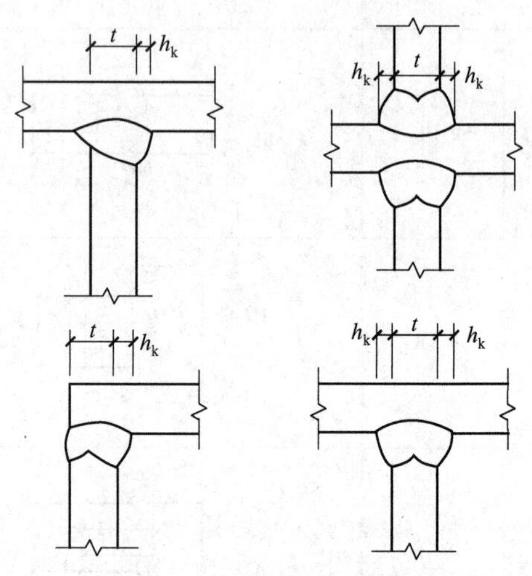

图 3-26　对接与角接组合焊缝

表 3-26　焊缝余高和错边允许偏差　　（单位：mm）

序号	项目	示意图	质量等级	
			一、二级	三级
			允许偏差	
1	对接焊缝余高（C）	B、C	$B<20$ 时，C 为 0~3；$B\geqslant 20$ 时，C 为 0~4	$B<20$ 时，C 为 0~3.5；$B\geqslant 20$ 时，C 为 0~5
2	对接焊缝错边（Δ）	B、Δ、t	$\Delta<0.1t$ 且 $\leqslant 2.0$	$\Delta<0.15t$ 且 $\leqslant 3.0$
3	角焊缝余高（C）	h_f、h_f、C	$h_f\leqslant 6$ 时 C 为 0~1.5；$h_f>6$ 时 C 为 0~3.0	

注：t 为对接接头较薄件母材厚度。

3）超声波检验应符合下列规定：

① 检验灵敏度应符合表 3-27 的规定。

表 3-27　距离-波幅曲线

厚度/mm	判废线/dB	定量线/dB	评定线/dB
3.5～150	$\phi3\times40$	$\phi3\times40$-6	$\phi3\times40$-14

② 超声波检测缺欠等级评定应符合表 3-28 的规定。

表 3-28　超声波检测缺欠等级评定

评定等级	检验等级		
	A	B	C
	板厚 t/mm		
	3.5～50	3.5～150	3.5～150
Ⅰ	$2t/3$；最小 8mm	$t/3$；最小 6mm，最大 40mm	$t/3$；最小 6mm，最大 40mm
Ⅱ	$3t/4$；最小 8mm	$2t/3$；最小 8mm，最大 70mm	$2t/3$；最小 8mm，最大 50mm
Ⅲ	$<t$；最小 16mm	$3t/4$；最小 12mm，最大 90mm	$3t/4$；最小 12mm，最大 75mm
Ⅳ	超过Ⅲ级者		

2. 需疲劳验算结构的焊缝质量检验

1）焊缝的外观质量应无裂纹、未熔合、夹渣、弧坑未填满及超过表 3-29 规定的缺欠。

表 3-29　焊缝外观质量要求

检验项目	焊缝质量等级		
	一级	二级	三级
	要求		
裂纹	不允许		
未焊满	不允许		≤0.2mm+0.02t 且≤1mm，每 100mm 长度焊缝内未焊满累积长度≤25mm
根部收缩	不允许		≤0.2mm+0.02t 且≤1mm，长度不限
咬边	不允许	深度≤0.05t 且≤0.3mm，连续长度≤100mm 且焊缝两侧咬边总长≤10%焊缝全长	深度≤0.1t 且≤0.5mm，长度不限
电弧擦伤	不允许		允许存在个别电弧擦伤
接头不良	不允许		缺口深度≤0.05t 且≤0.5mm，每 1000mm 长度焊缝内不得超过 1 处
表面气孔	不允许		直径小于 1.0mm，每米不多于 3 个，间距不小于 20mm
表面夹渣	不允许		深≤0.2t，长≤0.5t 且≤20mm

注：1. t 为母材厚度。

2. 桥面板与弦杆角焊缝、桥面板侧的桥面板与 U 形肋角焊缝、腹板侧受拉区竖向加劲肋角焊缝的咬边缺陷应满足一级焊缝的质量要求。

2）焊缝的外观尺寸应符合表 3-30 的规定。

表 3-30　焊缝外观尺寸要求　　（单位：mm）

项　目		焊缝种类	允许偏差
焊脚尺寸		主要角焊缝①(包括对接与角接组合焊缝)	$h_{f\ 0}^{\ +2.0}$
		其他角焊缝	$h_{f-1.0}^{\ +2.0}$②
焊缝高低差		角焊缝	任意 25mm 范围高低差≤2.0mm
余高		对接焊缝	焊缝宽度 b≤20mm 时,允许偏差≤2.0mm 焊缝宽度 b>20mm 时,允许偏差≤3.0mm
余高铲磨后	表面高度	横向对接焊缝	高于母材表面不大于 0.5mm 低于母材表面不大于 0.3mm
	表面粗糙度		不大于 50μm

① 主要角焊缝是指主要杆件的盖板与腹板的连接焊缝。

② 焊条电弧焊脚焊缝全长的 10%允许 $h_{f-1.0}^{\ +3.0}$。

3）超声波检测应符合下列规定：

① 超声波检测设备和工艺要求应符合现行国家标准《焊缝无损检测　超声检测　技术、检测等级和评定》(GB/T 11345—2013）的有关规定。

② 检测范围和检验等级应符合表 3-31 的规定。距离-波幅曲线及缺欠等级评定应符合表 3-32、表 3-33 的规定。

表 3-31　焊缝超声波检测范围和检验等级

焊缝质量级别	检测部位	检测比例	板厚 t/mm	检验等级
一、二级横向对接焊缝	全长	100%	10≤t≤46	B
	—	—	46<t≤80	B(双面双侧)
二级纵向对接焊缝	焊缝两端各 1000mm	100%	10≤t≤46	B
	—	—	46<t≤80	B(双面双侧)
二级角焊缝	两端螺栓孔部位并延长 500mm,板、梁、主梁及纵、横梁跨中加探 1000mm	100%	10≤t≤46	B(双面单侧)
	—	—	46<t≤80	B(双面单侧)

表 3-32　超声波检测距离-波幅曲线灵敏度

焊缝质量等级		板厚/mm	判废线	定量线	评定线
对接焊缝一、二级		10≤t≤46	ϕ3×40-6dB	ϕ3×40-14dB	ϕ3×40-20dB
		46≤t≤80	ϕ3×40-2dB	ϕ3×40-10dB	ϕ3×40-16dB
全焊透对接与角接		10≤t≤80	ϕ3×40-4dB	ϕ3×40-10dB	ϕ3×40-16dB
组合焊缝一级			ϕ6	ϕ3	ϕ2
角焊缝二级	部分焊透对接与角接组合焊缝	10≤t≤80	ϕ3×40-4dB	ϕ3×40-10dB	ϕ3×40-16dB
	贴角焊缝	10≤t≤25	ϕ1×2	ϕ1×2-6dB	ϕ1×2-12dB
		25≤t≤80	ϕ1×2+4dB	ϕ1×2-4dB	ϕ1×2-10dB

注：1. 角焊缝超声波检测采用铁路钢桥制造专用柱孔标准试块或与其校准过的其他孔形试块。

2. ϕ6、ϕ3、ϕ2 表示纵波探伤的平底孔参考反射体尺寸。

表 3-33 超声波检测缺欠等级评定

焊缝质量等级	板厚 t/mm	单个缺欠指示长度	多个缺欠的累计指示长度
对接焊缝一级	$10 \leq t \leq 80$	$t/4$,最小可为 8mm	在任意 $9t$,焊缝长度范围不超过 t
对接焊缝二级	$10 \leq t \leq 80$	$t/2$,最小可为 10mm	在任意 $4.5t$,焊缝长度范围不超过 t
全焊透对接与角接组合焊缝一级	$10 \leq t \leq 80$	$t/3$,最小可为 10mm	—
角接缝二级	$10 \leq t \leq 80$	$t/2$,最小可为 10mm	—

注：1. 母材板厚不同时，按较薄板评定。

2. 缺欠指示长度小于 8mm 时，按 5mm 计。

3.2 紧固件连接工程

3.2.1 普通紧固件连接

1）表 3-34 为螺母与螺栓性能等级相匹配的参照表。

表 3-34 螺母与螺栓性能等级相匹配的参照表

螺母性能等级	相匹配的螺栓性能等级	
	性能等级	直径范围/mm
4	3.6、4.6、4.8	>16
5	3.6、4.6、4.8	≤16
	5.6、5.8	所有的直径
6	6.8	所有的直径
8	8.8	所有的直径
9	8.8	16<直径≤39
	9.8	≤16
10	10.9	所有的直径
12	12.9	≤39

2）为了使螺栓受力均匀，应尽可能减少连接件变形对紧固轴力的影响，保证节点连接螺栓的质量。螺栓紧固必须从中心开始，对称施拧；对正火 30 钢制作的各种直径的螺栓旋拧时，所承受的轴向允许荷载见表 3-35。

表 3-35 各种直径螺栓的允许荷载

螺栓的公称直径/mm	轴向允许轴力		扳手最大允许扭矩	
	无预先锁紧/N	螺栓在荷载下锁紧/N	kg/cm^2	N/cm^2
12	17200	1320	320	3138
16	3300	2500	800	7845
20	5200	4000	1600	1569
24	7500	5800	2800	27459
30	11900	9200	5500	53937
36	17500	13500	9700	95125

注：对于 Q235 及 45 钢应将表中允许值分别乘以修正系数 0.75 及 1.1。

3）拧紧成组的螺母时，必须按照一定的顺序进行，并做到分次序逐步拧紧（一般分 3 次拧紧），否则会使零件或螺杆产生松紧不一致，甚至变形。在拧紧长方形布置的成组螺母时，必须从中间开始，逐渐向两边对称扩展，如图 3-27a 所示。在拧紧方形或圆形布置的成组螺母时，必须对称进行，如图 3-27b、c 所示。

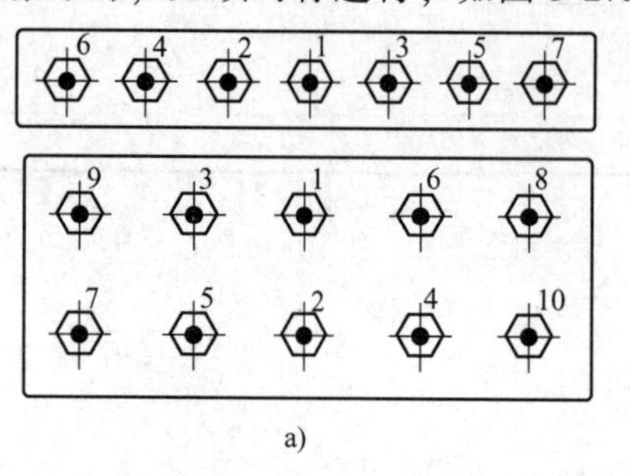

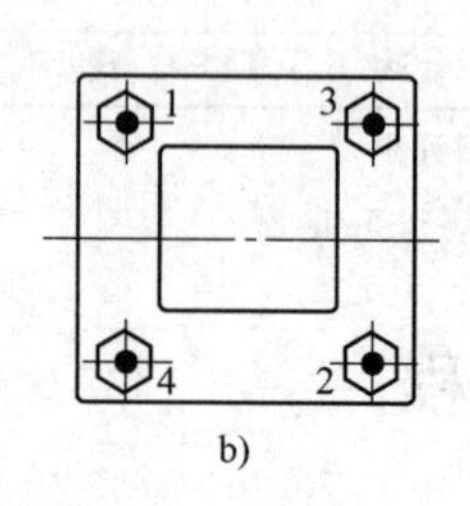

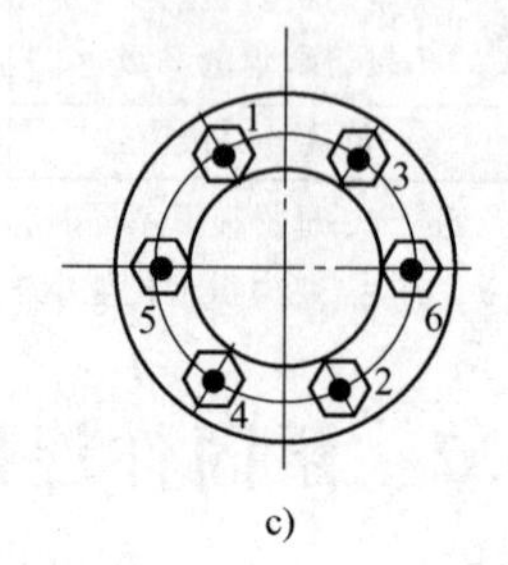

图 3-27 拧紧成组螺母的方法

a）长方形布置 b）方形布置 c）圆形布置

3.2.2 高强度螺栓连接

1）大六角头高强度螺栓连接副由一个螺栓、一个螺母和两个垫圈组成。使用组合应按表 3-36 的规定。扭剪型高强度连接副由一个螺栓、一个螺母和一个垫圈组成。

表 3-36 大六角头高强度螺栓连接副组合

螺栓	螺母	垫圈
10.9S	10H	硬度为 35~45HRC
8.8S	8H	硬度为 35~45HRC

2）高强度螺栓连接构件的栓孔孔径应符合设计要求。高强度螺栓连接构件制孔允许偏差应符合表 3-37 的规定。

表 3-37 高强度螺栓连接构件制孔允许偏差 （单位：mm）

公称直径				M12	M16	M20	M22	M24	M27	M30
孔型	标准圆孔	直径		13.5	17.5	22.0	24.0	26.0	30.0	33.0
		允许偏差		+0.43 0	+0.43 0	+0.52 0	+0.52 0	+0.52 0	+0.84 0	+0.84 0
		圆度		1.00		1.50				
	大圆孔	直径		16.0	20.0	24.0	28.0	30.0	35.0	38.0
		允许偏差		+0.43 0	+0.43 0	+0.52 0	+0.52 0	+0.52 0	+0.84 0	+0.84 0
		圆度		1.00		1.50				
	槽孔	长度	短向	13.5	17.5	22.0	24.0	26.0	30.0	33.0
			长向	22.0	30.0	37.0	40.0	45.0	50.0	55.0
		允许偏差	短向	+0.43 0	+0.43 0	+0.52 0	+0.52 0	+0.52 0	+0.84 0	+0.84 0
			长向	+0.84 0	+0.84 0	+1.00 0	+1.00 0	+1.00 0	+1.00 0	+1.00 0
中心线倾斜度				应为板厚的 3%，且单层板应为 2.0mm，多层板叠组合应为 3.0mm						

3）高强度螺栓连接构件的栓孔孔距允许偏差应符合表 3-38 的规定。

表 3-38　高强度螺栓连接构件孔距允许偏差　（单位：mm）

孔距范围	<500	501~1200	1201~3000	>3000
同一组内任意两孔间	±1.0	±1.5	—	—
相邻两组的端孔间	±1.5	±2.0	±2.5	±3.0

注：孔的分组规定：
1. 在节点中连接板与一根杆件相连的所有螺栓孔为一组。
2. 对接接头在拼接板一侧的螺栓孔为一组。
3. 在两相邻节点或接头间的螺栓孔为一组，但不包括上述 1，2 两款所规定的孔。
4. 受弯构件翼缘上的孔，每米长度范围内的螺栓孔为一组。

4）高强度大六角头螺栓连接副应进行扭矩系数、螺栓楔负载、螺母保证载荷检验，其检验方法和结果应符合现行国家标准《钢结构用高强度大六角头螺栓、大六角螺母、垫圈技术条件》（GB/T 1231—2006）规定。高强度大六角头螺栓连接副扭矩系数的平均值及标准偏差应符合表 3-39 的要求。

表 3-39　高强度大六角头螺栓连接副扭矩系数的平均值及标准偏差

连接副表面状态	扭矩系数平均值	扭矩系数标准偏差
符合现行国家标准《钢结构用高强度大六角头螺栓、大六角螺母、垫圈技术条件》（GB/T 1231—2006）的要求	0.110~0.150	≤0.0100

注：每套连接副只做一次试验，不得重复使用。试验时，若垫圈发生转动，则试验无效。

5）扭剪型高强度螺栓连接副应进行紧固轴力、螺栓楔负载、螺母保证载荷检验，检验方法和结果应符合现行国家标准《钢结构用扭剪型高强度螺栓连接副》（GB/T 3632—2008）的规定。扭剪型高强度螺栓连接副的紧固轴力平均值及标准偏差应符合表 3-40 的要求。

表 3-40　扭剪型高强度螺栓连接副紧固轴力平均值及标准偏差值

螺栓公称直径		M16	M20	M22	M24	M27	M30
紧固轴力值/kN	最小值	100	155	190	225	290	355
	最大值	121	187	231	270	351	430
标准偏差/kN		≤10.0	≤15.4	≤19.0	≤22.5	≤29.0	≤35.4

注：每套连接副只做一次试验，不得重复使用。试验时，若垫圈发生转动，则试验无效。

6）高强度螺栓长度 l 应保证在终拧后，螺栓外露丝扣为 2~3 扣。其长度应按下式计算：

$$l = l' + \Delta l \tag{3-1}$$

式中　l'——连接板层总厚度（mm）；

Δl——附加长度（mm），$\Delta l = m + n_w s + 3p$；

m——高强度螺母公称厚度（mm）；

n_w——垫圈个数，扭剪型高强度螺栓为 1，大六角头高强度螺栓为 2；

s——高强度垫圈公称厚度（mm）；

p——螺纹的螺距（mm）。

当高强度螺栓公称直径确定之后，Δl 可按表 3-41 取值，但采用大圆孔或槽孔时，高强度垫圈公称厚度（s）应按实际厚度取值。根据式（3-1）计算出的螺栓长度按修约间隔

5mm 进行修约，修约后的长度为螺栓公称长度。

表 3-41　高强度螺栓附加长度 Δl　　（单位：mm）

螺栓公称直径	M12	M16	M20	M22	M24	M27	M30
高强度螺母公称厚度	12.0	16.0	20.0	22.0	24.0	27.0	30.0
高强度垫圈公称厚度	3.00	4.00	4.00	5.00	5.00	5.00	5.00
螺纹的螺距	1.75	2.00	2.50	2.50	3.00	3.00	3.50
大六角头高强度螺栓附加长度	23.0	30.0	35.5	39.5	43.0	46.0	50.5
扭剪型高强度螺栓附加长度	—	26.0	31.5	34.5	38.0	41.0	45.5

7）对因板厚公差、制造偏差或安装偏差等产生的接触面间隙，应按表 3-42 的规定进行处理。

表 3-42　接触面间隙处理

示意图	处理方法
Δ	Δ<1.0mm 时不予处理
Δ 磨斜面	Δ=(1.0~3.0)mm 时，将厚板一侧磨成 1∶10 缓坡，使间隙小于 1.0mm
Δ	Δ>3.0mm 时加垫板，垫板厚度不小于 3mm，最多不超过 3 层，垫板材质和摩擦面处理方法应与构件相同

8）大六角头高强度螺栓的施工终拧扭矩可由下式计算确定：

$$T_c = kP_c d \tag{3-2}$$

式中　T_c——施工终拧扭矩（N · m）；

P_c——高强度螺栓施工预拉力（kN），见表 3-43；

d——高强度螺栓公称直径（mm）；

k——高强度螺栓连接副的扭矩系数平均值。

表 3-43　高强度大六角头螺栓施工预拉力　　（单位：kN）

螺栓性能等级	螺栓公称直径						
	M12	M16	M20	M22	M24	M27	M30
8.8s	50	90	140	165	195	255	310
10.9s	60	110	170	210	250	320	390

9）扭剪型高强度螺栓连接副的拧紧应分为初拧、终拧。对于大型节点应分为初拧、复拧、终拧。初拧扭矩和复拧扭矩值为 $0.065P_c d$，或按表 3-44 选用。初拧或复拧后的高强度螺栓应用颜色在螺母上标记，用专用扳手进行终拧，直至拧掉螺栓尾部梅花头。对于个别不能用专用扳手进行终拧的扭剪型高强度螺栓，应按大六角头高强度螺栓用扭矩法进行终拧。扭剪型高强度螺栓连接副的初拧、复拧、终拧宜在一天内完成。

表 3-44　扭剪型高强度螺栓连接副初拧（复拧）扭矩值　　（单位：N · m）

螺栓公称直径	M16	M20	M22	M24	M27	M30
初拧扭矩	115	220	300	390	560	760

10）当采用转角法施工时，大六角头高强度螺栓连接副应按4）检验合格，且应按《钢结构高强度螺栓连接技术规程》（JGJ 82—2011）第6.4.14条规定进行初拧、复拧。初拧（复拧）后连接副的终拧角度应按表3-45规定执行。

表3-45 初拧（复拧）后大六角头高强度螺栓连接副的终拧转角

螺栓长度 L 范围	螺母转角	连接状态
$L \leqslant 4d$	1/3圈(120°)	连接形式为一层芯板加两层盖板
$4d<L \leqslant 8d$ 或200mm及以下	1/2圈(180°)	
$8d<L \leqslant 12d$ 或200mm以上	2/3圈(240°)	

注：1. 螺母的转角为螺母与螺栓杆之间的相对转角。
2. 当螺栓长度 L 超过螺栓公称直径 d 的12倍时，螺母的终拧角度应由试验确定。

11）高强度螺栓在初拧、复拧和终拧时，连接处的螺栓应按一定顺序施拧，确定施拧顺序的原则为由螺栓群中央顺序向外拧紧，和从接头刚度大的部位向约束小的方向拧紧（见图3-28）。几种常见接头螺栓施拧顺序应符合下列规定：

① 一般接头应从接头中心顺序向两端进行（见图3-28a）。

② 箱形接头应按A、B、C、D的顺序进行（见图3-28b）。

③ 工字梁接头栓群应按①~⑥顺序进行（见图3-28c）。

④ 工字形柱对接螺栓紧固顺序为先翼缘后腹板。

⑤ 两个或多个接头栓群的拧紧顺序应为先主要构件接头，后次要构件接头。

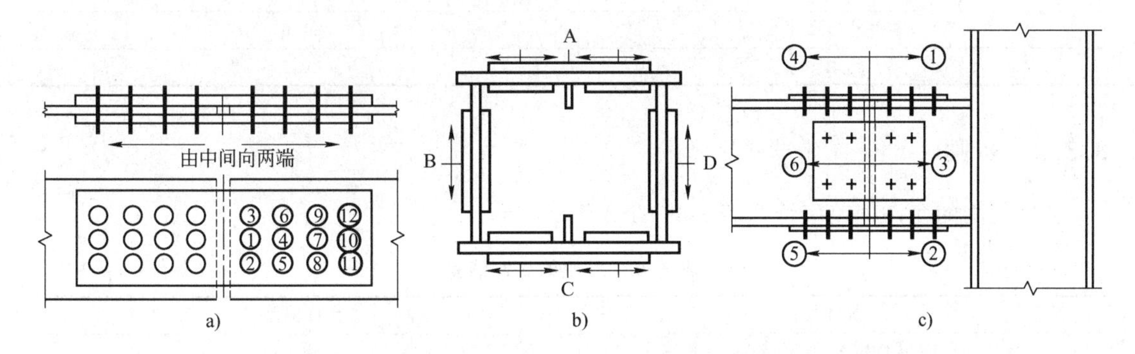

图3-28 常见螺栓连接接头施拧顺序
a）一般接头 b）箱形接头 c）工字梁接头

3.3 钢零件及钢部件加工工程

3.3.1 放样和号料

1）放样制成的大样图是制作钢结构零部件的依据。放样经检查无误后，用铁皮或塑料板制作样板，用木杆、钢皮或扁铁制作样杆。样板、样杆上应注明工号、图号、零件号、数量及加工边、坡口部位、弯折线和弯折方向、孔径和滚圆半径等。然后用样板、样杆进行号料，如图3-29所示。样板、样杆应妥善保存，直至工程结束以后。

2）放样和样板（样杆）的允许偏差应符合表3-46的规定。

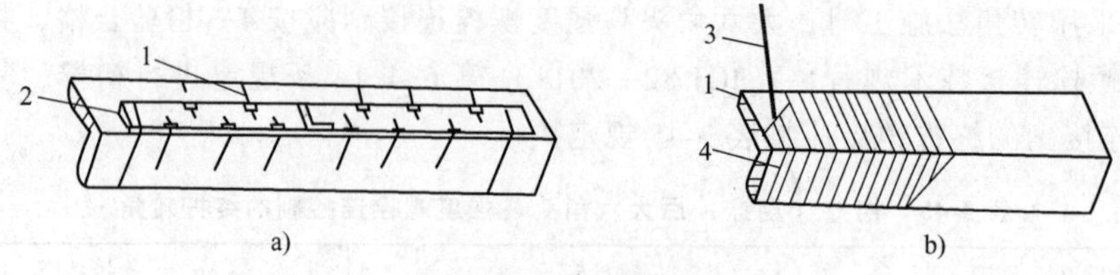

图 3-29　样板号料

a）样杆号孔　b）样板号料

1—角钢　2—样杆　3—划针　4—样板

表 3-46　放样和样板（样杆）的允许偏差

项目	允许偏差
平行线距离与分段尺寸	±0.5mm
样板长度	±0.5mm
样板宽度	±0.5mm
样板对角线差	1.0mm
样杆长度	±1.0mm
样板的角度	±20′

3）号料的允许偏差应符合表 3-47 的规定。

表 3-47　号料的允许偏差　（单位：mm）

项目	允许偏差
零件外形尺寸	±1.0
孔距	±0.5

3.3.2　切割

1）气割的允许偏差应符合表 3-48 的规定。

表 3-48　气割的允许偏差　（单位：mm）

项目	允许偏差
零件宽度、长度	±3.0
切割面平面度	$0.05t$，且不应大于 2.0
割纹深度	0.3
局部缺口深度	1.0

注：t 为切割面厚度。

2）机械切割的允许偏差应符合表 3-49 的规定。

表 3-49　机械切割的允许偏差　（单位：mm）

项目	允许偏差
零件宽度、长度	±3.0
边缘缺棱	1.0
型钢端部垂直度	2.0

3）钢网架（桁架）用钢管杆件宜用管子车床或数控相贯线切割机下料，下料时应预放

加工余量和焊接收缩量，焊接收缩量可由工艺试验确定。钢管杆件加工的允许偏差应符合表3-50的规定。

表3-50 钢管杆件加工的允许偏差 （单位：mm）

项目	允许偏差
长度	±1.0
端面对管轴的垂直度	0.005r
管口曲线	1.0

注：r为管半径。

3.3.3 矫正和成型

1）型钢冷矫正和冷弯曲的最小曲率半径和最大弯曲矢高，应符合表3-51的规定。

表3-51 冷矫正和冷弯曲的最小曲率半径和最大弯曲矢高 （单位：mm）

项次	钢材类型	示意图	对于轴线	矫正		弯曲	
				r	f	r	f
1	钢板、扁钢		x-x	50t	$\frac{l^2}{400t}$	25t	$\frac{l^2}{200t}$
			y-y（仅对扁钢轴线）	100b	$\frac{l^2}{800b}$	50b	$\frac{l^2}{400b}$
2	角钢		x-x	90b	$\frac{l^2}{720b}$	45b	$\frac{l^2}{360b}$
3	槽钢		x-x	50h	$\frac{l^2}{400h}$	25h	$\frac{l^2}{200h}$
			y-y	90b	$\frac{l^2}{720b}$	45t	$\frac{l^2}{360b}$
4	工字钢		x-x	50h	$\frac{l^2}{400h}$	25h	$\frac{l^2}{200h}$
			y-y	50b	$\frac{l^2}{400b}$	25b	$\frac{l^2}{200b}$

注：r为曲率半径，f为弯曲矢高；l为弯曲弦长；t为板厚；b为宽度；h为高度。

2）钢材矫正后的允许偏差应符合表3-52的规定。

表3-52 钢材矫正后的允许偏差 （单位：mm）

项目		允许偏差	图例
钢板的局部平面度	$t \leqslant 14$	1.5	
	$t > 14$	1.0	

（续）

项目	允许偏差	图例
型钢弯曲矢高	l/1000 且不应大于 5.0	
角钢肢的垂直度	b/100 且双肢栓接角钢的角度不得大于 90°	
槽钢翼缘对腹板的垂直度	b/80	
工字钢、H 型钢翼缘对腹板的垂直度	b/100 且不大于 2.0	

3）钢管弯曲成型的允许偏差应符合表 3-53 的规定。

表 3-53　钢管弯曲成型的允许偏差　（单位：mm）

项目	允许偏差
直径	$\pm d/200$ 且 $\leqslant \pm 5.0$
构件长度	±3.0
管口圆度	$d/200$ 且 $\leqslant 5.0$
管中间圆度	$d/100$ 且 $\leqslant 8.0$
弯曲矢高	$l/1500$ 且 $\leqslant 5.0$

注：d 为钢管直径。

3.3.4　边缘加工

1）边缘加工的允许偏差应符合表 3-54 的规定。

表 3-54　边缘加工的允许偏差

项目	允许偏差
零件宽度、长度	±1.0mm
加工边直线度	l/3000，且不应大于 2.0mm
相邻两边夹角	±6′
加工面垂直度	0.025t，且不应大于 0.5mm
加工面表面粗糙度	$Ra \leqslant 50\mu m$

2）焊缝坡口可采用气割、铲削、刨边机加工等方法，焊缝坡口的允许偏差应符合表 3-55 的规定。

表 3-55　焊缝坡口的允许偏差

项目	允许偏差
坡口角度	±5°
钝边	±1.0mm

3）零部件采用铣床进行铣削加工边缘时，加工后的允许偏差应符合表 3-56 的规定。

表 3-56　零部件铣削加工后的允许偏差　　（单位：mm）

项目	允许偏差
两端铣平时零件长度、宽度	±1.0
铣平面的平面度	0.3
铣平面的垂直度	$l/1500$

3.3.5　螺栓球和焊接球加工

1）螺栓球加工的允许偏差应符合表 3-57 的规定。

表 3-57　螺栓球加工的允许偏差　　（单位：mm）

项目		允许偏差
球直径	$d \le 120$	+2.0 −1.0
	$d>120$	+3.0 −1.5
球圆度	$d \le 120$	1.5
	$120<d \le 250$	2.5
	$d>250$	3.0
同一轴线上两铣平面平行度	$d \le 120$	0.2
	$d>120$	0.3
铣平面距球中心距离		±0.2
相邻两螺栓孔中心线夹角		±30′
两铣平面与螺栓孔轴线垂直度		$0.005r$

注：r 为螺栓球半径；d 为螺栓球直径。

2）焊接空心球加工的允许偏差应符合表 3-58 的规定。

表 3-58　焊接空心球加工的允许偏差　　（单位：mm）

项目		允许偏差
直径	$d \ge 300$	±1.5
	$300<d \le 500$	±2.5
	$500<d \le 800$	±3.5
	$d>800$	±4
圆度	$d \ge 300$	±1.5
	$300<d \le 500$	±2.5
	$500<d \le 800$	±3.5
	$d>800$	±4
壁厚减薄量	$t \le 10$	$\le 0.18t$ 且不大于 1.5
	$10<t \le 16$	$\le 0.15t$ 且不大于 2.0
	$16<t \le 22$	$\le 0.12t$ 且不大于 2.5

（续）

项目		允许偏差
壁厚减薄量	22<t≤45	≤0.11t 且不大于 3.5
	t>45	≤0.08t 且不大于 4.0
对口错边量	t≤20	≤0.10t 且不大于 1.0
	20<t≤40	2.0
	t>40	3.0
焊缝余高		0~1.5

注：d 为焊接空心球的外径；t 为焊接空心球的壁厚。

3.3.6 制孔

1）制孔设备有压力机、钻床。钻床已从立式钻床发展为摇臂钻床（见图 3-30）、多轴钻床、万向钻床和数控三向多轴钻床。数控三向多轴钻床的生产效率比摇臂钻床提高几十倍，它与锯床形成连动生产线，这是目前钢结构加工机床中的发展趋向。

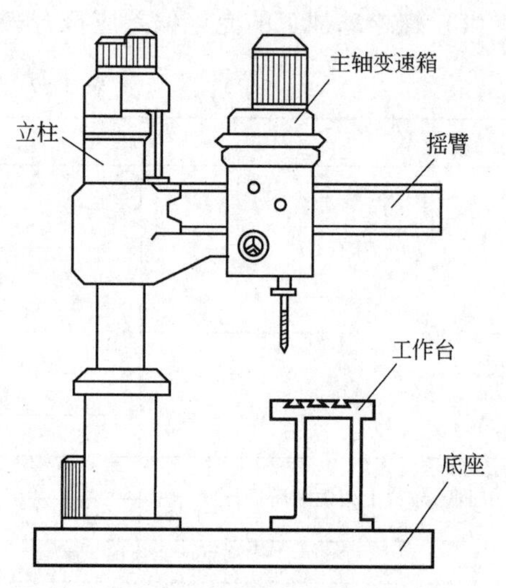

图 3-30　摇臂钻床示意图

在使用单轴钻孔加工时，采用钻模制孔可以大大提高钻孔的精度，其每一组孔群内的孔间距离精度可控制在 0.3mm 以内，甚至还可更小，并可一次进行多块钢板的钻孔，提高工效。图 3-31 和图 3-32 分别为钢板钻模和角钢钻模。

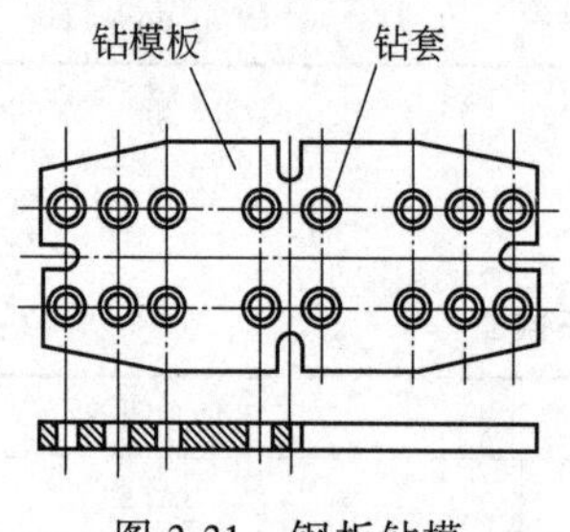

图 3-31　钢板钻模

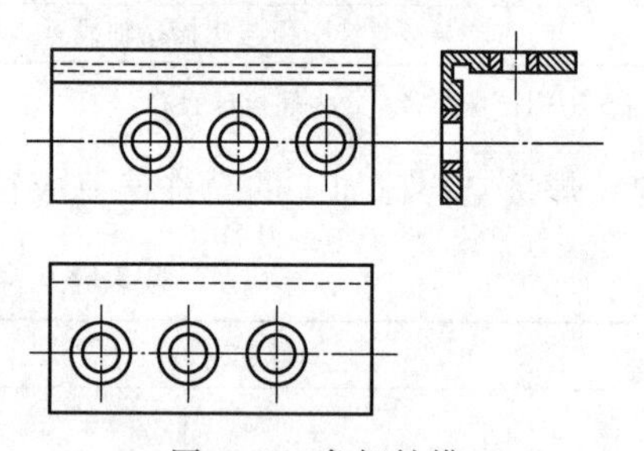
图 3-32　角钢钻模

2）A、B 级螺栓孔（Ⅰ类孔）应具有 $H12$ 的精度，孔壁表面粗糙度 Ra 不应大于 12.5mm。其孔径的允许偏差应符合表 3-59 的规定。

表 3-59　A、B 级螺栓孔径的允许偏差　（单位：mm）

序号	螺栓公称直径、螺栓孔直径	螺栓公称直径允许偏差	螺栓孔直径允许偏差
1	10~18	0 −0.21	+0.18 0
2	18~30	0 −0.21	+0.21 0
3	30~50	0 −0.25	+0.25 0

C 级螺栓孔（Ⅱ类孔），孔壁表面粗糙度 Ra 不应大于 25μm，其允许偏差应符合表 3-60 的规定。

表 3-60　C 级螺栓孔的允许偏差　（单位：mm）

项目	允许偏差
直径	+1.0 0
圆度	2.0
垂直度	0.03t,且不大于 2.0

3.4　钢构件组装工程

3.4.1　组装工具

在工厂组装时，常用的组装工具有卡兰、铁楔子夹具、槽钢夹紧器、矫正夹具及正反螺纹推撑器等，其作用如下：

1）卡兰或铁楔条夹具（见图 3-33），利用螺栓压紧或铁楔条塞紧的作用将两个零件夹紧在一起，起定位作用。

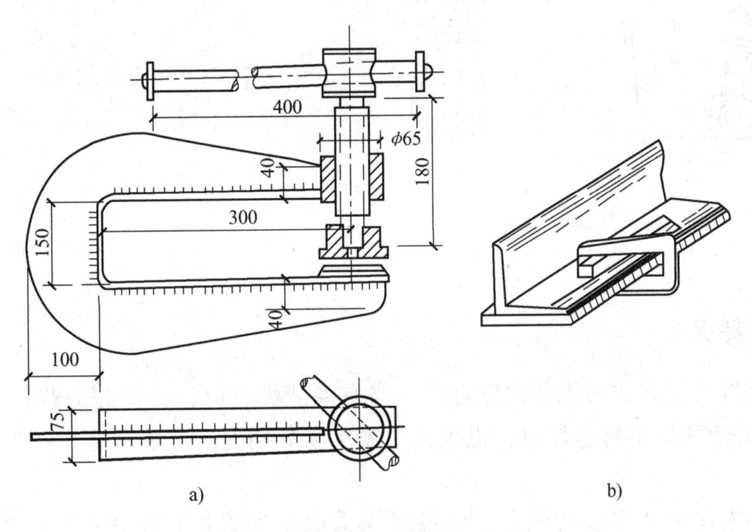

图 3-33　夹紧器
a）卡兰　b）铁楔子夹具

2）槽钢夹紧器（见图 3-34），可用于装配钢结构构件对接接头的定位。

3）钢结构构件组装接头矫正夹具，用于装配钢板结构（见图 3-35），拉紧两零件之间缝隙的拉紧器（见图 3-36）。

4）正反螺扣推撑器（见图 3-37），用于装配圆筒体钢结构构件时，调整接头间隙和矫正筒体圆度时用。

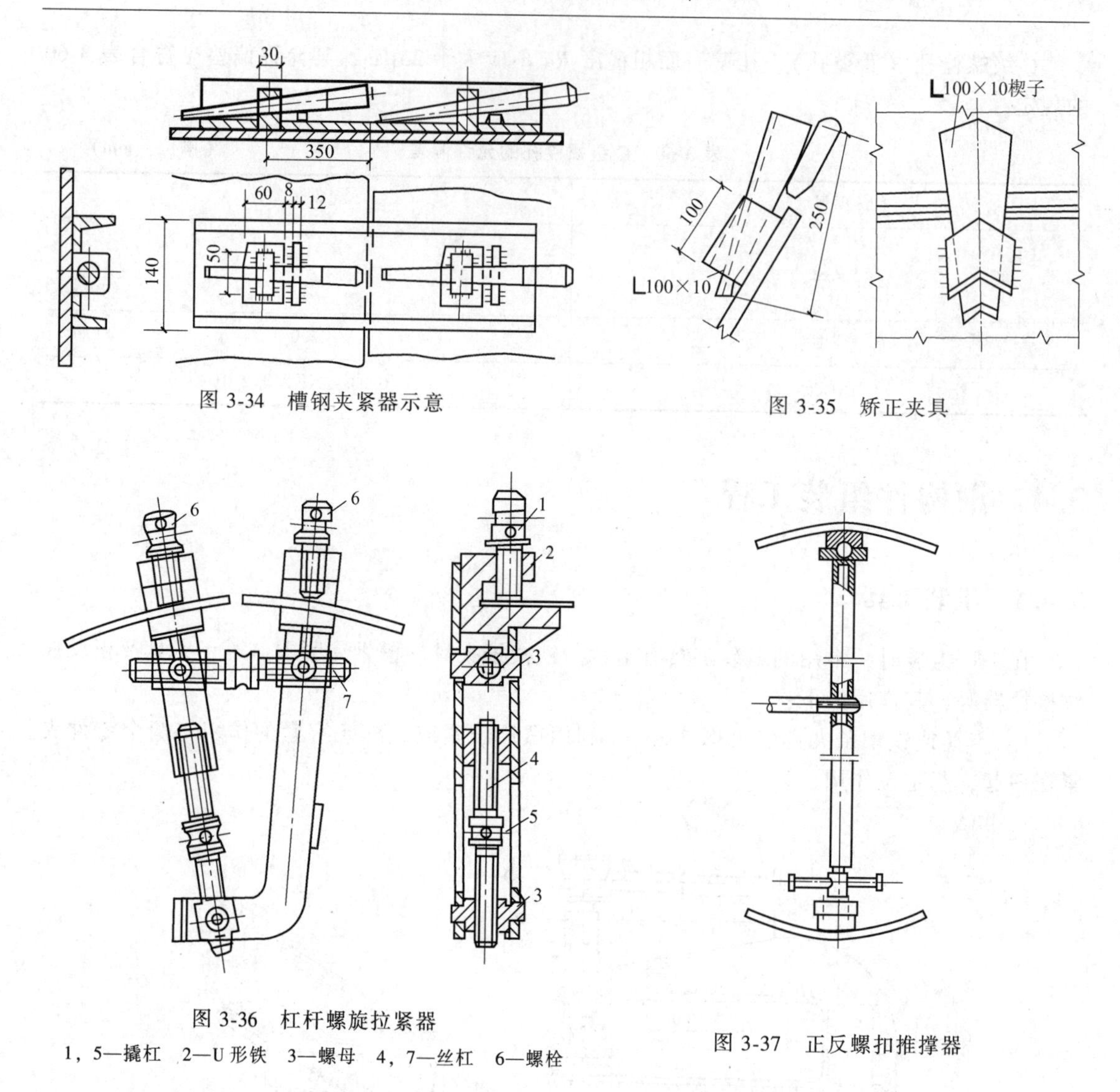

图 3-34　槽钢夹紧器示意

图 3-35　矫正夹具

图 3-36　杠杆螺旋拉紧器
1，5—撬杠　2—U形铁　3—螺母　4，7—丝杠　6—螺栓

图 3-37　正反螺扣推撑器

3.4.2　组装要求

1）组装应按工艺方法的组装次序进行。当有隐蔽焊缝时，必须先施焊，经检验合格后方可覆盖。当复杂部位不易施焊时，也须按工序次序分别先后组装和施焊。严禁不按次序组装和强力组对。

2）为减小大件组装焊接的变形，一般应先采取小件组焊，经矫正后，再大部件组装。胎具及装出的首个成品须经过严格检验，方可大批进行组装工作。

3）组装前，连接表面及焊缝每边30~50mm范围内的铁锈、毛刺、油污及潮气等必须清除干净，并露出金属光泽。

4）应根据金属结构的实际情况，选用或制作相应的装配胎模（如组装平台、铁凳、胎架等）和工（夹）具，如简易手动杠杆夹具、螺栓拉紧器、螺栓千斤顶、楔子矫正夹具和丝杆夹具等，如图3-38所示，应尽可能避免在结构上焊接临时固定件、支撑件。当工（夹）具及吊耳必须焊接固定在构件上时，材质与焊接材料应与该构件相同，用后需除掉，不得用锤强力打击，应用气割去掉。对于残留痕迹应进行打磨、修整。

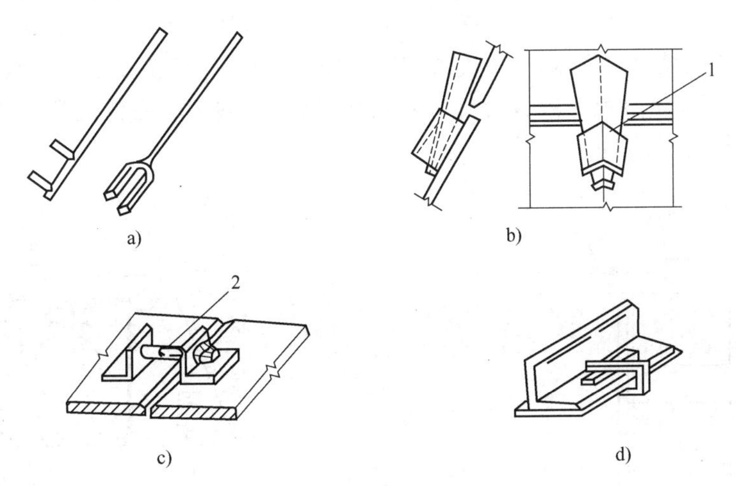

图 3-38　装配式工夹具

a）手动杠杆　b）螺栓拉紧器　c）楔子矫正夹具　d）楔子夹具夹紧

1—楔子夹具　2—丝杆夹具

5）除工艺要求外板叠上所有螺栓孔、铆钉孔等应采用量规检查，其通过率应符合下列规定：

用比孔的公称直径小 1.0mm 的量规检查，每组至少应通过 85%；用比螺栓公称直径大（0.2~0.3）mm 的量规检查（M22 及以下规格为大 0.2mm，M24~M30 规格为大 0.3mm），应全部通过。量规不能通过的孔，必须经施工图编制单位同意后，方可扩钻或补焊后重新钻孔。扩钻后的孔径不应超过 1.2 倍螺栓直径。补焊时，应用与母材相匹配的焊条补焊，严禁用钢块、钢筋、焊条等填塞。每组孔中经补焊重新钻孔的数量不得超过该组螺栓数量的 20%。处理后的孔应作出记录。

3.4.3　典型胎模

1）H 型钢结构组装水平胎模。可适用大批量 H 型钢结构的组装，装配质量较高、速度快，但占用的场地较大。

组装时，可先把各零部件分别放置于其适当的工作位置上，然后用夹具夹紧一块翼缘板作为定位基准面，利用翼缘板与腹板本身的重力，从另一个方向施加一个水平推力，亦可以用铁楔或千斤顶等工具横向施加一个水平推力，直至翼腹板三板紧密接触处，然后用电焊定位，这样 H 型钢结构即告组装完成，如图 3-39 所示。

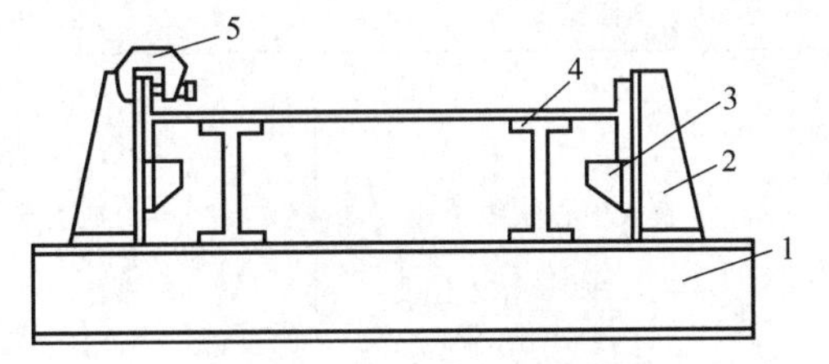

图 3-39　H 型水平组装胎模

1—工字钢横梁平台　2—侧向翼板定位靠板　3—翼缘板搁置牛腿　4—纵向腹板定位工字梁　5—翼缘板夹紧工具

2）H 型钢结构竖向组装胎模。它占用场地少、结构简单、效率高，但是在组装 H 型钢结构，需要两次造型。通常需先加工成⊥型结构，然后再组合成 H 型结构，如图 3-40 所示。

施工时，可先把下翼缘放置于工字钢横梁上，吊上腹板先进行腹板与下翼缘组装定位点焊好，吊出胎模备用。钢横梁上铺设好上翼板，然后，把装配好的⊥形结构翻为 T 型结构装在胎模上夹紧，用千斤顶顶紧上翼缘与腹板间隙，并且用电焊定位，H 结构即形成了。

3）箱型组装胎模（见图 3-41）。它的工作原理是利用腹板活动定位靠模与活动横臂腹板定位夹具的作用固定腹板，然后用活动装配千斤顶顶紧腹板与底板接缝并用电焊定位好。

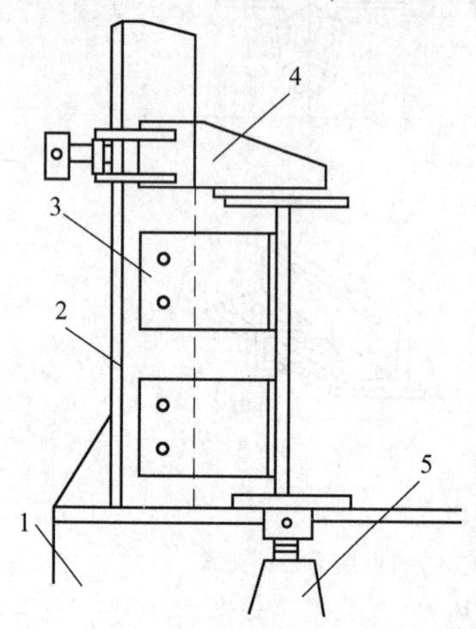

图 3-40　H 型钢结构竖向组装胎模

1—工字钢平台横梁　2—胎模角钢立柱

3—腹板定位靠模　4—上翼缘板定位限位

5—顶紧用的千斤顶

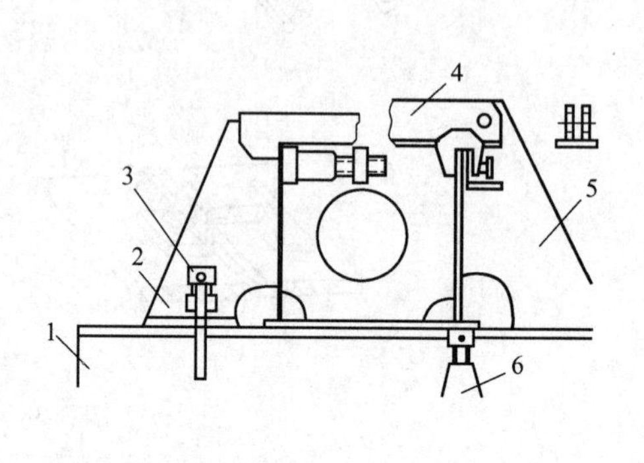

图 3-41　箱型结构组装胎模

1—工字钢平台横梁　2—腹板活动定位靠模

3—活动定位靠模夹头　4—活动横臂板定位夹具

5—腹板固定靠模　6—活动装配千斤顶

3.4.4　钢构件组装的允许偏差

1）焊接 H 型钢的允许偏差应符合表 3-61 的规定。

表 3-61　焊接 H 型钢的允许偏差　（单位：mm）

项目		允许偏差	图例
截面高度 h	$h<500$	±2.0	
	$500<h<1000$	±3.0	
	$h>1000$	±4.0	
截面宽度 b		±3.0	
腹板中心偏移		2.0	
翼缘板垂直度 Δ		$b/100$，且应不大于 3.0	

（续）

项目		允许偏差	图例
弯曲矢高（受压构件除外）		l/1000，且应不大于 10.0	
扭曲		h/250，且应不大于 5.0	
腹板局部平面度 f	t<14	3.0	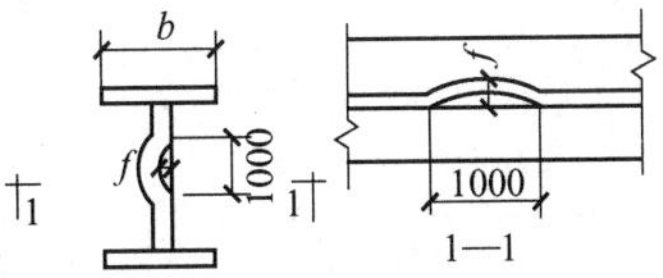
	t≥14	2.0	

2）焊接连接组装的允许偏差应符合表 3-62 的规定。

表 3-62 焊接连接制作组装的允许偏差 （单位：mm）

项目		允许偏差	图例
对口错边 Δ		t/10，且应不大于 3.0	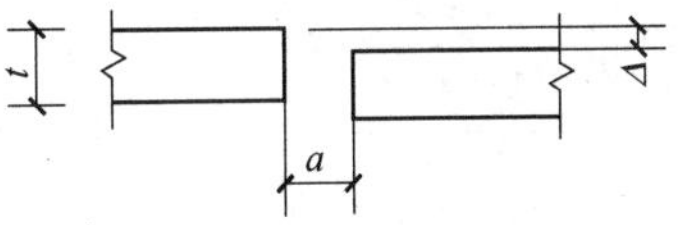 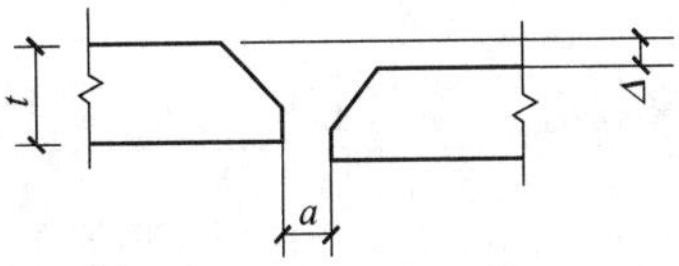
间隙 a		±1.0	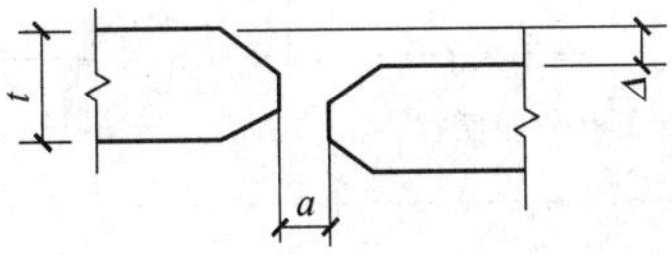
搭接长度 a		±5.0	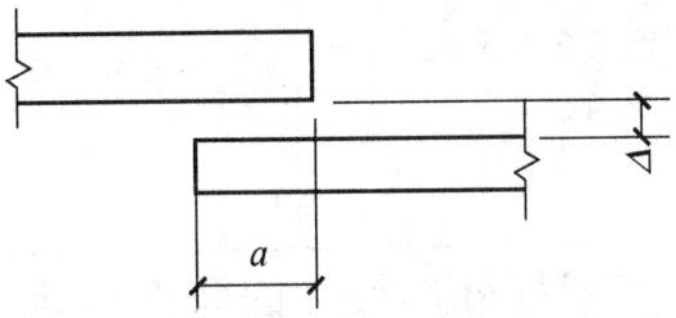
缝隙 Δ		1.5	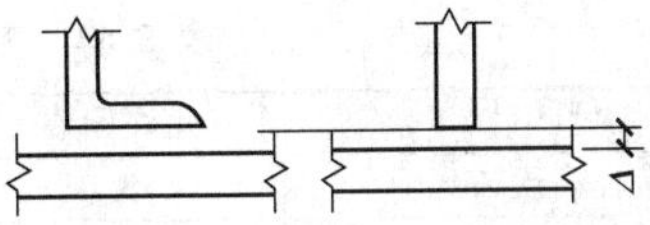
高度 h		±2.0	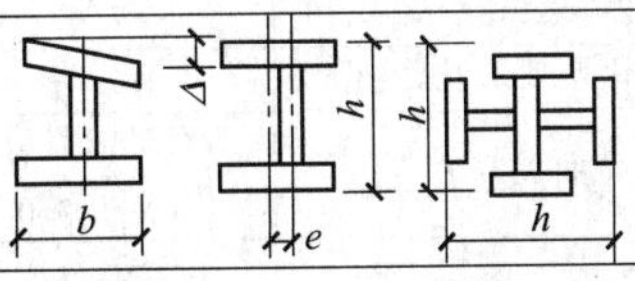
垂直度 Δ		b/100，且应不大于 3.0	
中心偏移 e		±2.0	
型钢错位	连接处	1.0	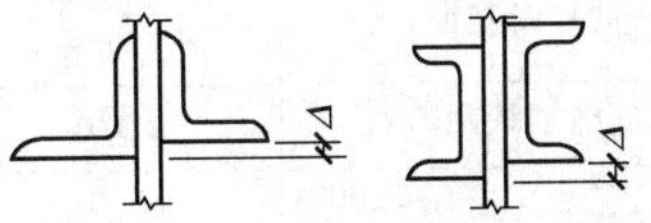
	其他处	2.0	
箱型截面高度 h		±2.0	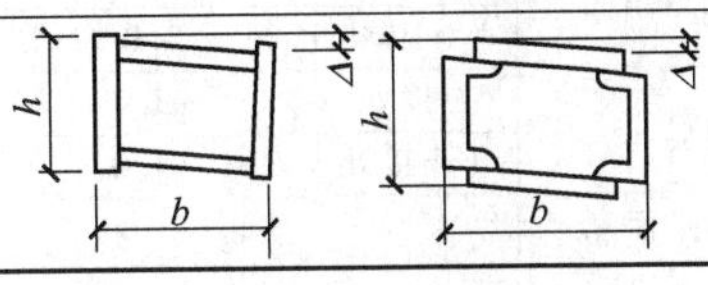
宽度 b		±2.0	
垂直度 Δ		b/100，且应不大于 3.0	

3）单层钢柱外形尺寸的允许偏差应符合表 3-63 的规定。

表 3-63　单层钢柱外形尺寸的允许偏差　　（单位：mm）

项目		允许偏差	检验方法	图例
柱底面到柱端与桁架连接的最上一个安装孔距离 l		$\pm l_1/1500$ ± 15.0	用钢直尺检查	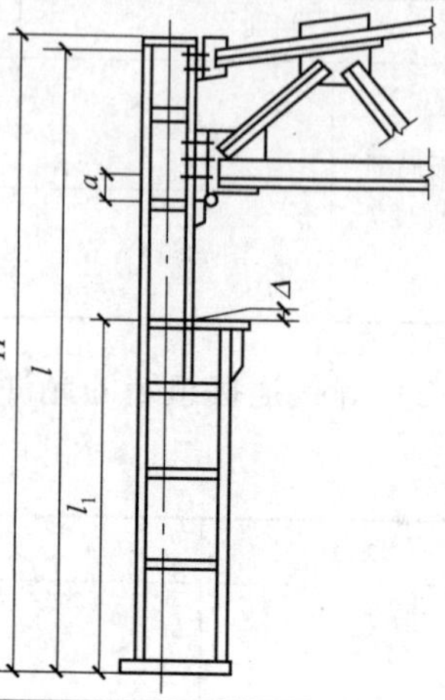
柱底面到牛腿支撑面距离 l_1		$\pm l_1/2000$ ± 8.0		
牛腿面的翘曲 Δ		2.0		
柱身弯曲矢高		$H/1200$，且应不大于 12.0	用拉线、直角尺和钢直尺检查	
柱身扭曲	牛腿处	3.0	用拉线、吊线和钢直尺检查	
	其他处	8.0		
柱截面几何尺寸	连接处	±3.0	用钢直尺检查	
	非连接处	±4.0		
翼缘板对腹板的垂直度	连接处	1.5	用直角尺和钢直尺检查	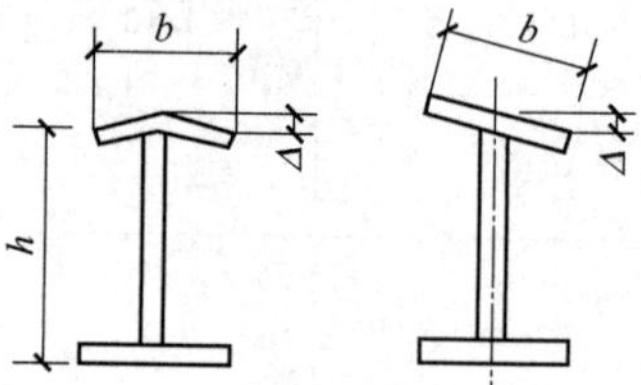
	其他处	$b/100$，且应不大于 5.0		
柱角底板平面度		5.0	用 1m 钢直尺和塞尺检查	
柱角螺栓孔中心对柱轴线的距离		3.0	用钢直尺检查	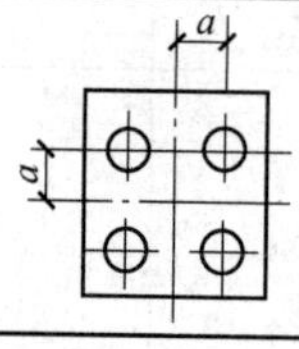

4）多节钢柱外形尺寸的允许偏差应符合表 3-64 的规定。

表 3-64　多节钢柱外形尺寸的允许偏差　　（单位：mm）

项目		允许偏差	检验方法	图例
一节柱高度 H		±3.0	用钢直尺检查	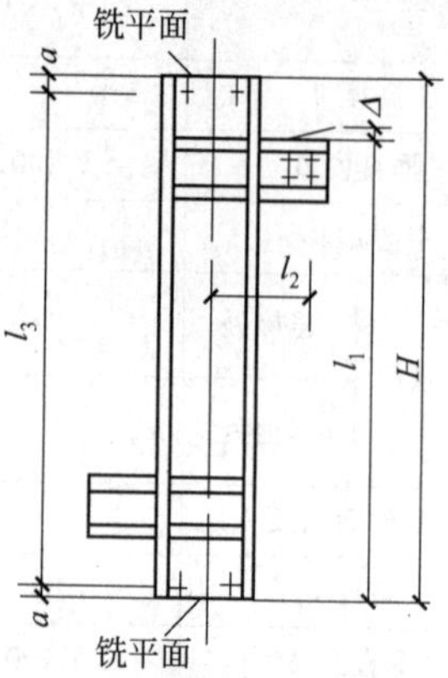
两端最外侧安装孔距离 l_3		±2.0		
铣平面到第一个安装孔距离 a		±1.0		
柱身弯曲矢高 f		$H/1500$，且应不大于 5.0	用拉线和钢直尺检查	
一节柱的柱身扭曲		$h/250$，且应不大于 5.0	用拉线、吊线和钢直尺检查	
牛腿端孔到柱轴线距离 l_2		±3.0	用钢直尺检查	
牛腿的翘曲或扭曲 Δ	$l_2 \leqslant 1000$	2.0	用拉线、钢直尺和直角尺检查	
	$l_2 > 1000$	3.0		
柱截面尺寸	连接处	±3.0	用钢直尺检查	
	非连接处	±4.0		
柱角底板平面度		5.0	用钢直尺和塞尺检查	

（续）

项目		允许偏差	检验方法	图例
翼缘板对腹板的垂直度	连接处	1.5	用直角尺和钢直尺检查	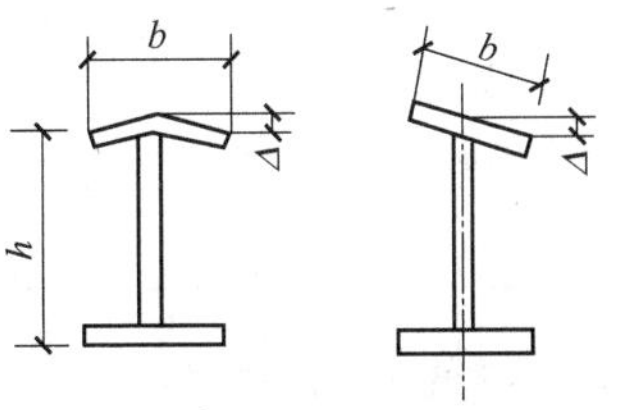 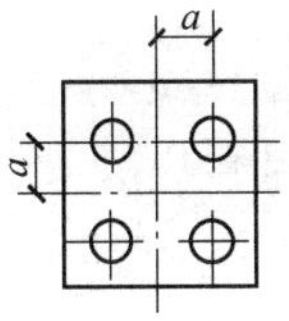
	其他处	b/100，且应不大于 5.0		
柱角螺栓孔中心对柱轴线的距离 a		3.0	用钢直尺检查	
箱型截面连接处对角线差		3.0		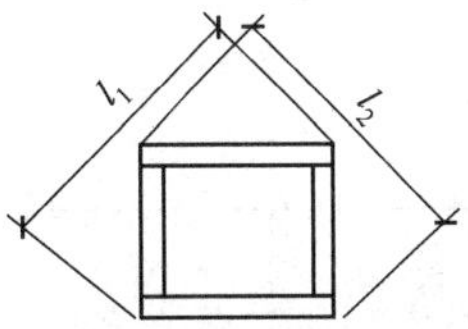
箱型柱身板垂直度		$h(b)$/100，且应不大于 5.0	用直角尺和钢直尺检查	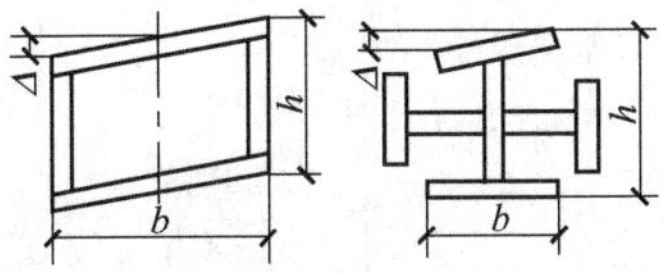

5）焊接实腹钢梁外形尺寸的允许偏差应符合表 3-65 的规定。

表 3-65 焊接实腹钢梁外形尺寸的允许偏差 （单位：mm）

项目		允许偏差	检验方法	图例
梁长度 l	端部有凸缘支座板	0 −5.0	用钢直尺检查	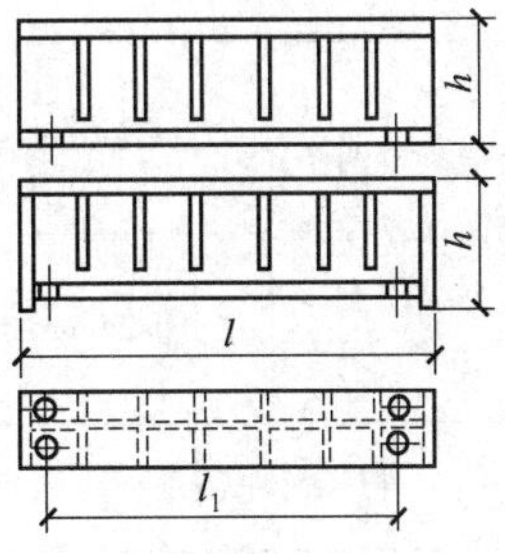
	其他形式	±l/2000 ±10.0		
端部高度 h	h≤2000	±2.0		
	h>2000	±3.0		
拱度	设计要求起拱	±l/5000	用拉线和钢直尺检查	
	设计未要求起拱	10.0 −5.0		
侧弯矢高		l/2000，且应不大于 10.0		
扭曲		h/100，且应不大于 3.0	用拉线、吊线和钢直尺检查	

（续）

项目		允许偏差	检验方法	图例
腹板局部平面度	$t \leq 14$	5.0	用1m钢直尺和塞尺检查	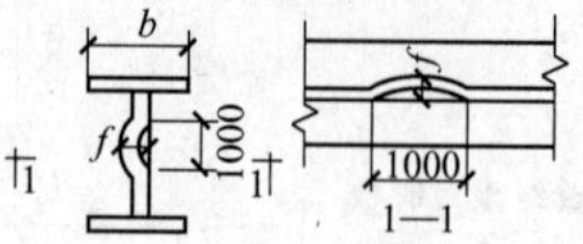
	$t > 14$	4.0		
翼缘板对腹板的垂直度		$b/100$，且应不大于3.0	用直角尺和钢直尺检查	
吊车梁上翼缘与轨道接触面平面度		1.0	用200mm、1m钢直尺和塞尺检查	
箱型截面对角线差		5.0	用钢直尺检查	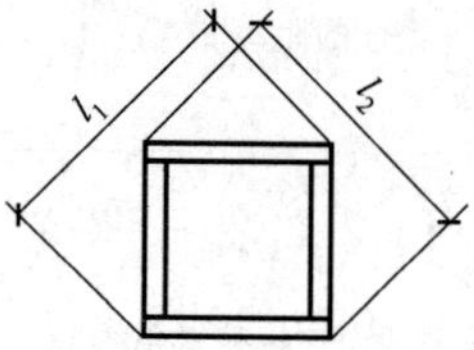
箱型截面两腹板至翼缘板中心线距离 a	连接处	1.0		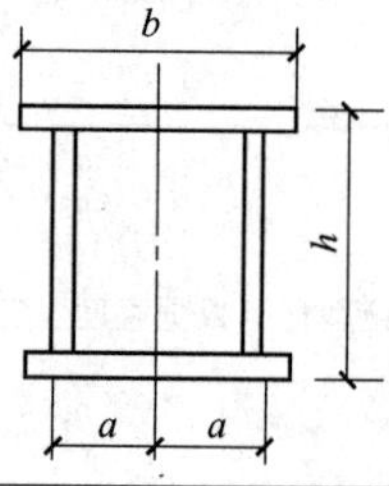
	其他处	1.5		
梁端板的平面度（只允许凹进）		$h/500$，且应不大于2.0	用直角尺和钢直尺检查	
梁端板与腹板的垂直度		$h/500$，且应不大于2.0	用直角尺和钢直尺检查	

6）钢桁架外形尺寸的允许偏差应符合表3-66的规定。

表3-66　钢桁架外形尺寸的允许偏差　（单位：mm）

项目		允许偏差	检验方法	图例
桁架最外端两个孔或两端支撑面最外侧距离	$l \leq 24$mm	+3.0 −7.0	用钢直尺检查	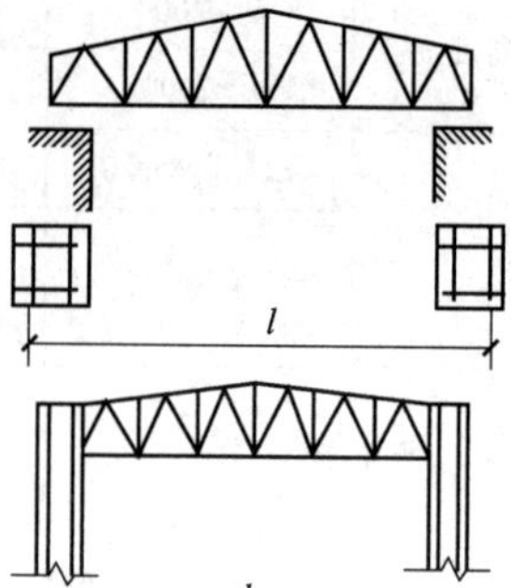
	$l > 24$mm	+5.0 −10.0		
桁架跨中高度		±10.0		
桁架跨中拱度	设计要求起拱	$\pm l/5000$		
	设计未要求起拱	10.0 −5.0		

（续）

项目	允许偏差	检验方法	图例
相邻节间弦杆弯曲（受压除外）	$l/1000$	用钢直尺检查	l_3 a 铣平顶紧支承面
支撑面到第一个安装孔距离 a	±1.0		
檩条连接支座间距	±5.0		a

7）钢管构件外形尺寸的允许偏差应符合表3-67的规定。

表3-67 钢管构件外形尺寸的允许偏差（单位：mm）

项目	允许偏差	检验方法	图例
直径 d	$\pm d/500$ ±5.0	用钢直尺检查	l d
构件长度 l	±3.0		
管口圆度	$d/500$，且不应大于5.0		
管面对管轴的垂直度	$d/500$，且不应大于3.0	用焊缝量规检查	
弯曲矢高	$l/1500$，且不应大于5.0	用拉线、吊线和钢直尺检查	
对口错边	$t/10$，且不应大于3.0	用拉线和钢直尺检查	

注：对方矩形管，d为长边尺寸。

8）墙架、檩条、支撑系统钢构件外形尺寸的允许偏差应符合表3-68的规定。

表3-68 墙架、檩条、支撑系统钢构件外形尺寸的允许偏差（单位：mm）

项目	允许偏差	检验方法
构件长度 l	±4.0	用钢直尺检查
构件两端最外侧安装孔距离 l_1	±3.0	
构件弯曲矢高	$l/1000$，且不应大于10.0	用拉线和钢直尺检查
截面尺寸	+5.0 -2.0	用钢直尺检查

9）钢平台、钢梯和防护钢栏杆外形尺寸的允许偏差应符合表3-69的规定。

表 3-69　钢平台、钢梯和防护钢栏杆外形尺寸的允许偏差　（单位：mm）

项目	允许偏差	检验方法	图例
平台长度和宽度	±5.0	用钢直尺检查	
平台两对角线差 $\|l_1-l_2\|$	6.0		
平台支柱高度	±3.0		
平台支柱弯曲高度	5.0	用拉线和钢直尺检查	
平台表面平面度（1m 范围内）	6.0	用 1m 钢直尺和塞尺检查	
梯梁长度 l	±5.0	用钢直尺检查	
钢梯宽度 b	±5.0		
钢梯安装孔距离 a	±3.0	用拉线和钢直尺检查	
钢梯纵向挠曲矢高	$l/1000$		
踏步(棍)间距	±5.0		
栏杆高度	±5.0	用钢直尺检查	
栏杆立柱间距	±10.0		

3.5　钢构件预拼装工程

3.5.1　预拼装施工

1. 钢柱拼装

1）施工步骤如下：

① 平装。先在柱的适当位置用枕木搭设 3~4 个支点，如图 3-42a 所示。各支承点高度应拉通线，使柱轴线中心线成一水平线，先吊下节柱找平，再吊上节柱，使两端头对准，然后找中心线，并将安装螺栓或夹具上紧，最后进行接头焊接，采取对称施焊，焊完一面再翻身焊另一面。

② 立拼。在下节柱适当位置设 2~3 个支点，上节柱设 1~2 个支点，如图 3-42b 所示，各支点用水平仪测平垫平。拼装时先吊下节，使牛腿向下，并找平中心，再吊上节，使两节的节头端相对准，然后找正中心线，并将安装螺栓拧紧，最后进行接头焊接。

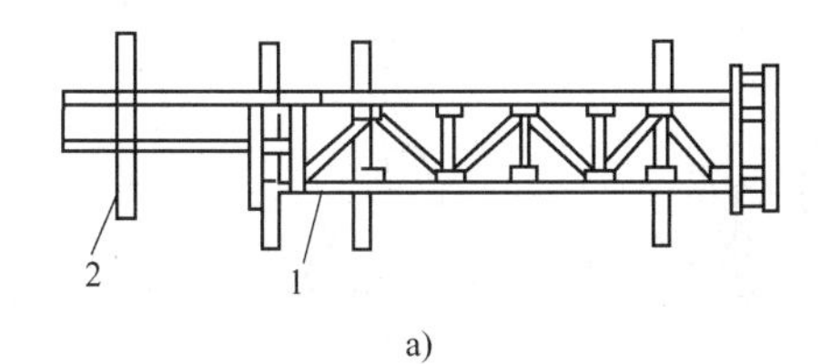

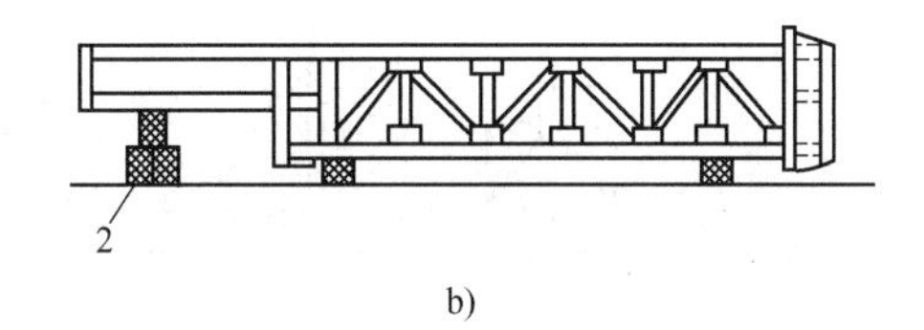

图 3-42　钢柱的拼装

a）平拼拼装点　b）立拼拼装点

1—拼接点　2—枕木

2）柱底座板和柱身组合拼装。柱底座板与柱身组合拼装时，应符合以下规定：

① 将柱身按设计尺寸先行拼装焊接，使柱身达到横平竖直，符合设计和验收标准的要求。若不符合质量要求，可进行矫正以达到质量要求。

② 将事先准备好的柱底板按设计规定尺寸，分清内外方向画结构线并焊挡铁定位，防止在拼装时位移。

③ 柱底板与柱身拼装之前，必须将柱身与柱底板接触的端面用刨床或砂轮加工平。同时将柱身分几点垫平，如图 3-43 所示。使柱身垂直柱底板，使安装后受力均称，防止产生偏心压力，以达到质量要求。

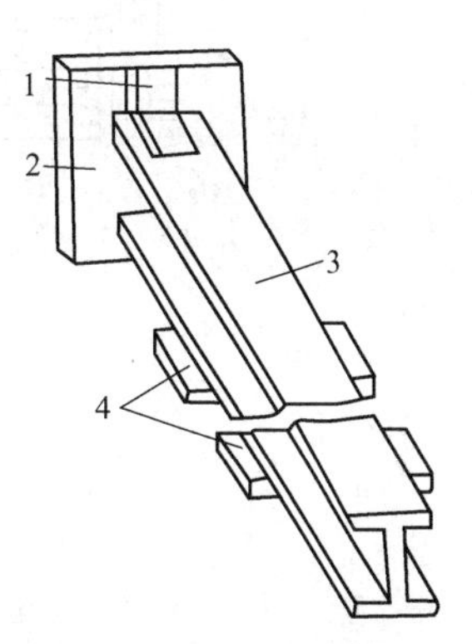

图 3-43　钢柱拼装示意图

1—定位角钢　2—柱底板

3—柱身　4—水平垫基

④ 拼装时，将柱底座板用角钢头或平面型钢按位置点固，作为定位倒吊挂在柱身平面，并用直角尺检查垂直度和间隙大小，待合格后进行四周全面点固。为避免焊接变形，应采用对角或对称方法进行焊接。

⑤ 若柱底板左右有梯形板时，可先将底板与柱端接触焊缝焊完后，再组对梯形板，并同时焊接，这样可避免梯形板妨碍底板缝的焊接。

2. 钢屋架拼装

钢屋架大多用底样采用仿效方法进行拼装，其过程如下：

1）按设计尺寸，并按长、高尺寸，以 1/1000 预留焊接收缩量，在拼装平台上放出拼装底样，如图 3-44、图 3-45 所示。因为屋架在设计图样的上下弦处不标注起拱量，所以才放底样，按跨度比例画出起拱。

2）在底样上一定按图画好角钢面宽度、立面厚度，以此作为拼装时的依据。若在拼装时，角钢的位置和方向能记牢，其立面的厚度可省略不画，只画出角钢面的宽度即可。

3）放好底样后，将底样上各位置上的连接板用电焊点牢，并用挡铁定位，作为第一次单片屋架拼装基准的底模，如图 3-46 所示，接着就可将大小连接板按位置放在底模上。

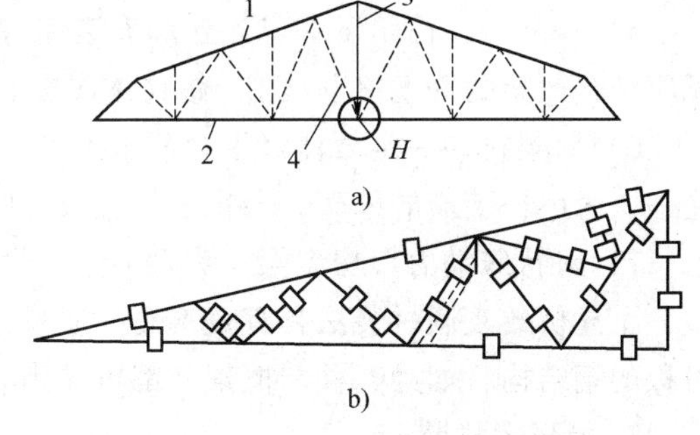

图 3-44　屋架拼装示意图

a）拼装底样　b）屋架拼装

H—起拱抬高位置

1—上弦　2—下弦　3—立撑　4—斜撑

4）屋架的上下弦及所有的立、斜撑，限

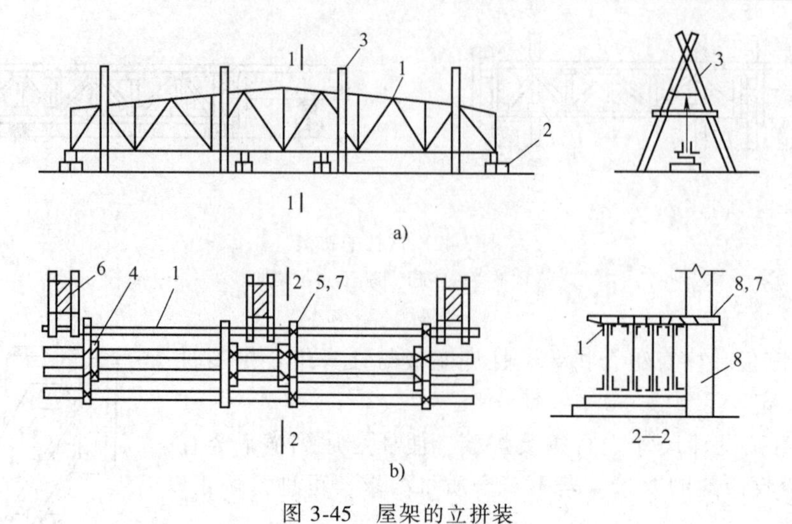

图 3-45　屋架的立拼装

a）36m 钢屋架立拼装　b）多榀钢屋架立拼装

1—36m 钢屋架块体　2—枕木或砖墩　3—木人字架　4—横挡木钢丝绑牢　5—8 钢丝固定上弦　6—斜撑木　7—木方　8—柱

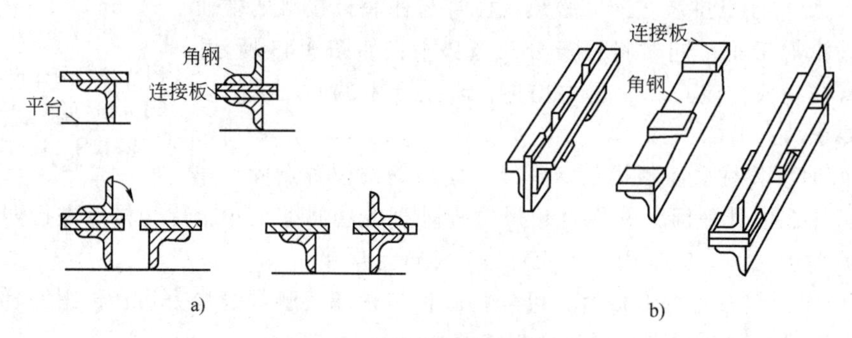

图 3-46　屋架仿效拼装示意图

a）仿形过程　b）复制的实物

位板放到连接板上面，进行找正对齐，用夹具夹紧点焊。待全部点焊牢固，可用起重机作 180°翻转，这样就可用该扇单片屋架为基准仿效组合拼装，如图 3-46a、图 3-46b 所示。

5）拼装时，应给下一步运输和安装工序创造有利条件。除按设计规定的技术说明外，还应结合屋架的跨度（长度），做整体或按节点分段进行拼装。

6）屋架拼装一定要注意平台的水平度，若平台不平，可在拼装前用仪器或拉粉线调整垫平，否则拼装成的屋架，会在上下弦及中间位置产生侧向弯曲。

7）对特殊动力厂房屋架，为适应生产性质的要求强度，一般不采用焊接而用铆接。

上述仿效复制拼装法具有效率高、质量好、便于组织流水作业等优点。因此，对于截面对称的钢结构，如梁、柱和框架等都可应用。

3. 箱形梁拼装

箱形梁的结构有钢板组成的，也有型钢与钢板混合结构组成的，但大多箱形梁的结构是采用钢板结构成型的。箱形梁是由上下面板、中间隔板及左右侧板组成。

箱形梁的拼装过程是先在底面板画线定位，如图 3-47a 所示。按位置拼装中间定向隔板，如图 3-47b 所示。为防止移动和倾斜，应将两端和中间隔板与面板用型钢条临时点固。

然后以各隔板的上平面和两侧面为基准，同时拼装箱形梁左右立板。两侧立板的长度，要以底面板的长度为准靠齐并点焊。当两侧板与隔板侧面接触间隙过大时，可用活动型夹具夹紧，再进行点焊。最后拼装梁的上面板，当上面板与隔板上平面接触间隙大、误差多时，可用手砂轮将隔板上端找平，并用 ⊐ 型夹具压紧进行定位焊和焊接，如图 3-47d 所示。

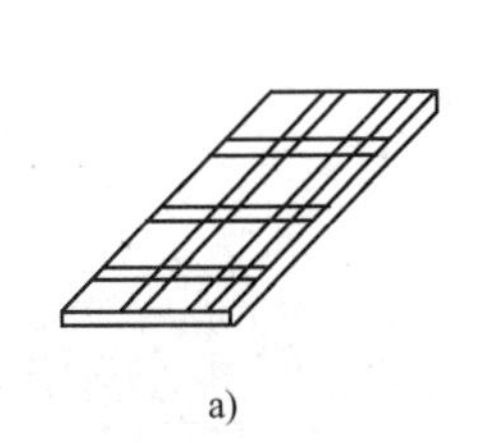
a)

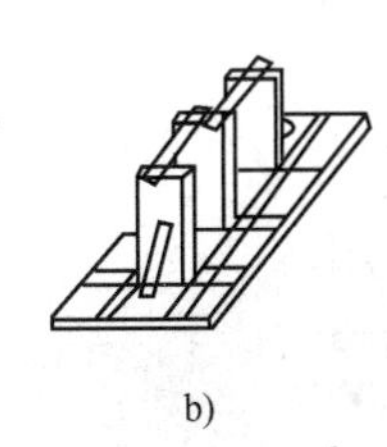
b)

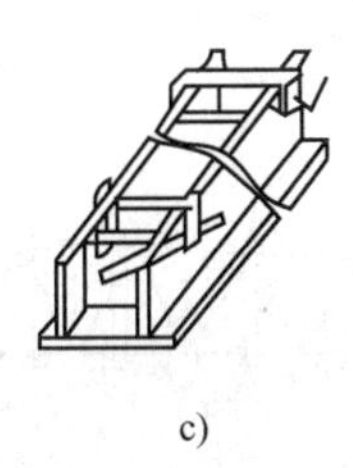
c)

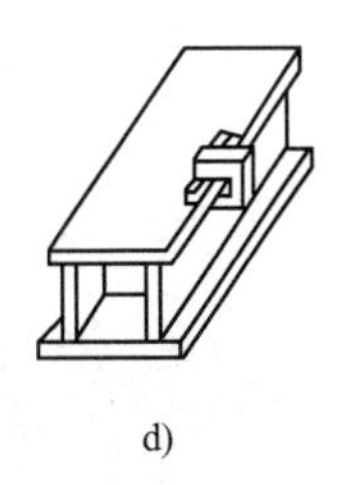
d)

图 3-47　箱形梁拼装

a）箱形梁的底板　b）装定向隔板　c）加侧立板　d）装好的箱形梁

4. 工字钢梁、槽钢梁拼装

工字钢梁和槽钢梁分别是由钢板组合的工程结构梁，它们的组合连接形式基本相同，只是型钢的种类和组合成形的形状不同，如图 3-48 所示。

1）在拼装组合时，首先按图样标注的尺寸、位置在面板和型钢连接位置处进行画线定位。

2）在组合时，如果面板宽度较窄，为使面板与型钢垂直和稳固，避免型钢向两侧倾斜，可用与面板同厚度的垫板临时垫在底面板（下翼板）两侧来增加面板与型钢的接触面。

3）用直角尺或水平尺检验侧面与平面垂直，几何尺寸正确后，方能按一定距离进行定位焊。

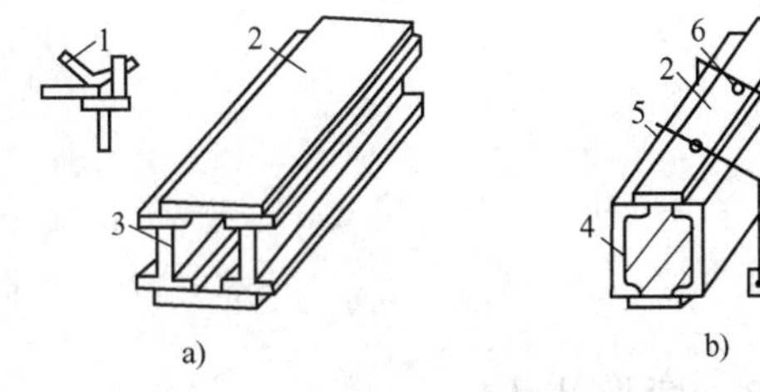

图 3-48　工字钢梁、槽钢梁组合拼装

a）工字钢梁　b）槽钢梁

1—撬杠　2—面板　3—工字钢　4—槽钢

5—龙门架　6—压紧工具

4）拼装上面板以下底面板为基准。为保证上下面板与型钢严密结合，若接触面间隙大，可用撬杠或夹具压严靠紧，然后进行定位焊和焊接，如图 3-48 中的 1、5、6 所示。

5. 托架拼装

托架有平装和立拼两种方法，其具体内容如下：

（1）平装　托架拼装时，应搭设简易钢平台或枕木支墩平台，如图 3-49 所示，进行找平放线。在托架四周设定位角钢或钢挡板，将两半榀托架吊到平台上，拼缝处装上安装螺栓，检查并找正托架的跨距和起拱值，安上拼接处连接角钢。用夹具将托架和定位钢板卡紧，拧紧螺栓并对拼装焊缝施焊。施焊时，要求对称进行，焊完一面，检查并纠正变形，用木杆二道加固，然后将托架吊起翻身，再用同种方法焊另一面焊缝，符合设计和规范要求，方可加固、扶直和起吊就位。

（2）立拼　托架拼装时，采用人字架稳住托架进行合缝，校正调整好跨距、垂直度、侧向弯曲和拱度后，安装节点拼接角钢，并用夹具和钢楔使其与上下弦角钢卡紧。复查后，用电焊进行定位焊，并按先后顺序进行对称焊接，直至达到要求为止。当托架平行并紧靠柱列排放时，可以 3~4 榀为一组进行立拼装，用方木将托架与柱子连接稳定。

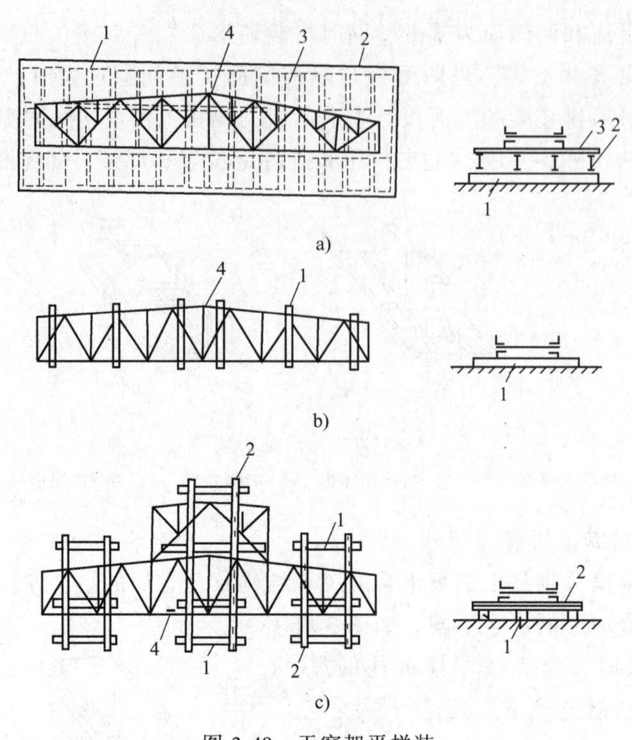

图 3-49　天窗架平拼装

a）简易钢平台拼装　b）枕木平台拼装　c）钢木混合平台拼装

1—枕木　2—工字钢　3—钢板　4—拼接点

3. 5. 2　变形矫正

当零件组成的构件变形较为复杂，并具有一定的结构刚度时，可按下列顺序进行矫正：

① 先矫正总体变形，后矫正局部变形。

② 先矫正主要变形，后矫正次要变形。

③ 先矫正下部变形，后矫正上部变形。

④ 先矫正主体构件，后矫正副件。

当钢构件发生弯曲或扭曲变形超过设计规定的范围时，必须进行矫正。常用的矫正方法有机械矫正法、火焰矫正法或混合矫正法等。

1. 机械矫正法

机械矫正法主要采用顶弯机、压力机矫正弯曲构件，亦可利用固定的反力架、液压式或螺旋式千斤顶等小型机械工具顶压矫正构件的变形。矫正时，将构件变形部位放在两支撑的空间处，对准凸出处加压，即可调直变形的构件。

2. 火焰矫正法

条形钢结构变形主要采用火焰矫正法。其特点是时间短，收缩量大，其水平收缩方向是沿着弯曲的一面按水平对应收缩后产生新的变形来矫正已发生的变形，如图 3-50 所示。

1）采用加热三角形法加热三角形矫正弯曲的构件时，应根据其变形方向来确定加热三角形的位置，如图 3-50 所示。

① 上下弯曲，加热三角形在立面，如图 3-50a 所示。

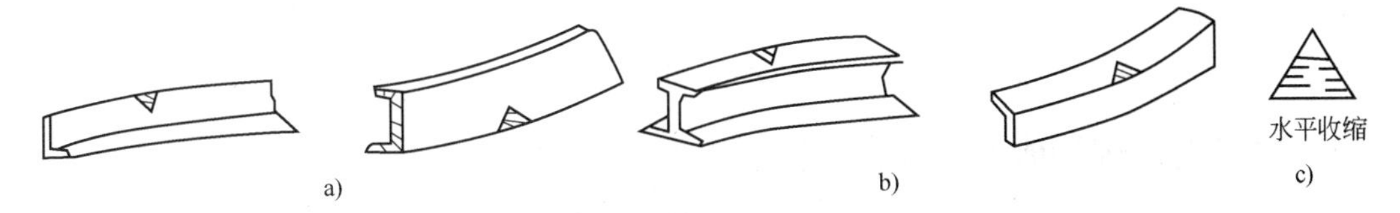

图 3-50 型钢火焰矫正加热方向

a）上下弯曲加热 b）左右弯曲加热 c）三角形加热后收缩方向

② 左右方向弯曲，加热三角形在平面，如图 3-50b 所示。

③ 加热三角形的顶点位置应在弯曲构件的凹面一侧，三角形的底边应在弯曲的凸面一侧。

2）加热三角形的数量多少应按构件变形的程度来确定：

① 构件变形的弯矩大，则加热三角形的数量要多，间距要近。

② 构件变形的弯矩小，则加热三角形的数量要少，间距要远。

③ 一般对 5m 以上长度、截面为 100～300mm^2 的型钢件用火焰（三角形）矫正时，加热三角形的相邻中心距为 500～800mm，每个三角形的底边宽度由变形程度来确定，一般应在 80～150mm 范围内，如图 3-51 所示。

3）加热三角形的高度和底边宽度一般是型钢高度的 1/5～2/3，加热温度为 700～800℃，不得超过 900℃ 的正火温度。矫正的构件材料是低合金钢结构钢时，矫正后必须缓慢冷却，必要时可用绝热材料加以覆盖保护，以免增加硬化组织，发生脆裂等缺陷。

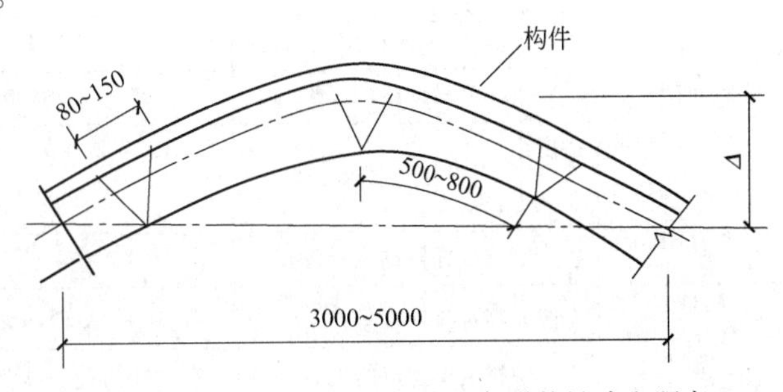

图 3-51 火焰矫正构件加热三角形的尺寸和距离

3. 混合矫正法

混合矫正法是依靠综合作用矫正构件的变形。

1）当变形构件符合下列情况之一者，应采用混合矫正法：

① 构件变形的程度较严重，并兼有死弯。

② 变形构件截面尺寸较大，矫正设备能力不足。

③ 构件变形形状复杂。

④ 构件变形方向具有两个及两个以上的不同方向。

⑤ 用单一矫正方法不能矫正的变形构件。

2）箱形梁构件扭曲矫正方法：矫正箱形梁扭曲时，应将其底面固定在平台上，因其刚性较大，需在梁中间位置的两个侧面及上平面，用 2～3 只大型烤枪同时进行火焰加热，加热宽度为 30～40mm，并用牵拉工具逆着扭曲方向的对角方向施加外力 P，在加热与牵引综合作用下将扭曲矫正，如图 3-52 所示。

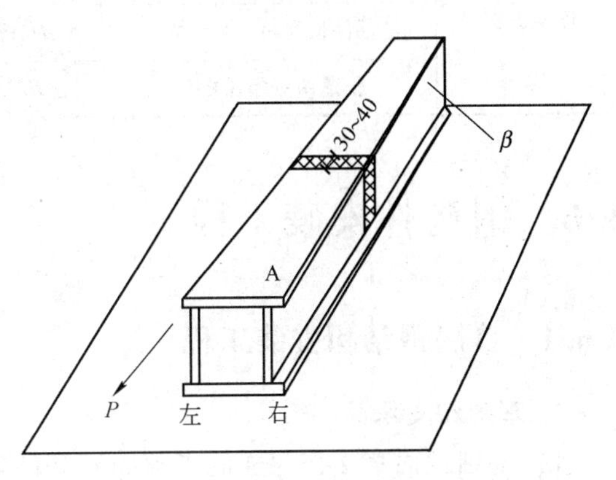

图 3-52 箱形梁的扭曲变形矫正

箱形梁的扭曲被矫正后，可能会产生上

拱或侧弯的新变形。对上拱变形的矫正，可在上拱处由最高点向两端用加热三角形方法矫正。侧弯矫正时除用加热三角形法单一矫正外，还可边加热边用千斤顶进行矫正。

3.5.3　钢构件预拼装的允许偏差

钢构件预拼装的允许偏差应符合表 3-70 的规定。

表 3-70　钢构件预拼装的允许偏差　（单位：mm）

构件类型	项目		允许偏差	检验方法
多节柱	预拼装单元总长		±5.0	用钢直尺检查
	预拼装单元弯曲矢高		l/1500，且不应大于 10.0	用拉线和钢直尺检查
	接口错边		2.0	用焊缝量规检查
	预拼装单元柱身扭曲		h/200，且不应大于 5.0	用拉线、吊线和钢直尺检查
	顶紧面至任一牛腿距离		±2.0	用钢直尺检查
梁、桁架	跨度最外两端安装孔或两端支在面最外侧距离		+5.0 −10.0	
	接口截面错位		2.0	用焊缝量规检查
	拱度	设计要求起拱	±l/5000	用拉线和钢直尺检查
		设计未要求起拱	l/2000 0	
	节点处杆件轴线错位		4.0	画线后用钢直尺检查
管构件	预拼装单元总长		±5.0	用钢直尺检查
	预拼装单元弯曲矢高		l/1500，且不应大于 10.0	用拉线和钢直尺检查
	对口错边		t/10，且不应大于 3.0	用焊缝量规检查
	坡口间隙		+2.0 −1.0	
构件平面总体预拼装	各楼层柱距		±4.0	用钢直尺检查
	相邻楼层梁与梁之间距离		±3.0	
	各层间框架两对角线之差		H/2000，且不应大于 5.0	
	任意两对角线之差		$\sum H$/2000，且不应大于 8.0	

3.6　钢构件安装工程

3.6.1　单层钢结构安装工程

1. 基础和支承面

1）基础顶面直接作为柱的支承面和基础顶面预埋钢板或支座作为柱的支承面时，其支承面、地脚螺栓（锚栓）位置的允许偏差应符合表 3-71 的规定。

表 3-71 支承面、地脚螺栓（锚栓）位置的允许偏差 （单位：mm）

项目		允许偏差
支承面	标高	±3.0
	水平度	l/1000
地脚螺栓(锚栓)	螺栓中心偏移	5.0
预留孔中心偏移		10.0

2）采用坐浆垫板时，坐浆垫板的允许偏差应符合表 3-72 的规定。

表 3-72 坐浆垫板的允许偏差 （单位：mm）

项目	允许偏差
顶面标高	0.0 -3.0
水平度	l/1000
位置	20.0

3）采用杯口基础时，杯口尺寸的允许偏差应符合表 3-73 的规定。

表 3-73 杯口尺寸的允许偏差 （单位：mm）

项目	允许偏差
底面标高	0.0 -5.0
杯口深度 H	±5.0
杯口垂直度	H/100,且不应大于 10.0
位置	10.0

4）地脚螺栓（锚栓）尺寸的允许偏差应符合表 3-74 的规定。地脚螺栓（锚栓）的螺纹应受到保护。

表 3-74 地脚螺栓（锚栓）尺寸的允许偏差 （单位：mm）

项目	允许偏差
螺栓(锚栓)露出长度	+30.0 0.0
螺纹长度	+30.0 0.0

2. 安装和校正

1）钢屋（托）架、桁架、梁及受压杆件的垂直度和侧向弯曲矢高的允许偏差应符合表 3-75 的规定。

表 3-75 钢屋（托）架、桁架、梁及受压杆件
垂直度和侧向弯曲矢高的允许偏差 （单位：mm）

项目	允许偏差	图例
跨中的垂直度	h/250,且不大于 15.0	1 Δ h 1—1 1

（续）

项目	允许偏差		图例
侧向弯曲矢高 f	$l \leqslant 30\text{m}$	$l/1000$，且不应大于 10.0	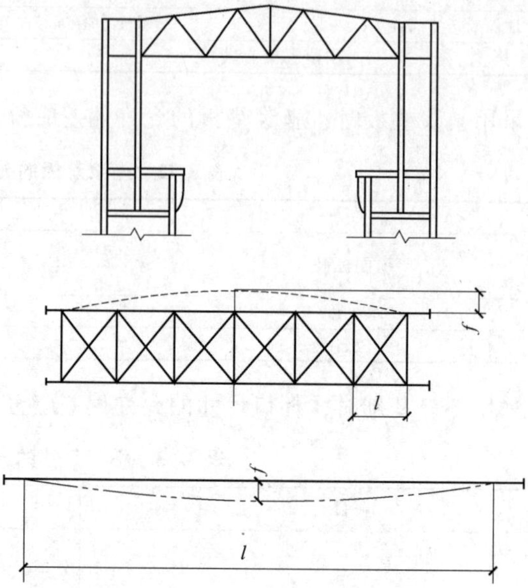
	$30\text{m} < l \leqslant 60\text{m}$	$l/1000$，且不应大于 30.0	
	$l > 60\text{m}$	$l/1000$，且不应大于 50.0	

2）单层钢结构主体结构的整体垂直度和整体平面弯曲的允许偏差应符合表3-76的规定。

表3-76　整体垂直度和整体平面弯曲的允许偏差　（单位：mm）

项目	允许偏差	图例
主体结构的整体垂直度	$H/1000$，且不应大于 25.0	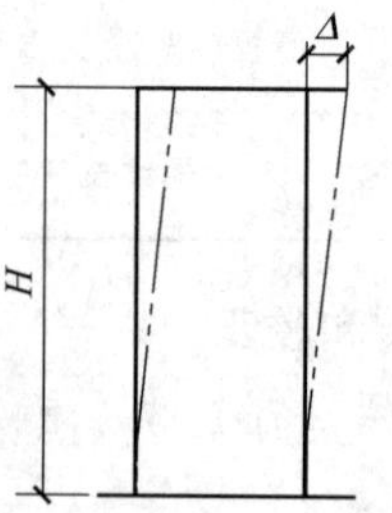
主体结构的整体平面弯曲	$L/1500$，且不应大于 25.0	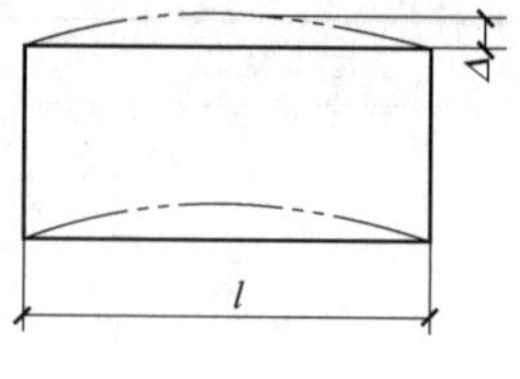

3）单层钢结构中柱子安装的允许偏差应符合表3-77的规定。

表 3-77　单层钢结构中柱子安装的允许偏差　（单位：mm）

项目			允许偏差	图例	检验方法
柱脚底座中心线对定位轴线的偏移			5.0	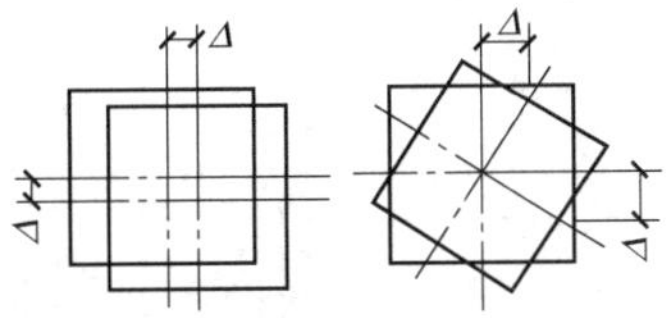	用吊线和钢直尺检查
柱基准点标高	有吊车梁的柱		+3.0 -5.0	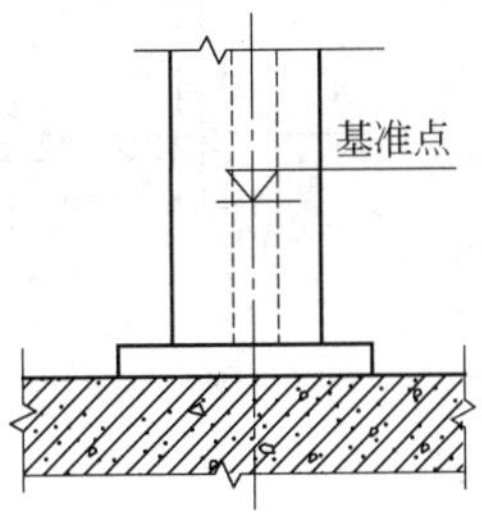	用水准仪检查
	无吊车梁的柱		+5.0 -8.0		
弯曲矢高			H/1200，且不应大于 15.0	—	用经纬仪或拉线和钢直尺检查
柱轴线垂直度	单层柱	$H\leqslant10$m	H/1000	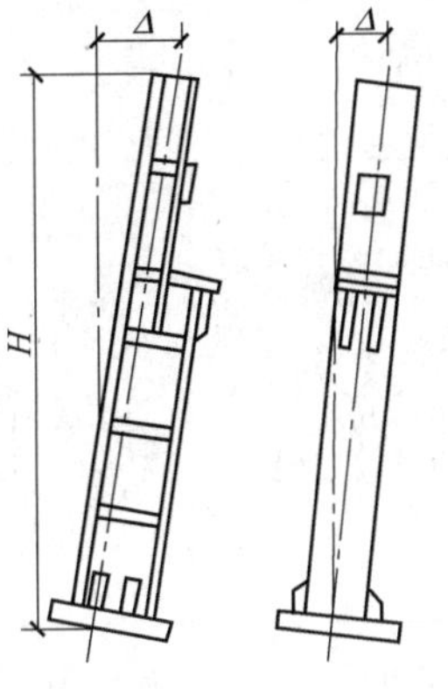	用经纬仪或吊线和钢直尺检查
		$H>10$m	H/1000，且不应大于 25.0		
	多层柱	单节柱	H/1000，且不应大于 10.0		
		柱全高	35.0		

4）钢吊车梁安装的允许偏差应符合表 3-78 的规定。

表 3-78　钢吊车梁安装的允许偏差　（单位：mm）

项目	允许偏差	图例	检验方法
梁的跨中垂直度 Δ	h/500	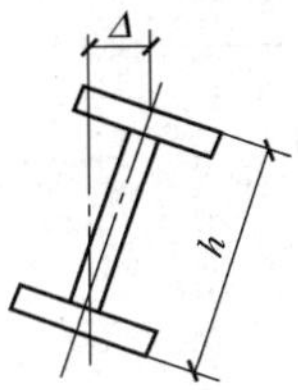	用吊线和钢直尺检查
侧向弯曲矢高	l/1500，且不应大于 10.0	—	—
垂直上拱矢高	10.0		

（续）

项目		允许偏差	图例	检验方法
两端支座中心位移 Δ	安装在钢柱上时，对牛腿中心的偏移	5.0	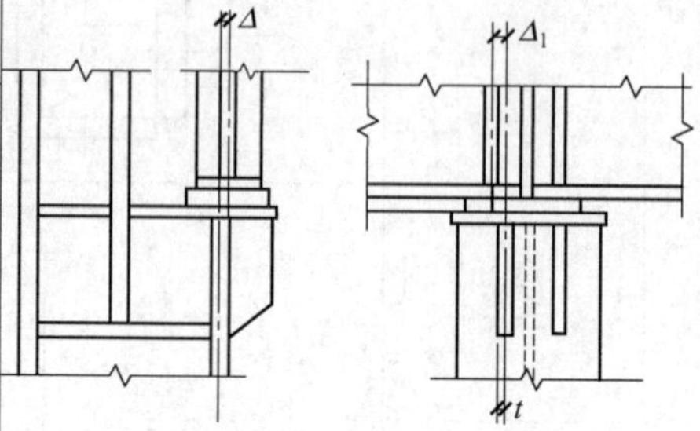	用拉线和钢直尺检查
	安装在混凝土柱上时，对定位轴线的偏移	5.0		
吊车梁支座加劲板中心与柱子承压加劲板中心的偏移 Δ		$t/2$		用吊线和钢直尺检查
同跨间内同一横截面吊车梁顶面高差 Δ	支座处	10.0	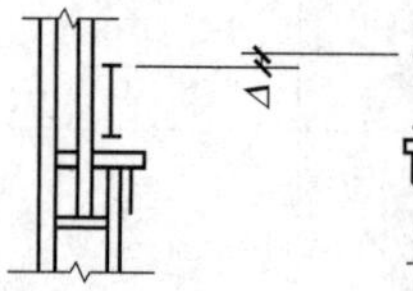	用经纬仪、水准仪和钢直尺检查
	其他处	15.0		
同跨间内同一横截面下挂式吊车梁底面高差 Δ		10.0	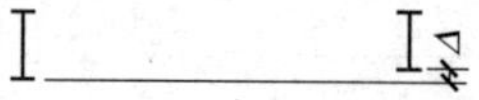	
同列相邻两柱间吊车梁顶面高差 Δ		$l/1500$，且不应大于 10.0	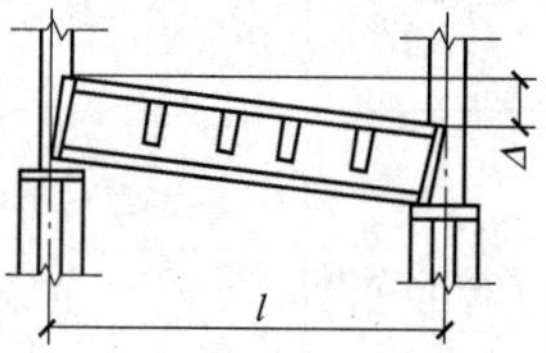	用水准仪和钢直尺检查
相邻两吊车梁接头部位 Δ	中心错位	3.0	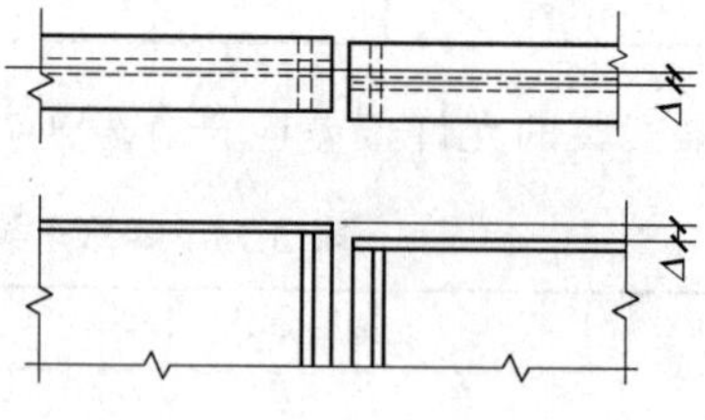	用钢直尺检查
	上承式顶面高差	1.0		
	下承式底面高差	1.0		
同跨间任一截面的吊车梁中心跨距 Δ		±10.0	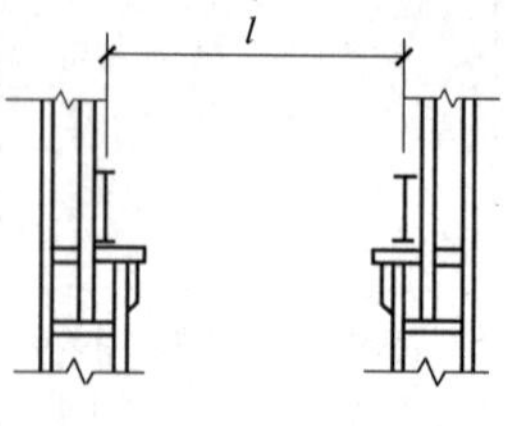	用经纬仪和光电测距仪检查；跨度小时，可用钢直尺检查

（续）

项目	允许偏差	图例	检验方法
轨道中心对吊车梁腹板轴线的偏移 Δ	$t/2$		用吊线和钢直尺检查

5）墙架、檩条等次要构件安装的允许偏差应符合表3-79的规定。

表3-79 墙架、檩条等次要构件安装的允许偏差 （单位：mm）

项目		允许偏差	检验方法
墙架立柱	中心线对定位轴线的偏移	10.0	用钢直尺检查
	垂直度	$H/1000$，且不应大于10.0	用经纬仪或吊线和钢直尺检查
	弯曲矢高	$H/1000$，且不应大于15.0	用经纬仪或吊线和钢直尺检查
抗风桁架的垂直度		$h/250$，且不应大于15.0	用吊线和钢直尺检查
檩条、墙梁的间距		±5.0	用钢直尺检查
檩条的弯曲矢高		$L/750$，且不应大于12.0	用拉线和钢直尺检查
墙梁的弯曲矢高		$L/750$，且不应大于10.0	用拉线和钢直尺检查

注：1. H 为墙架立柱的高度。
2. h 为抗风桁架的高度。
3. L 为檩条或墙梁的高度。

6）钢平台、钢梯和防护栏杆安装的允许偏差应符合表3-80的规定。

表3-80 钢平台、钢梯和防护栏杆安装的允许偏差 （单位：mm）

项目	允许偏差	检验方法
平台高度	±15.0	用水准仪检查
平台梁水平度	$l/1000$，且不应大于20.0	用水准仪检查
平台支柱垂直度	$H/1000$，且不应大于15.0	用经纬仪或吊线和钢直尺检查
承重平台梁侧向弯曲	$l/1000$，且不应大于10.0	用拉线和钢直尺检查
承重平台梁垂直度	$h/250$，且不应大于15.0	用吊线和钢直尺检查
直梯垂直度	$l/1000$，且不应大于15.0	用吊线和钢直尺检查
栏杆高度	±15.0	用钢直尺检查
栏杆立柱间距	±15.0	用钢直尺检查

7）现场焊缝组对间隙的允许偏差应符合表3-81的规定。

表 3-81　现场焊缝组对间隙的允许偏差　（单位：mm）

项目	允许偏差
无垫板间隙	+3.0 0.0
有垫板间隙	+3.0 -2.0

3.6.2　多层及高层钢结构安装工程

1. 基础和支承面

1）钢结构安装前，应对建筑物的定位轴线、平面封闭角、底层柱的位置线进行复查，合格后方能开始安装工作。

2）测量基准点由邻近城市坐标点引入，经复测后以此坐标作为该项目钢结构工程平面控制测量的依据。必要时通过平移、旋转的方式换算成平行（或垂直）于建筑物主轴线的坐标轴，便于应用。

3）按照《工程测量规范》（GB 50026—2007）规定的四等平面控制网的精度要求（此精度能满足钢结构安装轴线的要求），在±0.000 面上，运用全站仪放样，确定 4~6 个平面控制点。对由各点组成的闭合导线进行测角（六测回）、测边（两测回），并与原始平面控制点进行联测，计算出控制点的坐标。在控制点位置埋设钢板，做十字线标记，打上冲眼（见图 3-53）。在施工过程中，做好控制点的保护，并定期进行检测。

4）以邻近的一个水准点作为原始高程控制测量基准点，并选另一个水准点按二等水准测量要求进行联测。同样，在±0.000 的平面控制点中设定两个高程控制点。

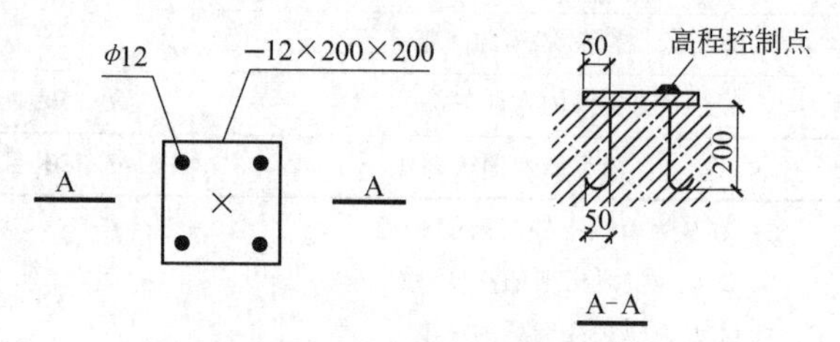

图 3-53　控制点设置示意图

5）框架柱定位轴线的控制，应从地面控制轴线直接引上去，不得从下层柱的轴线引出。一般平面控制点的竖向传递可采用内控法。用天顶准直仪（或激光经纬仪）按图 3-54 所示的方法进行引测，在新的施工层面上构成一个新的平面控制网。对此平面控制网进行测角、测边，并进行自由网平差和改化。以改化后的投测点作为该层平面测量的依据，运用钢卷尺配合全站仪（或经纬仪），放出所有柱顶的轴线。

6）结构的楼层标高可按相对标高或设计标高进行控制。

① 按相对标高安装时，建筑物高度的积累偏差不得大于各节柱制作允许偏差的总和。

② 按设计标高安装时，应以每节柱为单位进行柱标高的调整工作，将每节柱接头焊缝的收缩变形和在荷载下的压缩变形值，加到柱的制作长度中去。楼层（柱顶）标高的控制一般情况下以相对标高控制为主、设计标高控制为辅的测量方法。同一层柱顶标高的差值应控制在 5mm 以内。

7）第一节柱的标高，可采用在柱脚底板下的地脚螺栓上加一螺母的方法精确控制。如

图 3-55 所示。

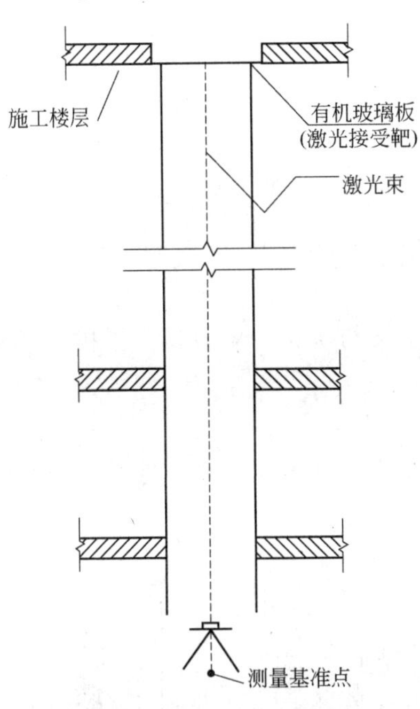

图 3-54 平面控制点竖向投点示意图

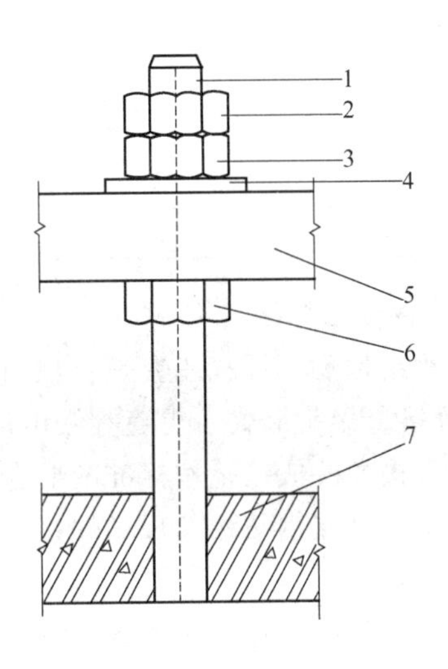

图 3-55 第一节柱标高的确定

1—地脚螺栓 2—止退螺母 3—紧固螺母 4—螺母垫板 5—柱脚底板 6—调整螺母 7—钢筋混凝土基础

8）柱的地脚螺栓位置应符合设计文件或有关标准的要求，并应有保护螺纹的措施。

9）底层柱地脚螺栓的紧固轴力，应符合设计文件的规定。螺母止退可采用双螺母，或用电弧焊将螺母焊牢。

建筑物的定位轴线、基础上柱的定位轴线和标高、地脚螺栓（锚栓）的规格和位置、地脚螺栓（锚栓）紧固应符合设计要求。当设计无要求时，应符合表 3-82 的规定。

表 3-82 建筑物定位轴线、基础上柱的定位轴线和标高、地脚螺栓（锚栓）的允许偏差（单位：mm）

项目	允许偏差	图例
建筑物定位轴线	L/20000，且不应大于 3.0	
基础上柱的定位轴线	1.0	
基础上柱底标高	±2.0	

（续）

项目	允许偏差	图例
地脚螺栓（锚栓）位移	2.0	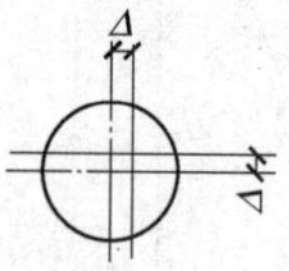

2. 构件现场焊接

1）钢结构现场焊接主要是：柱与柱、柱与梁、主梁与次梁、梁拼接、支撑、楼梯及隅撑等的焊接。接头形式、焊缝等级由设计确定。

2）焊接的一般工艺按标准的要求进行。

3）多、高层钢结构的现场焊接顺序，应按照力求减少焊接变形和降低焊接应力的原则加以确定：

① 在平面上，从中心框架向四周扩展焊接。

② 先焊收缩量大的焊缝，再焊收缩量小的焊缝。

③ 对称施焊。

④ 同一根梁的两端不能同时焊接（先焊一端，待其冷却后再焊另一端）。

⑤ 当节点或接头采用腹板栓接、翼缘焊接形式时，翼缘焊接宜在高强度螺栓终拧后进行。

4）钢柱之间常用坡口电焊连接。主梁与钢柱的连接，一般为刚接，上、下翼缘用坡口电弧焊连接，而腹板用高强度螺栓连接。次梁与主梁的连接一般为铰接，基本上是在腹板处用高强度螺栓连接，只有少量再在上、下翼缘处用坡口电焊连接（见图3-56）。

焊接顺序：上节柱和梁经校正和固定后进行柱接头焊接。柱与梁的焊接顺序，先焊接顶部梁柱节点，再焊接底部梁柱节点，最后焊接中间部分的梁柱节点。

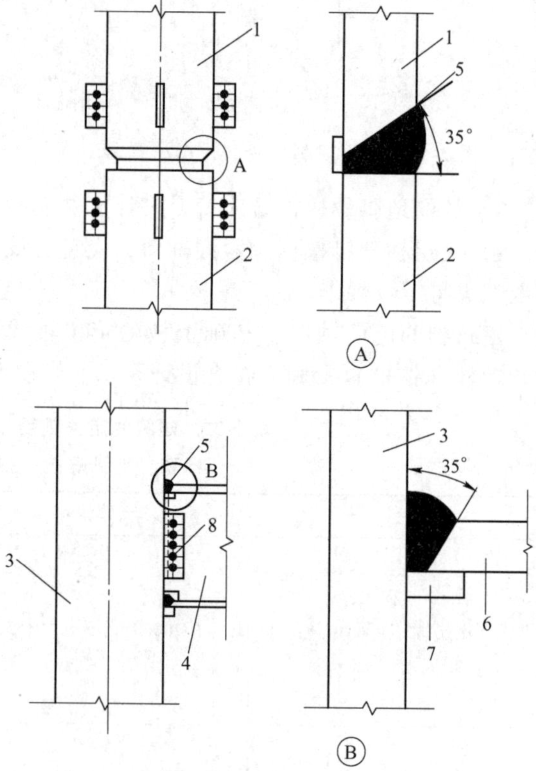

图3-56　上柱与下柱、柱与梁连接构造

1—上节钢柱　2—下节钢柱　3—框架梁　4—主梁　5—单坡焊缝　6—主梁上翼缘　7—钢垫板　8—高强度螺栓

5）柱与柱接头焊接，宜在本层梁与柱连接完成之后进行。施焊时，应由两名焊工在相对称位置以相等速度同时施焊。

① 单根箱型柱节点的焊接顺序如图3-57所示。由两名焊工对称、逆时针转圈施焊。起始焊点距柱棱角50mm，层间起焊点互相错开50mm以上，直至焊接完成，焊至转角处，放慢速度，保证焊缝饱满。焊接结束后，将柱子连接耳板割除并打磨平整。

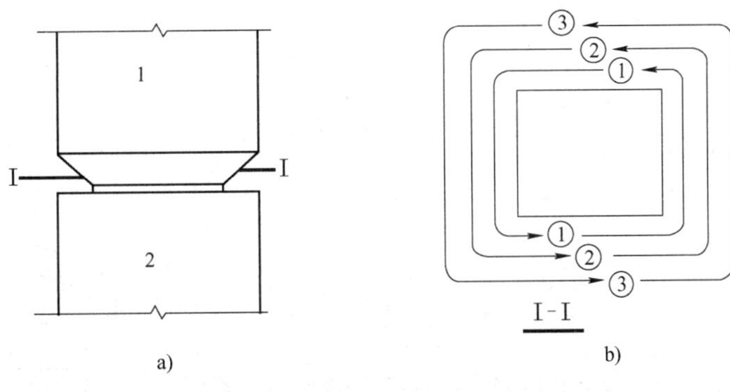

图 3-57　单根箱型钢柱接头焊接示意图

a）立面　b）平面

1—上柱　2—下柱　①、②、③表示焊接顺序

② H 型钢柱节点的焊接顺序如图 3-58 所示，先焊翼缘焊缝，再焊腹板焊缝，翼缘板焊接时两名焊工对称、反向焊接。

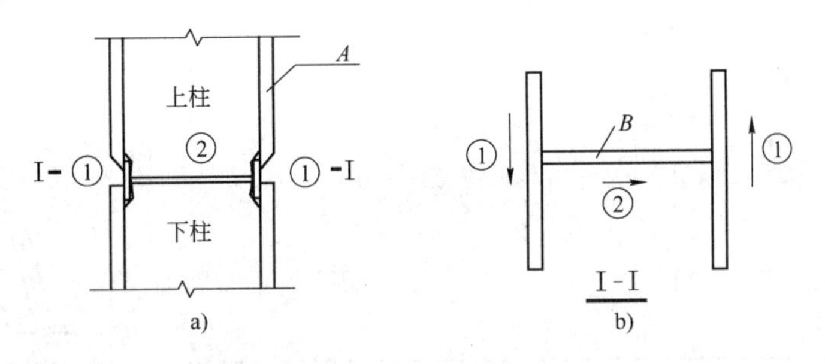

图 3-58　H 型钢柱接头焊接顺序图

a）立面　b）平面

A—翼缘　*B*—腹板　①、②表示焊接顺序　→表示焊接走向

6）梁、柱接头的焊接，应设长度大于 3 倍焊缝厚度的引弧板。引弧板的厚度应和焊缝厚度相适应，焊完后割去引弧板时应留 5~10mm。梁-柱接头的焊缝，宜先焊梁的下翼缘，再焊其上翼缘，上、下翼缘的焊接方向相反。

同一层的梁、柱接头焊接顺序如图 3-59 所示。

7）对于板厚大于或等于 25mm 的焊缝接头，用多头烤枪进行焊前预热和焊后热处理，预热温度（60~150)℃，后热温度（200~300)℃，恒温 1h。

8）手工电弧焊时，当风速大于 5m/s（五级风）；气体保护焊时，当风速大于 3m/s（二级风），均应采取防风措施方能施焊。雨天应停止焊接。

9）焊接工作完成后，焊工应在焊缝附近打上自己的钢印。焊缝应按标准的要求进行外观检查和无损检测。

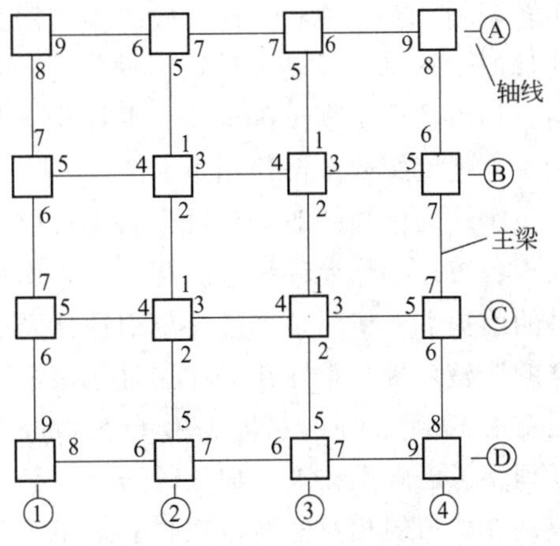

图 3-59　梁、柱接头焊接顺序示意图

柱、梁焊接顺序：1→2→3→4→5→6→7→8→9

3. 安装和校正

1）柱子安装的允许偏差应符合表3-83的规定。

表3-83 柱子安装的允许偏差 （单位：mm）

项目	允许偏差	图例
底层柱柱底轴线对定位轴线偏移	3.0	
柱子定位轴线	1.0	
单节柱的垂直度	h/1000，且不应大于10.0	

2）钢柱校正。钢柱校正采用“无缆风绳校正法”。上下钢柱临时对接应采用大六角头高强度螺栓，连接板进行摩擦面处理。连接板上螺孔直径应比螺栓直径大4~5mm。标高调整方法为：上柱与下柱对正后，用连接板与高强螺栓将下柱柱头与上柱柱根连起来，螺栓暂不拧紧；量取下柱柱头标高线与上柱柱根标高线之间的距离，量取四面；通过吊钩升降以及撬棍的拨动，使标高线间距离符合要求，初步拧紧高强螺栓，并在节点板间隙中打入铁楔。扭转调整：在上柱和下柱耳板的不同侧面加垫板，再夹紧连接板，即可以达到校正扭转偏差的目的。垂直度通过千斤顶与铁楔进行调整，在钢柱偏斜的同侧锤击铁楔或微微顶升千斤顶，便可将垂直度校正至零。钢柱校正如图3-60所示。钢柱校正完毕后拧紧接头上的大六角头高强度螺栓至设计扣矩。

钢柱的标高一般按相对标高进行控制。按相对标高控制安装时，建筑物的积累偏差不得大于各节柱制作允许偏差的总和。采用相对标高安装的实质就是在预留了焊缝收缩量和压缩量的前提下，将同一个吊装节钢柱顶面理论上调校到同一标高。为了使柱与柱接头之间有充分的调整余量，上柱和下柱临时连接板所用的高强度螺栓直径与螺栓孔直径之间的间隙应由通常的1.5~2.0mm扩大到3.0~5.0mm。标高调整后，上柱与下柱之间的空隙在焊接时进行处理。考虑到钢柱工厂加工时的允许公差（-1~+5）mm，采用相对标高调校后，就能把每节钢柱柱顶的相对标高差控制在规范允许范围内。柱子安装的允许偏差应符合表3-83的规定。

安装钢柱时，要尽可能调整其垂直度使其接近±0.000。先不留焊缝收缩量。在安装和

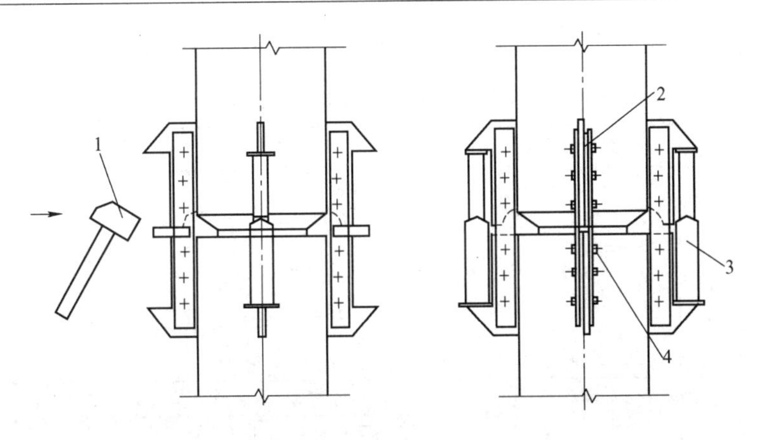

图 3-60 钢柱校正示意图

1—铁锤 2—调扭转垫板 3—千斤顶 4—铁楔

校正柱与柱之间的梁时，再把柱子撑开，留出接头焊接收缩量，这时柱子产生的内力，在焊接完成和焊缝收缩后也就消失。

3）安装钢梁时，钢柱垂直度一般会发生微量的变化，应采用两台经纬仪从互成90°两个方向对钢柱进行垂直度跟踪观测（见图3-61）。在梁端高强度螺栓紧固之前、螺栓紧固过程中及所有主梁高强度螺栓紧固后，均应进行钢柱垂直度测量。当偏差较大时，应分析原因，及时纠偏。

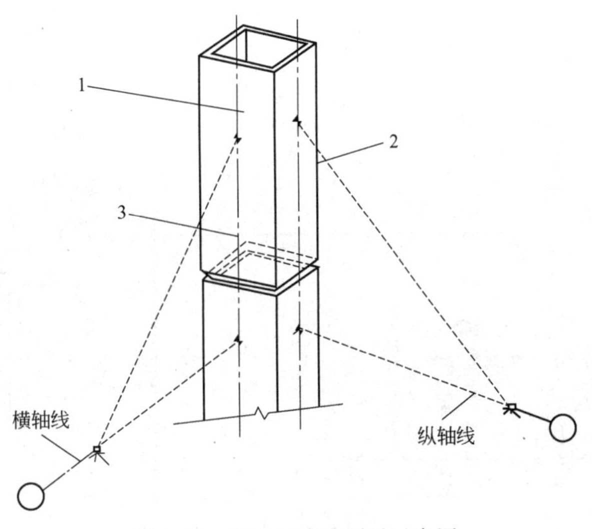

图 3-61 钢柱垂直度测量示意图

1—钢柱安装轴线 2—钢柱 3—钢柱中心线

4）多层及高层钢结构主体结构的整体垂直度和整体平面弯曲的允许偏差应符合表3-84的规定。

表 3-84 整体垂直度和整体平面弯曲的允许偏差 （单位：mm）

项目	允许偏差	图例
主体结构的整体垂直度	$(H/2500+10.0)$，且不应大于50.0	Δ H
主体结构的整体平面弯曲	$l/1500$，且不应大于25.0	Δ l

5）多层及高层钢结构中构件安装的允许偏差应符合表3-85的规定。

表3-85 多层及高层钢结构中构件安装的允许偏差 （单位：mm）

项目	允许偏差	图例	检验方法
上、下柱连接处的错口Δ	3.0	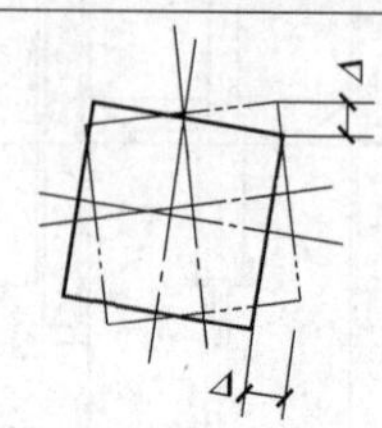	用钢直尺检查
同一层柱的各柱顶高度差Δ	5.0	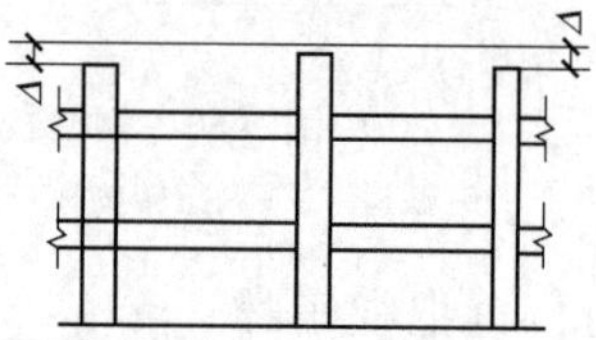	用水准仪检查
同一根梁两端顶面的高差Δ	l/1000，且不应大于10.0	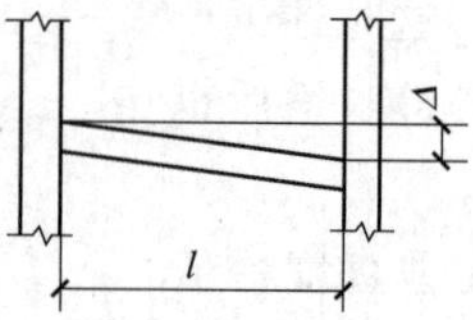	用水准仪检查
主梁与次梁表面的高差Δ	±2.0	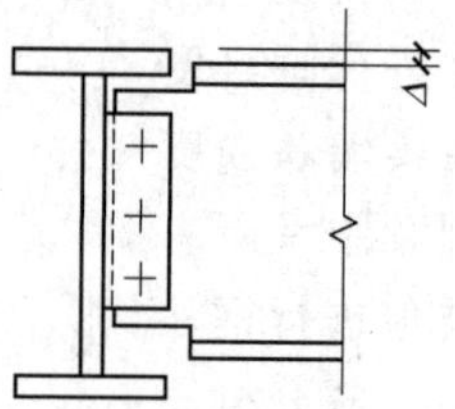	用直尺和钢直尺检查
压型金属板在钢梁上相邻列的错位Δ	15.00	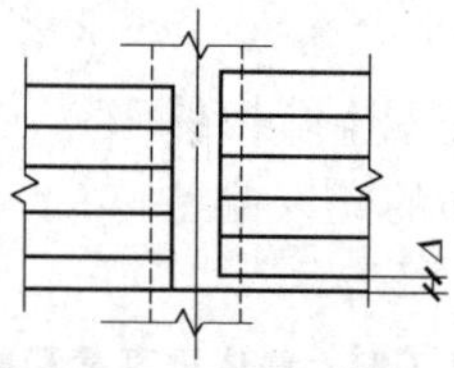	用直尺和钢直尺检查

6）多层及高层钢结构主体结构总高度的允许偏差应符合表3-86的规定。

表3-86 多层及高层钢结构主体结构总高度的允许偏差 （单位：mm）

项目	允许偏差	图例
用相对标高控制安装	$\pm\sum(\Delta_h+\Delta_z+\Delta_w)$	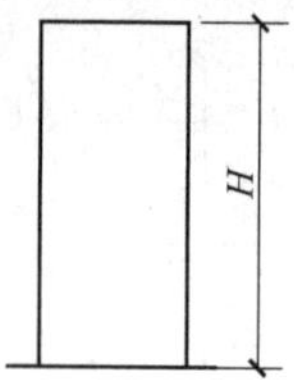
用设计标高控制安装	H/1000，且不应大于30.0 $-H$/1000，且不应大于-30.0	

注：1. Δ_h 为每节柱子长度的制造允许偏差。

2. Δ_z 为每节柱子长度受荷载后的压缩值。

3. Δ_w 为每节柱子接头焊缝的收缩值。

3.6.3 钢网架结构安装工程

1. 条状单元组合体的划分

条状单元组合体的划分是沿着屋盖长方向切割。对桁架结构来说是将一个节间或两个节间的两榀或三榀桁架组成条状单元体；对网架结构来说，则是将一个或两个网格组装成条状单元体。切割组装后的网架条状单元体往往是单向受力的两端支承结构。网架分割后的条状单元体刚度，要经过验算，必要时采取相应的临时加固措施。通常条状单元的划分有下列几种形式：

1）网架单元相互靠紧，把下弦双角钢分在两个单元上，此法适用于正放四角锥网架，如图 3-62 所示。

2）网架单元相互靠紧，单元间上弦用剖分式安装节点连接。此法适用于斜放四角锥网架，如图 3-63 所示。

3）单元之间空一节间，该节间在网架单元吊装后再在高空拼装，此法适用于两向正交正放网架，如图 3-64 所示。

对于正放类网架而言，在分割成条（块）状单元后，由于自身在自重作用下能形成几何不变体系，同时也有一定的刚度，一般不需要加固。但对于斜放类网架而言，在分割成条（块）状单元后，由于上弦为菱形结构可变体系，因而必须加固后方能吊装，图 3-65 所示为斜放四角锥网架上弦加固方法。

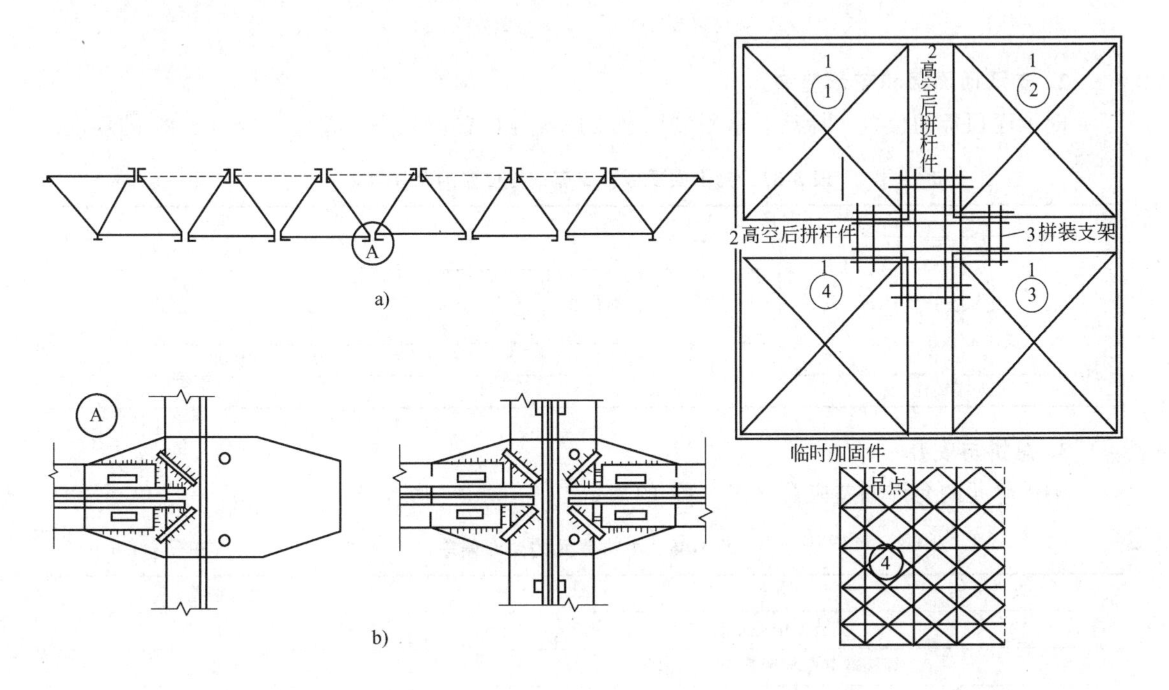

图 3-62 正放四角锥网架条状单元划分方法

a）网架条状单元 b）剖分式安装节点

图 3-63 斜放四角锥网架条状单元划分方法

注：①~④为块状单元。

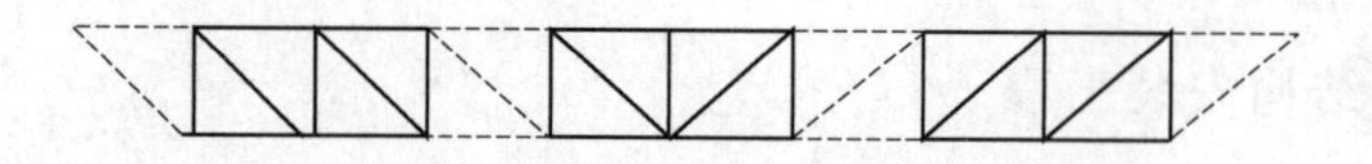

图 3-64　两向正交正放网架条状单元划分方法

注：实线部分为条状单元，虚线部分为在高空后拼的杆件

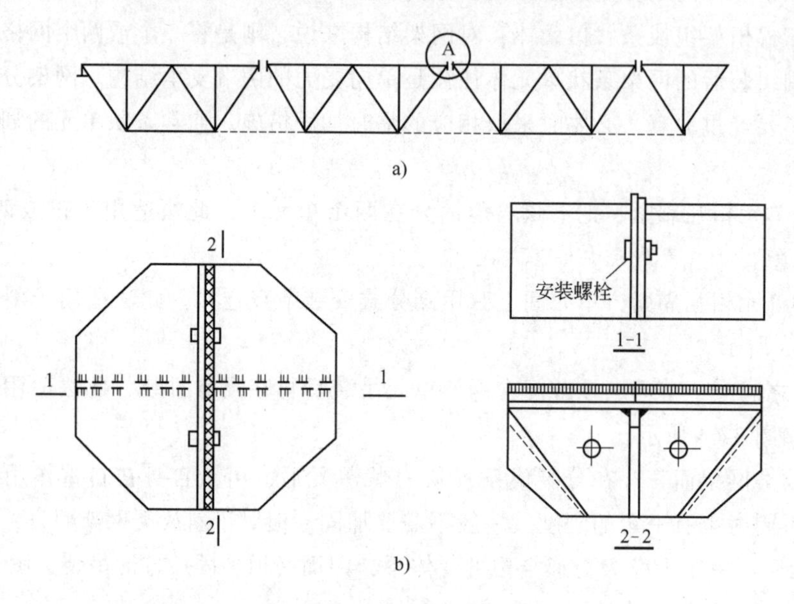

图 3-65　斜放四角锥网架块状单元划分方法

a）网架条状单元　b）剖分式安装节点

2. 支承顶面板和支承垫块

支承面顶板的位置、标高、水平度以及支座锚栓位置的允许偏差应符合表 3-87 的规定。

表 3-87　支承面顶板、支座锚栓位置的允许偏差　　（单位：mm）

项目		允许偏差
支承面顶板	位置	15.0
	顶面标高	0 -3.0
	顶面水平度	l/1000
支座锚栓	中心偏移	±5.0

3. 总拼与安装

小拼单元的允许偏差应符合表 3-88 的规定。

表 3-88　小拼单元的允许偏差　　（单位：mm）

项目		允许偏差
节点中心偏移		2.0
焊接球节点与钢管中心的偏移		1.0
杆件轴线的弯曲矢高		L_1/1000，且不应大于 5.0
锥体型小拼单元	弦杆长度	±2.0
	锥体高度	±2.0
	上弦杆对角线长度	±3.0

（续）

项目			允许偏差
平面桁架型小拼单元	跨长	≤24m	+3.0 -7.0
		>24m	+5.0 -10.0
	跨中高度		±3.0
	跨中拱度	设计要求起拱	±L/5000
		设计未要求起拱	+10.0

注：1. L_1 为杆件长度。

2. L 为跨长。

中拼单元的允许偏差应符合表 3-89 的规定。

表 3-89　中拼单元的允许偏差　　（单位：mm）

项目		允许偏差
单元长度≤20m，拼接长度	单跨	±10.0
	多跨连接	±5.0
单元长度>20m，拼接长度	单跨	±20.0
	多跨连接	±10.0

钢网架结构安装完成后，其安装的允许偏差应符合表 3-90 的规定。

表 3-90　钢网架结构安装的允许偏差　　（单位：mm）

项　目	允许偏差	检验方法
纵向、横向长度	L/2000，且不应大于 30.0 -L/2000，且不应大于-30.0	用钢直尺实测
支座中心偏移	L/3000，且不应大于 30.0	用钢直尺和经纬仪实测
周边支承网架相邻支座高差	L/400，且不应大于 15.0	用钢直尺和水准仪实测
支座最大高差	30.0	
多点支承网架相邻支座高差	L_1/800，且不应大于 30.0	

注：1. L 为纵向、横向长度。

2. L_1 为相邻支座间距。

3.7　压型金属板工程

3.7.1　压型金属板制作

压型金属板的制作是采用金属板压型机，将彩涂钢卷进行连续的开卷、剪切、辊压成型等过程。

压型钢板的成型过程，实际上是对基板加工性能的检验。压型金属板成型后，除用肉眼和放大镜检查基板和涂层的裂纹情况外，还应对压型钢板的主要外形尺寸，如波高、波距及侧向弯曲等进行测量检查。

1）压型金属板成型后，其基板不应有裂纹。

2）有涂层、镀层的压型金属板成型后，涂层、镀层不应有肉眼可见的裂纹、剥落和擦痕等缺陷。

3）压型金属板的尺寸允许偏差应符合表 3-91 的规定。

表 3-91　压型金属板的尺寸允许偏差　（单位：mm）

项目		允许偏差	
波距		±2.0	
波高	压型钢板	截面高度≤70	±1.5
		截面高度>70	±2.0
侧向弯曲	在测量长度 l_1 的范围内	20.0	

注：l_1 为测量长度，指板长扣除两端各 0.5m 后的实际长度（小于 10m）或扣除后任选的 10m 长度。

4）压型金属板成型后，表面应干净，不应有明显凹凸和皱褶。

5）压型金属板施工现场制作的允许偏差应符合表 3-92 的规定。

表 3-92　压型金属板施工现场制作的允许偏差　（单位：mm）

项目		允许偏差
压型金属板的覆盖宽度	截面高度≤70	+10.0，-2.0
	截面高度>70	+6.0，-2.0
板长		±9.0
横向剪切偏差		6.0
泛水板、包角板尺寸	板长	±6.0
	折弯面宽度	±3.0
	折弯面夹角	2°

3.7.2　板材的吊装方法

彩色钢板压型板和夹芯板的吊装方法很多，如塔式起重机吊升、汽车起重机吊升、卷扬机吊升和人工提升等方法。

1）塔式起重机、汽车起重机提升多使用吊装钢梁多点提升，如图 3-66 所示。这种吊装法一次可提升多块板，但在大面积工程中，提升的板材不易送到安装点，增大了屋面的长距离人工搬运，屋面上行走困难，易破坏已安装好的彩板，不能发挥大型提升起重机其大吨位提升能力的特长，使用率低，机械费用高。但是提升方便，被提升的板材不易损坏。

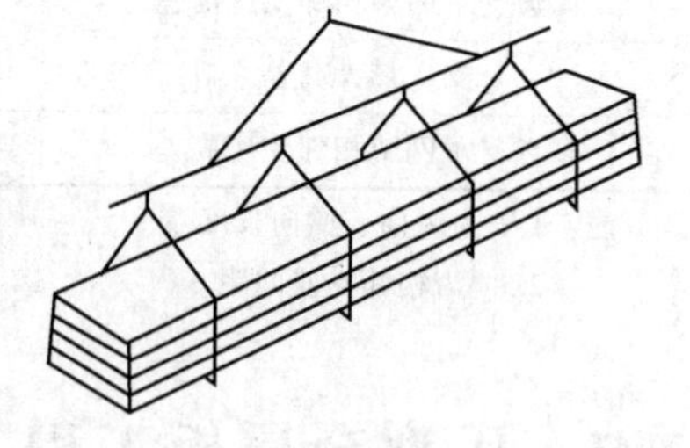

图 3-66　板材吊装示意图

2）使用卷扬机提升的方法，由于不用大型机械，设备可灵活移动到需要安装的地点，因而方便价又低。这种方法每次提升数量少，但是屋面运距短，是一种经常被采用的方法。

3）人工提升的方法常用于板材不长的工程中，这种方法最方便和低价，但必须谨慎从事，否则易损伤板材，同时使用的人力较多，劳动强度较大。

4）用以上几种方法提升特长板都比较困难，因此人们创造了钢丝滑升法，如图 3-67 所示。这种方法是在建筑的山墙处设若干道钢丝，钢丝上设套管，板置于钢管上，屋面上工人用绳沿钢丝拉动钢管，则特长板被提升到屋面上，然后由人工搬运到安装地点。

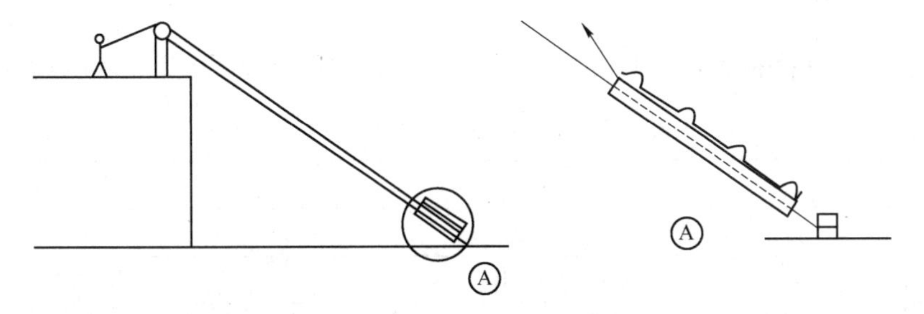

图 3-67 钢丝滑升法示意图

3.7.3 压型金属板连接

压型钢板的横向连接方式有搭接、咬边和卡扣三种方式。搭接方式是把压型钢板搭接边重叠并用各种螺栓、铆钉或自攻螺钉等连成整体；咬边方式是在搭接部位通过机械锁边，使其咬合相连；卡扣方式是利用钢板弹性在向下或向左（向右）的力作用下形成左右相连。以上 3 种连接方式如图 3-68 所示。

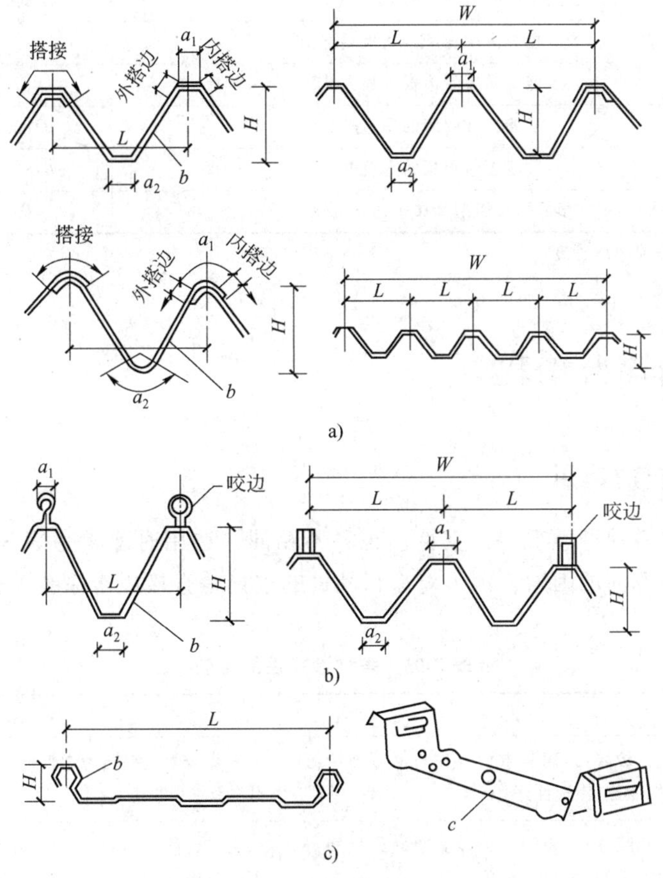

图 3-68 压型钢板横向连接

a）搭接方式 b）咬边方式 c）卡扣方式

H—波高 L—波距 W—板宽 a_1—上翼缘宽 a_2—下翼缘宽 b—腹板 c—卡扣件

3.7.4 压型金属板安装

支承构件上可靠搭接，搭接长度应符合设计要求，且不应小于表3-93所规定的数值。

表3-93 压型金属板在支承构件上的搭接长度 （单位：mm）

项目		搭接长度
截面高度>70		375
截面高度≤70	屋面坡度<1/10	250
	屋面坡度≥1/10	200
墙面		120

压型金属板安装的允许偏差应符合表3-94的规定。

表3-94 压型金属板安装的允许偏差 （单位：mm）

项目		允许偏差
屋面	檐口与屋脊的平行度	12.0
	压型金属板波纹线对屋脊的垂直度	L/800，且不应大于25.0
	檐口相邻两块压型金属板端部错位	6.0
	压型金属板卷边板件最大波高	4.0
墙面	墙板波纹线的垂直度	H/800，且不应大于25.0
	墙板包角板的垂直度	H/800，且不应大于25.0
	相邻两块压型金属板的下端错位	6.0

注：1. L为屋面半坡或单坡长度。

2. H为墙面高度。

3.8 钢结构涂装工程

3.8.1 防腐涂料的选用

钢结构防腐涂料的种类很多，其性能也各不相同，选用时除参考表3-95的规定外，还应充分考虑以下各方面的因素，因为对涂料品种的选择是直接决定涂装工程质量好坏的因素之一。

表3-95 各种涂料性能比较

涂料种类	优点	缺点
油脂类	耐大气性较好；适用于室内外作打底罩面用；价廉；涂刷性能好，渗透性好	干燥较慢、膜软；力学性能差；水膨胀性大；不能打磨抛光；不耐碱
天然树脂漆	干燥比油脂漆快；短油度的漆膜坚硬好打磨；长油度的漆膜柔韧，耐大气性好	力学性能差；短油度的漆耐大气性差；长油度的漆不能打磨、抛光
酚醛树脂漆	漆膜坚硬；耐水性良好；纯酚醛的耐化学腐蚀性良好；有一定的绝缘强度；附着力好	漆膜较脆；颜色易变深；耐大气性比醇酸漆差，易粉化；不能制白色或浅色漆

（续）

涂料种类	优点	缺点
沥青漆	耐潮、耐水好；价廉；耐化学腐蚀性较好；有一定的绝缘强度；黑度好	色黑；不能制白及浅色漆；对日光不稳定；有渗色性；自干漆；干燥不爽滑
醇酸漆	光泽较亮；耐候性优良；施工性能好，可刷、可喷、可烘；附着力较好	漆膜较软；耐水、耐碱性差；干燥较挥发性漆慢；不能打磨
氨基漆	漆膜坚硬，可打磨抛光；光泽亮，丰满度好；色浅，不易泛黄；附着力较好；有一定的耐热性；耐候性好；耐水性好	需高温下烘烤才能固化；经烘烤过渡，漆膜发脆
硝基漆	干燥迅速；耐油；漆膜坚韧；可打磨抛光	易燃；清漆不耐紫外光线；不能在60℃以上温度使用；固体分低
纤维素漆	耐大气性、保色性好；可打磨抛光；个别品种耐热、耐碱性、绝缘性也好	附着力较差；耐潮性差；价格高
过氯乙烯漆	耐候性优良；耐化学腐蚀性优良；耐水、耐油、防延燃性好；三防性能较好	附着力较差；打磨抛光性能较差；不能在70℃以上高温使用；固体分低
乙烯漆	有一定柔韧性；色泽浅淡；耐化学腐蚀性较好；耐水性好	耐溶剂性差；固体分低；高温易炭化；清漆不耐紫外光线
丙烯酸漆	漆膜色线，保色性良好；耐候性优良；有一定耐化学腐蚀性；耐热性较好	耐溶剂性差；固体分低
聚酯漆	固体分高；耐一定的温度；耐磨能抛光；有较好的绝缘性	干性不易掌握；施工方法较复杂；对金属附着力差
环氧漆	附着力强；耐碱、耐熔剂；有较好的绝缘性能；漆膜坚韧	室外暴晒易粉化；保光性差；色泽较深；漆膜外观较差
聚氨酯漆	耐磨性强，附着力好；耐潮、耐水、耐溶剂性好；耐化学和石油腐蚀；具有良好的绝缘性	漆膜易转化、泛黄；对酸、碱、盐、醇、水等物很敏感，因此施工要求高；有一定毒性
有机硅漆	耐高温；耐候性极优；耐潮、耐水性好；其有良好的绝缘性	耐汽油性差；漆膜坚硬较脆；一般需要烘烤干燥；附着力较差
橡胶漆	耐化学腐蚀性强；耐水性好；耐磨	易变色；清漆不耐紫外光；耐溶性差；个别品种施工复杂

1）使用场合和环境是否有化学腐蚀作用的气体，是否为潮湿环境。

2）是打底用，还是罩面用。

3）选择涂料时，应考虑在施工过程中涂料的稳定性、毒性以及所需的温度条件。

4）按工程质量要求、技术条件、耐久性、经济效果、非临时性工程等因素，来选择适当的涂料品种。不应将优质品种降格使用，也不应勉强使用不能达到性能指标的品种。

3.8.2 防锈方法的选择

钢材表面处理的除锈方法主要有：手工工具除锈、手工机械除锈、酸洗（化学）除锈、喷射或抛射除锈和火焰除锈等。各种除锈方法的特点，见表3-96。不同的除锈方法，其防护效果也不相同，见表 3-97。

表 3-96　各种除锈方法的特点

除锈方法	设备工具	优点	缺点
手工、机械	砂布、钢丝刷、铲刀、尖锤、平面砂磨机、支力钢丝刷等	工具简单,操作方便、费用低	劳动强度大、效率低,质量差,只能满足一般涂装要求
酸洗	酸洗槽、化学药品、厂房等	效率高,适用大批件,质量较高,费用较低	污染环境,废液不易处理,工艺要求较严
喷射	空气压缩机、喷射机、油水分离器等	能控制质量,获得不同要求的表面粗糙度	设备复杂,需要一定操作技术,劳动强度较高,费用高,污染环境

表 3-97　不同除锈方法的防护效果　（单位：年）

除锈方法	红丹、铁红各两道	两道铁红
手工	2.3	1.2
A 级不处理	8.2	3.0
酸洗	>9.7	4.6
喷射	>10.3	6.3

选择除锈方法时，除要根据各种方法的特点和防护效果外，还要根据涂装的对象、目的、钢材表面的原始状态、要求的除锈等级、现有的施工设备和条件以及施工费用等，进行综合考虑和比较，最后方可确定。

对钢结构涂装来讲，由于工程量大、工期紧，钢材的原始表面状态复杂，又要求有较高的除锈质量，一般选用酸洗法可以满足工期和质量的要求，成本费用也不高。

3.8.3　防火涂料的理化性能

室内钢结构防火涂料的理化性能应符合表 3-98 的规定，室外钢结构防火涂料的理化性能应符合表 3-99 的规定。

表 3-98　室内钢结构防火涂料的理化性能

理化性能项目	技术指标		缺陷类别
	膨胀型	非膨胀型	
在容器中的状态	经搅拌后呈均匀细腻状态或稠厚流体状态,无结块	经搅拌后呈均匀稠厚流体状态,无结块	C
干燥时间(表干)/h	≤12	≤24	C
初期干燥抗裂性	不应出现裂纹	允许出现 1~3 条裂纹,其宽度应≤0.5mm	C
粘结强度/MPa	≥0.15	≥0.04	A
抗压强度/MPa	—	≥0.3	C
干密度/(kg/m³)	—	≤500	C
耐热效率偏差	±15%	±15%	—

（续）

理化性能项目	技术指标		缺陷类别
	膨胀型	非膨胀型	
pH 值	≥7	≥7	C
耐水性	24h 试验后，涂层应无起层、发泡、脱落现象，且隔热效率衰减量应≤35%	24h 试验后，涂层应无起层、发泡、脱落现象，且隔热效率衰减量应≤35%	A
耐冷热循环性	15 次试验后，涂层应无开裂、剥落、起泡现象，且隔热效率衰减量应≤35%	15 次试验后，涂层应无开裂、剥落、起泡现象，且隔热效率衰减量应≤35%	B

注：1. A 为致使缺陷，B 为严重缺陷，C 为轻缺陷；"—" 表示无要求。
2. 隔热效率偏差只作为出厂检验项目。
3. pH 值只适用于水基性钢结构防火涂料。

表 3-99 室外钢结构防火涂料的理化性能

理化性能项目	技术指标		缺陷类别
	膨胀型	非膨胀型	
在容器中的状态	经搅拌后呈均匀细腻状态或稠厚流体状态，无结块	经搅拌后呈均匀稠厚流体状态，无结块	C
干燥时间（表干）/h	≤12	≤24	C
初期干燥抗裂性	不应出现裂纹	允许出现 1～3 条裂纹，其宽度应≤0.5mm	C
粘结强度/MPa	≥0.15	≥0.04	A
抗压强度/MPa	—	≥0.5	C
干密度/(kg/m^3)	—	≤650	C
耐热效率偏差	±15%	±15%	—
pH 值	≥7	≥7	C
耐曝热性	720h 试验后，涂层应无起层、脱落、空鼓、开裂现象，且隔热效率衰减量应≤35%	720h 试验后，涂层应无起层、脱落、空鼓、开裂现象，且隔热效率衰减量应≤35%	B
耐湿热性	504h 试验后，涂层应无起层、脱落现象，且隔热效率衰减量应≤35%	504h 试验后，涂层应无起层、脱落现象，且隔热效率衰减量应≤35%	B
耐冻融循环性	15 次试验后，涂层应无开裂、脱落、起泡现象，且隔热效率衰减量应≤35%	15 次试验后，涂层应无开裂、脱落、起泡现象，且隔热效率衰减量应≤35%	B
耐酸性	360h 试验后，涂层应无开裂、脱落、起泡现象，且隔热效率衰减量应≤35%	360h 试验后，涂层应无开裂、脱落、起泡现象，且隔热效率衰减量应≤35%	B
耐碱性	360h 试验后，涂层应无开裂、脱落、起泡现象，且隔热效率衰减量应≤35%	360h 试验后，涂层应无开裂、脱落、起泡现象，且隔热效率衰减量应≤35%	B
耐盐雾腐蚀性	30 次试验后，涂层应无起泡，明显的变质、软化现象，且隔热效率衰减量应≤35%	30 次试验后，涂层应无起泡，明显的变质、软化现象，且隔热效率衰减量应≤35%	B
耐紫外线辐射性	60 次试验后，涂层应无起层，开裂、粉化现象，且隔热效率衰减量应≤35%	60 次试验后，涂层应无起层，开裂、粉化现象，且隔热效率衰减量应≤35%	B

注：1. A 为致使缺陷，B 为严重缺陷，C 为轻缺陷；"—" 表示无要求。
2. 隔热效率偏差只作为出厂检验项目。
3. pH 值只适用于水基性钢结构防火涂料。

3.8.4 防火涂层厚度的测定

1. 测针与测试图

测针（厚度测量仪），由针杆和可滑动的圆盘组成，圆盘始终保持与针杆垂直，并在其上装有固定装置，圆盘直径不大于 30mm，以保持完全接触被测试件的表面。如果厚度测量仪不易插入被插试材料中，也可使用其他适宜的方法测试。

测试时，将测厚探针（见图 3-69）垂直插入防火涂层直至钢基材表面上，记录水准尺读数。

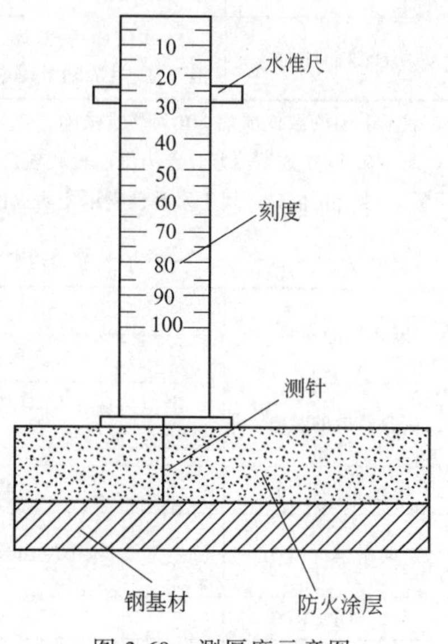

图 3-69 测厚度示意图

2. 测点选定

1）楼板和防火墙的防火涂层厚度测定，可选两相邻纵、横轴线相交中的面积为一个单元，在其对角线上，按每米长度选一点进行测试。

2）全钢框架结构的梁和柱的防火涂层厚度测定，在构件长度内每隔 3m 取一截面，按图 3-70 所示位置测试。

3）桁架结构，上弦和下弦按 2）的规定每隔 3m 取一截面检测，其他腹杆每一根取一截面检测。

3. 测量结果

对于楼板和墙面，在所选择面积中，至少测出 5 个点；对于梁和柱在所选择的位置中，分别测出 6 个和 8 个点。分别计算出它们的平均值，精确到 0. 5mm。

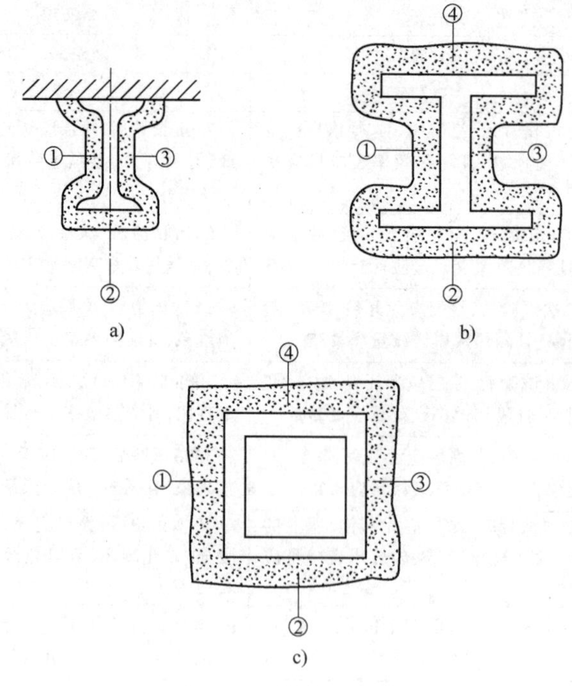

图 3-70 测点示意图

a）工字梁 b）H 形柱 c）方形柱

图表索引

（续）

（续）

（续）

（续）

（续）

（续）

（续）

（续）

（续）

参 考 文 献

[1] 段红霞. 钢结构工程设计施工实用图集 [M]. 北京：机械工业出版社，2008.
[2] 李顺秋. 钢结构制造与安装 [M]. 北京：中国建筑工业出版社，2005.
[3] 陈树华. 钢结构设计 [M]. 武汉：华中科技大学出版社，2008.